面向新工科普通高等教育系列教材

U0162433

HTML 5 基础与实践教程

吕云翔　刘猛猛　欧阳植昊　索宇澄　等编著

机械工业出版社

本书主要介绍了 HTML 5 相关的知识。全书共 7 章，对 HTML 5 进行细致讲解，包括：Web 的发展历程和特性，以及浏览器的知识；HTML 5，CSS 和 JavaScript 的基础知识；代码编辑器、浏览器调试和代码规范；HTML 5 的相关特性。第 7 章讲解了 3 个 HTML 5 实战开发案例，分别是 2048 游戏、教务管理系统和贪吃蛇游戏，通过这 3 个例子，帮助读者掌握 HTML 5 综合实战开发的技巧。

本书提供了大量实例、实例运行效果图、概念原理图以及课后习题来帮助读者更好地学习 HTML 5 相关的知识。

本书既可以作为高等院校计算机与软件相关专业的教材，也可以作为 Web 开发初学者的学习指导用书。

本书配套授课电子课件，需要的教师可登录 www.cmpedu.com 免费注册，审核通过后下载，或联系编辑索取（QQ：2850823885；电话：010-88379739）。

图书在版编目（CIP）数据

HTML5 基础与实践教程 / 吕云翔等编著. 一北京：机械工业出版社，2020.3
（2025.1 重印）
普通高等教育系列教材
ISBN 978-7-111-64810-9

Ⅰ. ①H… Ⅱ. ①吕… Ⅲ. ①超文本标记语言－程序设计－高等学校－教材 Ⅳ. ①TP312.8

中国版本图书馆 CIP 数据核字（2020）第 030303 号

机械工业出版社（北京市百万庄大街 22 号　邮政编码 100037）
责任编辑：郝建伟　胡 静　　责任校对：张艳霞
责任印制：单爱军
北京虎彩文化传播有限公司印刷
2025 年 1 月第 1 版・第 3 次印刷
184mm×260mm・17.25 印张・472 千字
标准书号：ISBN 978-7-111-64810-9
定价：69.00 元

前　言

HTML 5 是指包括 HTML、CSS 和 JavaScript 在内的一套技术组合。它希望能够减少网页浏览器对于需要插件的丰富性网络应用服务（Plug-in-Based Rich Internet Application，RIA），例如，Adobe Flash、Microsoft Silverlight 与 Oracle JavaFX 的需求，提供更多能有效加强网络应用的标准集。HTML 5 是 HTML 的最新版本，2014 年 10 月由万维网联盟（W3C）完成标准制定。其目标是替换 1999 年所制定的 HTML 4.01 和 XHTML 1.0 标准，以期能在互联网应用迅速发展的时候，使网络标准匹配当代的网络需求。可以说，这是 Web 应用标准的一次新的统一，受到了各个主流浏览器前所未有的支持。并且 HTML 5 这一被 W3C 标准化组织不断维护的标准，还在实验着一些新的技术，并且这些前沿的技术也在逐步地得到各个浏览器厂商的支持。

HTML 5 的问世为 Web 应用的开发者和使用者提供了很多的便利，Web 应用不必再试图通过插件来实现各种基本的功能。而是仅在 HTML 5 的框架下，进行多媒体的添加、HTML 元素的拖放、二维图像的绘制、地理位置的查询等，各种 HTML 5 的新特性很好地适应了目前 Web 应用中的对媒体、视觉效果等所提出的要求。最为可贵的是，自 HTML 5 标准问世之后，它受到了各个浏览器厂商的鼎力支持，Web 应用的标准得到了更好的维护，可以让 HTML 5 更加与时俱进，不断地进行自我更新，以解决现实应用中越来越困难的新挑战。

本书主要针对 Web 应用开发的初学者，以及对于 Web 应用开发感兴趣的人士，旨在为读者提供 HTML 5 基础知识，使读者对 HTML 5 的相关特性及 Web 应用的开发有一个基本的认识。

第 1 章主要讲解了 Web 的发展历程和特性，以及浏览器的知识，为理解本书之后的内容做准备。

第 2 章主要讲解了 HTML 5、CSS 和 JavaScript 的基础知识，让读者对这些知识有一些初步了解。

第 3 章包括了代码编辑器、浏览器调试和代码规范的介绍，为读者在之后章节的学习提供了运行和调试的技巧。

第 4～6 章主要围绕 HTML 5 的相关特性进行讲解，包括了新表单元素、语义化标签、媒体标签、文本标签、Web、Storage、本地数据库、Canvas 画布、通信和 Web Worker 线程。

第 7 章讲解了 3 个 HTML 5 实战开发案例，分别是 2048 游戏、教务管理系统和贪吃蛇游戏，通过这 3 个例子，帮助读者掌握 HTML 5 综合实战开发的技巧。

本书具有以下优点。

目标针对性强：本书针对国内计算机、软件相关专业的学生，旨在为将来具备良好编程能力的学生提供一本能够快速熟悉 HTML 5 的教材。熟练掌握 HTML 5 开发过程中必备的基础知识，为今后的课程学习和职业前途打下坚实的基础。

内容与时俱进：计算机学科发展异常迅速，内容更新很快。作为教材，一方面要反映本领域基础性、普遍性的知识，保持内容的相对稳定性；另一方面，也需要不断跟踪科技的发展。本书坚持使用 HTML 5 作为开发环境，重点介绍使用新技术的案例，避免使用即将淘汰的设计方法。

结构合理，习题精要：本书体系结构严谨，概念清晰，由浅入深，符合学生的认知规律，易学易懂，且配有许多难度适中、逻辑合理、适于初学者和进阶者开拓思路，以及深入了解HTML 5基础理论和开发技巧的习题；章末要点总结适合于教学和自学。本书是学生掌握HTML 5开发的必备书目。

理论结合实践：本书用实例讲授知识点，不局限于枯燥的理论介绍。与许多课程的规律类似，实践对于HTML 5学习而言也是强化和提升学习效果的必由之途，否则无异于"入宝山而空返"。读者通过将书中代码手敲一遍或仿照书中实例自己编写小型应用进行练习，可切实强化编程能力，提高软件分析设计的能力，真正回归语言学习的真谛。

着眼整体认识，体现特色内容：本书注重系统思维，首先展现HTML 5基础知识体系的整体框架，然后深入细节，便于读者在脑海中清晰地构建知识网络，实现融会贯通。在具体内容上，力求突出HTML 5开发理论中最精华的部分，避免面面俱到、没有重点，同时增加补充一些实际开发中可能会用到的高级知识和HTML 5中的特色功能以供读者进一步深入学习。

本书的编者有吕云翔、刘猛猛、欧阳植昊、索宇澄、曾洪立，曾洪立参与了部分内容的编写并进行了素材整理及配套资源制作等。

由于HTML 5的标准本身还在不断地更新和发展，其中的一些内容可能会随着时间的推移而出现变化，加之编者水平和能力有限，本书难免有疏漏之处。恳请各位同仁和广大读者给予批评指正，也希望读者能将实践过程中的经验和心得与我们交流（yunxianglu@hotmail.com）。

编 者

目　录

第1章　Web

万维网（World Wide Web，WWW），常简称为 Web，中文名字为"万维网""环球网"等。

Web 分为 Web 客户端和 Web 服务器程序。WWW 可以让 Web 客户端（常用浏览器）访问浏览 Web 服务器上的页面。WWW 是一个由许多互相链接的超文本组成的系统，通过互联网访问。

在这个系统中，每个有用的事物，称为一种"资源"；并且由一个全局"统一资源标识符"（URI）标识；这些资源通过超文本传输协议（Hypertext Transfer Protocol）传送给用户，而用户通过单击链接来获得资源。

万维网并不等同于互联网，万维网只是互联网所能提供的服务之一，是依靠互联网运行的一项服务。

万维网使得全世界的人们以史无前例的巨大规模相互交流。相距遥远的人们，甚至是不同年代的人们可以通过网络来发展紧密的关系或者使彼此思想得到交流，改变他们对待事物的态度以及精神。情感经历、政治观点、文化习惯、表达方式、商业建议、艺术、摄影、文学都可以以人类历史上从来没有过的低投入实现数据共享。尽管使用万维网仍然要依靠于存在自身缺陷的物化的工具，但至少它的信息保存方式不是使用人们熟悉的方式，例如图书馆、出版物那样实在的东西。因为信息传播是经由万维网和因特网来实现的，而无需具体的书籍，或者手工的或实物的复制而限制。而且数字存储方式的优点是，可以比查阅图书馆或者实在的书籍更容易有效率地查询网络上的信息资源。

本章将对 Web 进行详细介绍。

1.1　Web 概述

Web 是一种基于超文本和 HTTP 的、全球性的、动态交互的、跨平台的分布式图形信息系统，是建立在 Internet 上的一种网络服务，为浏览者在 Internet 上查找和浏览信息提供了图形化的、易于访问的直观界面，其中的文档及超级链接将 Internet 上的信息节点组织成一个互为关联的网状结构。

1.1.1　Web 的诞生

1980 年，英国科学家 Tim Berners-Lee（蒂姆·伯纳斯·李）在欧洲核子物理实验室（European Particle Physics Laboratory，CERN）工作时建议建立一个以超文本系统为基础的项目来帮助来自世界各地的科学家们分享和更新其研究结果。他与 Robert Cailliau（罗勃·卡力奥）一起建立了一个叫作 ENQUIRE 的原型系统。

1984 年伯纳斯－李重返欧洲核子物理实验室，这次作为正式成员。他继续之前的工作，创造了万维网。为此他创建了世界上第一个网页浏览器和第一个网页服务器（httpd）。世界上的第一个网站致力于万维网项目本身，并且搭载在伯纳斯-李的 NeXT 工作站上。这个网站描述了 Web 的基本特性，包括如何去访问他人的文档，以及如何建立自己的 Web 服务器。这台传奇的

NeXT 工作站至今仍在欧洲核子物理实验室。为了纪念万维网的诞生，在 2013 年，世界上的第一个网站被还原到最初的地址。现在仍可以去访问这个网站，去回顾现在的网站是从哪里开始的。世界上第一个网站的网址为 http://info.cern.ch/hypertext/WWW/TheProject.html，内容如图 1-1 所示。

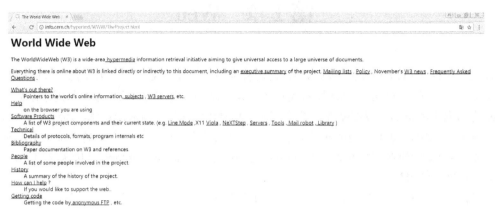

图 1-1　世界上第一个网站

1.1.2　Web 的特点

1．Web 拥有易导航的和图形化的界面

Web 非常流行的一个很重要的原因就在于它可以在一网页上同时显示色彩丰富的图形和文本。在 Web 之前，Internet 上的信息只有文本形式。Web 具有将图形、音频、视频信息集合于一体的特性。同时，Web 是非常易于导航的，只需要从一个链接跳到另一个链接，就可以在各网页、各站点之间进行切换了。

2．Web 与平台无关

无论计算机系统平台是什么，都可以通过互联网访问 Web。浏览 Web 对系统平台没有限制。无论是 Windows 平台、UNIX 平台、Mac 平台还是其他平台，都可以访问 Web。对 Web 的访问是通过浏览器（browser）软件来实现的，免去了开发者在不同平台之间的重复工作，也让不同平台的用户能够正确地获取同一份信息，浏览同一个网页。

3．Web 是分布式的

大量的图形、音频和视频信息会占用相当大的磁盘空间，甚至无法预知信息的多少。对于 Web 而言，这些海量的信息并不是集中存储的，信息被分布式地存储在 Web 不同的站点上。物理上而言，Web 上的一个个网站，被搭载到了成千上万的服务器上。这些服务器中，有些是属于同一个站点的，它们可能会被集中地部署在一起，而分属不同站点的服务器之间则可能会相隔万里，但这并不会影响 Web 在逻辑上的统一性。从用户的角度，只需要在浏览器中指明这个站点就可以轻易地访问到物理上并不一定在一个站点的信息，在浏览器背后的 Web 仿佛被抽象成为一个整体，它就是这些海量的信息。

4．Web 是动态的

由于各 Web 站点的信息包含站点本身的信息，信息的提供者可以经常对站上的内容进行更新。如某个协议的发展状况、新鲜的资讯等。一般各信息站点都尽量保证信息的时间性，以获得持续的访问与关注。所以，Web 站点上的信息是动态的、经常更新的，这一特性由信息的提供者所保证。

5. Web 是交互的

Web 的交互性首先表现在它的超级链接上，用户的浏览顺序和所到站点完全由自己决定。另外，用户也可以从服务器方动态地获取信息，通过填写表单并向服务器提交请求，服务器便可根据用户的请求返回相应信息，此过程体现了 Web 的交互性。

1.1.3 Web 的工作原理

用户通过客户端浏览器访问 Web 上的网站或者其他网络资源时，通常需要在客户端浏览器的地址栏中输入所要访问网站的统一资源定位符（Uniform Resource Locator，URL），或者通过超级链接方式链接到相关网页或网络资源，其中的网页资源主要采用 HTML（HyperText Markup Language）编写，然后通过域名服务器进行全球域名解析，并根据解析结果确定所要访问的 IP 地址（IP address）获取相应的网络资源。

获取网站的 IP 地址后，客户端的浏览器向指定的 IP 地址上的 Web 服务器发送一个 HTTP（Hypertext Transfer Protocol，超文本传输协议）请求。通常情况下，Web 服务器会很快响应客户端的请求，将用户所需要的 HTML 文本、图片和构成网页的其他一切文件发送回用户。如果需要访问数据库中的数据，Web 服务器会将控制权转给应用服务器，根据 Web 服务器的数据请求读写数据库，并进行相关数据库的访问操作，应用服务器将数据查询响应发送给 Web 服务器，由 Web 服务器再将查询结果转发给客户端的浏览器，浏览器再把客户端所请求的内容以网页的形式显示给用户。这就是 Web 的工作原理，如图 1-2 所示。

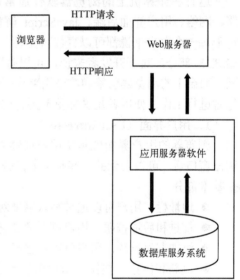

图 1-2　Web 的工作原理

1.1.4 Web URL 介绍

在使用浏览器访问 Web 网页时，有一个概念是无论如何也无法绕开的，那就是 URL，也就是人们平时俗称的网址。URL 是对可以从互联网上得到的资源的位置和访问方法的一种简洁的表示，是互联网上标准资源的地址。无论是在日常浏览网页，还是在之后的 HTML 5 学习中，都需要不断接触到 URL。下面通过一个示例 URL，来学习一个 URL 各部分都代表了什么。

就以世界上的第一张网页为例：http://info.cern.ch/hypertext/WWW/TheProject.html。

首先开头的 http 代表了所使用的获取资源的协议，该 URL 显示获取这个网页资源要使用的是 HTTP。然后，info.cern.ch 这部分指明了资源所在的服务器，它是一个域名（domain name）。域名将难以理解的网络地址抽象为一个个可以被人类记忆并理解的英文单词组合，便于人们的使用和访问。之后的/hypertext/WWW/这部分代表了所要获取资源所在的路径（path），即一张网页所在服务器的文件路径，这部分的原理就如同在平时使用的计算机上定位文件一样。最后的 TheProject.html 这部分代表了所要获取资源的文件名，即具体的一个 HTML 文档。

1.2 浏览器

具体来说，浏览器（browser）是 Web 服务的客户端程序，可对从服务器发来的网页和各种多媒体数据进行解释、显示和播放，亦可以向服务器提交信息实现用户与服务器之间的交互。浏览器的主要功能就是解析网页 HTML 文件并正确显示。简单来说，用户使用浏览器的目的是向互联网请求资源，而资源被部署在全球各地的数不尽的服务器上。浏览器所做的工作就是代表用户向特定的服务器请求所需资源，然后服务器对这次请求进行响应，即返回相应资源，之后浏览器对服务器所返回的资源进行解析，最终呈现给浏览器的使用者。

接下来，将从浏览器的构成开始，对浏览器的运行原理进行简单的讲解。下面将具体地介绍几款主流的浏览器。

1.2.1 浏览器构成

运行在计算机上的浏览器软件通常由以下几部分构成，用户界面、浏览器引擎、渲染引擎、网络、用户界面后端、JavaScript 解释器以及数据存储。这些组成部分当中，除了用户界面对于每一个用户来说都可以直接可见外，其他的组成部分，像网络、JavaScript 解释器和数据存储这 3 部分，对于开发者来说，可以有限地通过浏览器的调试界面对它们的运行进行观察和调试。而余下的浏览器引擎和渲染引擎这两部分，则很好地被浏览器厂商封装，默默地在浏览器运行时进行工作，使用者几乎感受不到它们的存在。

1. 用户界面（User Interface）

浏览器的用户界面就是指用户能够直接与浏览器进行交互的部分，简单来说，就是打开浏览器窗口后，可以看到的一些基本的部分。通常来说，无论哪一个厂商的浏览器都会包含如下几个基本部分。

- 地址栏，用户可以通过写入网址对特定网站进行访问。
- 前进和后退按钮，用户可以通过它们跳转到前一个或后一个页面。
- 添加书签选项，用户可以将自己感兴趣的网页进行收藏，以便以后可以快速访问。
- 刷新和停止的按钮，用户可以单击"刷新"按钮，对同一页面的资源进行再次获取；或单击"停止"按钮，停止当前进行中的重新获取页面过程。

2. 浏览器引擎（Browser Engine）

浏览器引擎的主要作用是对用户界面、渲染引擎和网络进行协调，在它们之间传送指令。

3. 渲染引擎（Rendering Engine）

渲染引擎的主要作用是对所获取到的网络资源，如 HTML、CSS 文件等进行解析，并将文档资源转换为视觉信息展示给用户。在访问同一页面时，有时会发现，不同浏览器的展示效果各不相同，这是因为这些浏览器使用的是不同的渲染引擎。例如，Chrome 和 Opera 浏览器使用的是 Blink 引擎，Safari 使用的是 WebKit 引擎，而 FireFox 使用的是 Gecko 引擎。

4. 网络（Network）

浏览器的网络部分，主要的任务是处理浏览器网络相关的事物，例如，HTTP 请求的发送与响应的接收等。其接口与平台无关，并为所有平台提供底层实现。

5. 用户界面后端（UI Backend）

用户界面后端主要用于绘制基本的窗口组件，例如，组合分页面和窗口。其提供了与平台无关的通用接口，并在底层使用所运行操作系统的 UI 方法。

6. JavaScript 解释器（JavaScript Interpreter）

为了给网页增添方法与逻辑，需要一门编程语言，JavaScript 历经十多年的考验最终成为所有浏览器均认可的页面逻辑实现语言。为了理解并执行 JavaScript 代码，每个浏览器需要有 JavaScript 解释器（也称作 JavaScript 引擎），来解析和执行 JavaScript 代码。同样，JavaScript 解释器也是因浏览器而异的。例如，IE 使用的是 Chakra，FireFox 使用的是 SpiderMonkey，Chrome 使用的是 V8。

7. 数据存储（Data Storage）

浏览器的数据存储部分主要负责帮助使用者在本地保存一些信息，提供的机制有 Cookie 和本地存储，支持 HTML 5 的浏览器还有本地数据库可以使用。这些机制都可以让用户在不断刷新和获取新界面的过程中长时间保存一些数据。

1.2.2　浏览器工作主流程

浏览器具体的工作原理是相对复杂的，但可以简单了解一下其大概的工作过程，并认识几个重要的概念。

首先将浏览器一次工作的开始约定为打开浏览器，这时用户界面后端将会调用浏览器所处的操作系统环境的 UI 相关方法，绘制窗口并为用户显示浏览器软件。然后，浏览器的用户界面（UI），将以直观的图形界面向用户展示浏览器的相关功能。用户可以通过与图形界面进行交互，来使用浏览器。

通常浏览器的主要任务是帮助用户浏览网站。当用户在浏览器的地址栏内完成网址输入后，浏览器会根据这个网址确定用户所要获取的网站资源的位置，这个资源将会具体到某个服务器上的某一个文件，这个文件通常是一个 HTML 文档，作为网页可以被浏览器展示。而在一张网页上的资源，在大多数情况下，不仅仅是 HTML 文档，还包括为这个网页提供样式的 CSS 文档，或者为页面提供逻辑的 JavaScript 文档，以及一些可能的多媒体资源（图片、音频和视频等）。这些其他相关资源的位置都会在 HTML 文档中描述，会在一次输入网址访问后一并被获取，然后由浏览器展示给用户。

在输入网址进行访问资源操作后，浏览器的网络部分将负责向特定的服务器发送请求，索要某一特定资源。当服务器端收到请求后会对其进行处理，如果有相应的资源则返回含有资源的响应给浏览器，否则将会向浏览器返回错误响应。

假设，服务器对浏览器所发送的请求处理完毕之后，发现有相应的资源可以提供。那么，这些资源就会被服务器发送，并经过网络再返回给浏览器。当浏览器获得相应的资源后，是不能马上将资源展示给用户的，因为这些资源是以文档的形式进行传播的，即只能被计算机理解，而不能被普通用户理解。所以，浏览器需要对所获取的资源进行解析。

这时，渲染引擎将开始它的主要工作，对 HTML 和 CSS 文档进行解析并显示。首先，渲染引擎会解析 HTML 文档，并构建一个文档对象模型（Document Object Model，DOM），它是一个包含 HTML 文档中各标签元素的树形模型（简称为 DOM 树）。DOM 树的逻辑结构与图 1-3 所示类似，它是关于如何获取、修改、添加或删除 HTML 元素的标准。即 HTML 文档中定义的标签如何转化为一个统一的逻辑结构，以便进行后续的解析工作。

DOM 树由一个个 DOM 节点（DOM Node）组成，即一个个 HTML 元素组成。当渲染引擎将 HTML 文档解析为 DOM 树之后，引擎将对该文档相关联的 CSS 文档进行解析，并对 DOM 树中各节点的风格样式进行获取，再添加到 DOM 树，进而形成了渲染树（Render Tree），如图 1-4 所示。

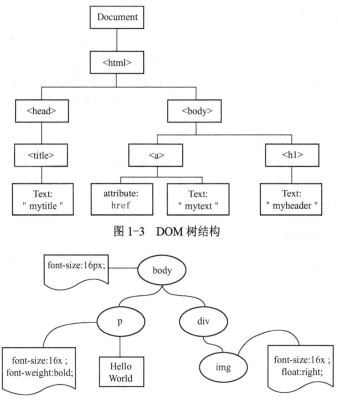

图 1-3　DOM 树结构

图 1-4　渲染树结构

渲染引擎将根据已经解析得到的内容，进行页面的具体展示，然后用户才能看到一个网页。当然，由于浏览器软件的运行速度足够快，以至于普通的使用者并不能察觉到上述的这些过程，造成的假象就是一输入网址后，浏览器马上将内容显示给用户。

至于 JavaScript 解释器，一般来说，它在 HTML 页面展示之后进行工作，当然 HTML 5 也可以让 JavaScript 代码在后台运行。由于 JavaScript 是一门解释型语言，它不需要提前进行编译，而是在运行过程中进行解释执行。这样的模式也符合给网页添加逻辑的具体需要，当用户与页面进行交互时，JavaScript 解释器就会解释执行相应的代码。

在浏览一个个网页的过程中，网站的开发者可能希望让用户本地保存一些数据，这就要涉及数据存储的功能了。浏览器会以站点来划分保存在用户本地的数据。

最后还有浏览器引擎，它在浏览器中扮演的角色，在某种程度上，类似于操作系统之于计算机，负责协调浏览器各个部分以正确地工作运行。

上述的浏览器主要流程的介绍仅供参考，真实而具体的过程要更为复杂，请有兴趣的读者自行搜索学习。

1.2.3　主流浏览器

尽管市面上的浏览器种类有许多，但是浏览器的工作过程基本上都符合 1.2.2 节的描述。下面具体介绍几款目前主流的浏览器，如图 1-5 所示。

图 1-5　主流浏览器

1. Chrome

Google Chrome，又称谷歌浏览器，是一个由 Google（谷歌）公司开发的免费网页浏览器。"Chrome"是化学元素"铬"的英文名称，过去也用 Chrome 称呼浏览器的外框。该软件的程序代码是基于某些开源的代码软件所编写的，包括 WebKit 和 Mozilla，目标是提升稳定性、速度和安全性，并创造出简单且有效率的使用者界面。

2. Safari

Safari 是苹果计算机的操作系统 Mac OS 中的浏览器，使用了 KDE 的 KHTML 作为浏览器的运算核心。它取代了之前的 Internet Explorer for Mac。该浏览器已支持 Windows 平台，但是与运行在 Mac OS X 上的 Safari 相比，有些功能出现丢失。Safari 也是 iPhone 手机、iPod Touch、iPad 中 iOS 指定的默认浏览器。

3. Opera

Opera 浏览器，其创始于 1995 年 4 月，是一款由挪威 Opera Software ASA 公司制作的支持多页面标签式浏览的网络浏览器。它是跨平台浏览器，可以在 Windows、Mac 和 Linux 三个操作系统平台上运行。Opera 浏览器因为它的快速、小巧和比其他浏览器更佳的标准兼容性获得了国际上的最终用户和业界媒体的承认，并在网上受到很多人的推崇。

4. IE

Internet Explorer 是微软公司推出的一款网页浏览器，原称 Microsoft Internet Explorer（6 版本以前）和 Windows Internet Explorer（7、8、9、10、11 版本），简称 IE。在 IE 7 以前，其中文直译为"网络探路者"，但在 IE 7 以后官方便直接俗称为"IE 浏览器"。2015 年 3 月微软确认将放弃 IE 品牌，转而在 Windows 10 上，用 Microsoft Edge 取代了 IE。微软于 2015 年 10 月宣布，自 2016 年 1 月起停止支持老版本 IE 浏览器。

5. Firefox

Mozilla Firefox，中文俗称"火狐"（正式缩写为 Fx 或 fx，非正式缩写为 FF），是一个自由及开源的代码网页浏览器，使用 Gecko 排版引擎，支持多种操作系统，如 Windows、Mac OS X 及 GNU/Linux 等。Firefox 的开发目标是"尽情地上网浏览"和"对多数人来说最棒的上网体验"，它对大部分的网络标准都有很好的支持，并且拥有相对出色的性能，除此之外还给予用户许多个性化的选择。

1.3 思考题

1. 浏览器是什么？它的运行原理是怎样的？一个网页如何从服务器传送到浏览器？又是怎样呈现给用户的？

2. URL 是什么？在 Web 中有什么作用？它与 URI 之间有什么联系？

3. 什么是 DOM？它有怎样的应用？

第 2 章　HTML 5

学习 HTML 5 首先要认识 HTML 语言，因为 HTML 5 是对 HTML 语言标准的第 5 次修订。其主要的目标是将互联网语义化，以便更好地被人类和机器阅读，并同时更好地支持各种媒体的嵌入。此外需要了解的是，HTML 5 的语法是向后兼容的。

HTML 是超文本标记语言（HyperText Markup Language）的英文首字母缩写，从 HTML 最早的定义来看，超文本指的就是超级链接，它不仅仅是文本，而且还包含一个指向另一文本信息的链接。但随着时间的发展，超文本有了更宽泛的定义，超越普通文本内容意义的内容几乎都可以被称为超文本。浏览者可以通过单击一个链接从而跳转至另一个页面。而所谓标记语言，简单来说，是通过一种特殊的标记形式，让文本中的一部分不再是单纯的文本信息而是可以被计算机所识别并利用的特殊信息，读者在后续的学习中，会逐步有一个更为深刻的认识。

标记语言的应用十分广泛，它提供了一种人类将自己思想利用计算机表现出来的方法。这种方式不仅精准而且高效，不仅应用在网页设计和众多应用开发中，诸如 Android 和 Windows 开发都会应用到 xml 文件中的标记语言控制显示界面。甚至标记语言被应用到了现代音乐曲谱当中，通过 MusicXml 文件精准高效地显示曲谱。

在使用标记语言时，不能把它机械地看成一种编程语言，应当将其看成一种使用计算机创作的工具。标记语言给人类提供了一种与计算机打交道的绝佳手段，通过简单的标签控制就能够实现精准高效的显示效果。标记语言在控制显示和设计方面有着极为明显的优势。

更通俗地说，标记语言其实就是一段文本内，不但有该文本真正需要传递给读者的有用信息，更有描述该段文本中各部分文字的情况的信息。

举个例子：

```
<问题>
    <问题标题>怎么用通俗的语言解释下什么是 HTML 和标记语言？
    <问题描述>不要百度什么复制的。看不懂

<回答>
    <回答者>Teacher
    <回答者简介>Software Engineer
    <回答内容>HTML 是......具体可以查看维基百科的介绍，地址是<引用网址>www.wiki.com
<回答>
    <回答者>小明
    <回答者简介>zhihuer2
    <回答内容>实名反对 LS，我来说明下 blablabla
```

就像这样，标记语言描述了这个问题以及问题下的回答。这段标记语言既描述了文档本身的信息（问题内容和回答的情况），也描述了文档的结构和各部分的作用。

2.1 HTML 5 简介

在 HTML 5 之前的上一代 HTML 标准是制订于 1999 年的 HTML 4，那时互联网才刚刚发展起来，受制于网络硬件条件的限制，那时的网页形式极其简单，以静态展示内容为主，并无视频和音频。随着时间发展，网络的速度不断加快，新兴的网页不再局限于简单的文本与图片展示，而是加入了更多的多媒体元素以及更多的交互，显然之前的标准，不能再适应如今的现实需求。

最开始更为复杂的网页应用需求的解决方案来自于浏览器之外的第三方插件，许多人所熟知的 Flash 就是插件的一种。第三方插件在某种程度上确实使用户获得更为卓越的体验，然而，依赖于第三方的 Web 应用让开发者与使用者有诸多的不便。开发者很难将自己的应用一致地在各个浏览器上实现，同时还要根据需要去学习并掌握第三方机构所拥有的技术标准。而用户则不得不在浏览器的基础上额外地安装插件来运行相关 Web 应用。对于使用计算机的用户来说，安装和使用插件的阻碍尚小，而对于移动设备的用户而言，这意味着消耗更多的电量。插件使用的矛盾在 iPhone 宣布不支持 Flash 后显得尤为突出，这时人们发现，无论对于开发者还是使用者，需要的是一个开源的技术标准来由大家一起维护，而不是依赖于某一家或是某一插件所支持的标准。于是 HTML 5 的标准化由 2008 年开始启动，以更好地支持流媒体展示和更丰富的互动，以及更好地适应移动端设备为设计初衷。HTML 5 于 2014 年 10 月完成标准制定，并一直处于活跃状态，由万维网联盟（W3C）来维护，不断地更新和完善。

2.2 HTML 5 特性

HTML 5 相比于之前的标准来说是阔别已久的大一统，支持许多新特性，是对 Web 应用中泛滥的各种插件的一次反击。本书将对 HTML 5 中的一些重要的特性分章节进行介绍，相信许多读者在目录中已经读到了，但是 HTML 5 毕竟是一个"活"的标准，它还在不断地进行着更新和修改，因为篇幅所限不能够面面俱到。下面是本书所涉及的一些 HTML 5 的主要新特性。

- 新表单元素。
- 语义化标签。
- 媒体标签。
- Canvas 画布。
- 地理定位。
- Web Worker。
- 拖放。
- 数据存储。
- 文件 API。
- 通信相关 API。
- 本地缓存 Service Worker。

除此之外，HTML 5 中还定义了其他的一些特性，例如，CameraAPI 用户计算机摄像头的访问、WebRTC 即时视频通信、WebGL 三维图形绘制、SVG 二维矢量图绘制等。请读者根据开发中的实际需要对相关技术进行学习。

2.3 HTML 5 基本概念

HTML 5 有许多重要的基本概念，了解后即可编写简单的 HTML 页面。

2.3.1 元素

1. HTML 元素语法

- HTML 元素以开始标签起始。
- HTML 元素以结束标签终止。
- 元素的内容是开始标签与结束标签之间的内容。
- 某些 HTML 元素具有空内容（empty content）。
- 空元素在开始标签中进行关闭（以开始标签的结束而结束）。
- 大多数 HTML 元素可拥有属性。

HTML 文档由嵌套的 HTML 元素构成，见下面实例。

```
<!DOCTYPE html>
<html>

<body>
<p>这是第一个段落。</p>
</body>

</html>
```

以上实例包含了 3 个 HTML 元素：<html>、<body>和<p>。

2. 常见元素

HTML 元素的分类有块级元素和内联元素

（1）块级元素（block）的特点

- 总是在新行上开始。
- 高度、行高、外边距和内边距都可控制。
- 宽度默认为是它的容器的 100%，除非设定一个宽度。
- 可以容纳内联元素和其他块元素。

（2）内联元素（inline）的特点

- 和其他元素都在一行上。
- 高和外边距不可改变。
- 宽度就是它的文字或图片的宽度，不可改变。
- 设置宽度 width 无效。
- 设置高度 height 无效，可以通过 line-height 来设置。
- 设置 margin 只有左右 margin 有效，上下 margin 则无效。
- 设置 padding 只有左右 padding 有效，上下 padding 则无效。注意元素范围是增大了，但是对元素周围的内容是没影响的。
- 内联元素只能容纳文本或者其他内联元素。

（3）常见的块级元素

常见的块级元素如表 2-1 所示。

（4）常见的内联元素

常见的内联元素如表 2-2 所示。

<div style="display:flex; gap:20px;">
<div>

表 2-1　常见的块级元素

标签	意义
address	地址
blockquote	块引用
center	居中对齐块（HTML 5 取消了该标签）
div	常用块级元素，也是 css layout 的主要标签
dl	定义列表
fieldset	form 控制组
form	交互表单
h1	大标题
h2	副标题
h3	3 级标题
h4	4 级标题
h5	5 级标题
h6	6 级标题
hr	水平分隔线
menu	菜单列表
noframes	frames 可选内容（对于不支持 frame 的浏览器显示此区块内容）
noscript	可选脚本内容（对于不支持 script 的浏览器显示此内容）
ol	排序表单
p	段落
pre	格式化文本
table	表格
ul	非排序列表（无序列表）
address	地址

</div>
<div>

表 2-2　常见的内联元素

标签	意义
a	锚点
abbr	缩写
acronym	首字
b	粗体（不推荐）
bdo	指定文本方向
big	大字体
br	换行
cite	引用
code	计算机代码（在引用源码的时候需要）
dfn	定义字段
em	强调
font	字体设定（不推荐）
i	斜体
img	图片
input	输入框
kbd	定义键盘文本
label	表格标签
q	短引用
s	中划线（不推荐）
samp	定义范例计算机代码
select	项目选择
small	小字体文本
span	常用内联容器，定义文本内区块
strike	中划线
strong	粗体强调
sub	下标
sup	上标
textarea	多行文本输入框
tt	电传文本
u	下划线
var	定义变量

</div>
</div>

3. HTML 实例解析

（1）<p>元素

```
<p>这是第一个段落。</p>
```

<p>元素定义了 HTML 文档中的一个段落。这个元素拥有一个开始标签<p>及一个结束标签</p>。元素内容是：这是第一个段落。

（2）<body>元素

```
<body>
<p>这是第一个段落。</p>
</body>
```

<body>元素定义了 HTML 文档的主体。

这个元素拥有一个开始标签<body>以及一个结束标签 </body>。元素内容是另一个 HTML 元素（<p>元素）。

（3）<html>元素

```
<html>

<body>
<p>这是第一个段落。</p>
</body>

</html>
```

<html>元素定义了整个 HTML 文档。

这个元素拥有一个开始标签<html>，以及一个结束标签</html>。元素内容是另一个 HTML 元素（<body>元素）。

> **小知识**
>
> **1. 结束标签**
>
> 即使忘记了使用结束标签，大多数浏览器也会正确地显示 HTML。
>
> ```
> <p>这是一个段落
> <p>这是一个段落
> ```
>
> 以上实例在浏览器中也能正常显示，因为关闭标签是可选的。但不要依赖这种做法。忘记使用结束标签会产生不可预料的结果或错误。
>
> **2. HTML 空元素**
>
> 没有内容的 HTML 元素被称为空元素。空元素是在开始标签中关闭的。
就是没有关闭标签的空元素（
标签定义换行）。
>
> 在 XHTML、XML 以及未来版本的 HTML 中，所有元素都必须被关闭。在开始标签中添加斜杠，例如，
是关闭空元素的正确方法，HTML、XHTML 和 XML 都接受这种方式。即使
 在所有浏览器中都是有效的，但使用
 其实是更长远的保障。
>
> **3. 大小写标签**
>
> HTML 标签对大小写不敏感：<P>等同于<p>。许多网站都使用大写的 HTML 标签。本书中使用的是小写标签，因为万维网联盟（W3C）在 HTML 4 中推荐使用小写，而在未来(X)HTML 版本中强制使用小写。

2.3.2 属性

HTML 标签可以拥有属性，属性提供了有关 HTML 元素的更多的信息。

属性语法的特性有以下 4 点。

- HTML 元素可以设置属性。
- 属性可以在元素中添加附加信息。
- 属性一般描述于开始标签。
- 属性总是以名称/值对的形式出现，例如，name="value"。

1. HTML 属性常用引用属性值

属性值应该始终被包括在引号内。双引号是最常用的，不过使用单引号也没有问题。在某些个别的情况下，属性值本身就含有双引号，那么就必须使用单引号。例如：

```
name='John "ShotGun" Nelson'
```

2．HTML 提示：使用小写属性

属性和属性值对大小写不敏感。不过，万维网联盟在其 HTML 4 推荐标准中推荐小写的属性/属性值。而新版本的 (X)HTML 要求使用小写属性。

3．HTML 属性参考手册

要查看完整的 HTML 属性列表就参看"HTML 标签参考手册"。下面列出了适用于大多数 HTML 元素的属性。

表 2-3、表 2-4、表 2-5、表 2-6 分别列举了对齐、范围属性，色彩属性，表属性和 img 属性。

表 2-3　对齐、范围属性

属性	意义
ALIGN=LEFT	左对齐（缺省值）
WIDTH=像素值或百分比,对象宽度.	宽度
HEIGHT=像素值或百分比	对象高度 1
ALIGN=CENTER	居中
ALIGN=RIGHT	右对齐

表 2-4　色彩属性

属性	意义
COLOR=#RRGGBB	前景色
BGCOLOR=#RRGGBB	背景色

表 2-5　表属性

属性	意义
cellpadding=数值单位是像素	定义表元内距
cellspacing=数值单位是像素	定义表元间距
border=数值单位是像素	定义表格边框宽度
width=数值单位是像素或窗口百分比	定义表格宽度
background=图片链接地址	定义表格背景图
Colspan=""	单元格跨越多列
Rowspan=""	单元格跨越多行
Width=""	定义表格宽度
Height=""	定义表格高度
Align=""	对齐方式
Border=""	边框宽度
Bgcolor=""	背景色
Bordercolor=""	边框颜色
Bordercolorlight=""	边框明亮面的颜色
Bordercolordark=""	边框暗淡面的颜色
Cellpadding=""	内容与边框的距离（默认为2）
Cellspacing=""	单元格间的距离（默认为2）

表 2-6　img 属性

属性	意义
src="../../"	图片链接地址
filter:""	样式表滤镜
Alpha:""	透明滤镜
opacity:100(0~100);	不透明度
style:2	样式（0~3）
rules="none"	不显示内框
<embed src="…">	多媒体文件标识

2.3.3　注释

注释标签用于在源代码中插入注释。注释不会显示在浏览器中。例如：

```
<!--这是一段注释。注释不会在浏览器中显示。-->

<p>这是一段普通的段落。</p>
```

可使用注释对代码进行解释，这样做有助于程序员对代码进行编写。当程序员编写了大量代码时注释尤其有用。使用注释标签来隐藏浏览器不支持的脚本也是一个好习惯（这样就不会把脚本显示为纯文本）。注释内容不会显示，以上代码的显示效果如图 2-1 所示。

图 2-1　注释效果演示

2.3.4　区块

大多数 HTML 元素被定义为块级元素或内联元素。块级元素在浏览器显示时，通常会以新行来开始（和结束）。例如，<h1>, <p>, <ul>, <table>。

常见块级元素如下。

1．HTML <div>和<span>

HTML 可以通过 <div> 和 <span>将元素组合起来。

2．HTML 内联元素

内联元素在显示时通常不会以新行开始，例如，<b>、<td>、<a>、<img>。

3．HTML <div> 元素

HTML <div> 元素是块级元素，它可用于组合其他 HTML 元素的容器。<div> 元素没有特定的含义。除此之外，由于它属于块级元素，浏览器会在其前后显示折行。如果与 CSS 一同使用，<div> 元素可用于对大的内容块设置样式属性。<div> 元素的另一个常见的用途是文档布局，取代了使用表格定义布局的老式方法。使用 <table> 元素进行文档布局不是表格的正确用法。<table> 元素的作用是显示表格化的数据。

4．HTML <span> 元素

HTML <span>元素是内联元素，可用作文本的容器。<span>元素没有特定的含义，当与 CSS 一同使用时，<span>元素可用于为部分文本设置样式属性。

5．HTML 分组标签

HTML 分组标签如表 2-7 所示。

表 2-7　HTML 分组标签

标签	描述
<div>	定义了文档的区域、块级（block-level）
<span>	用来组合文档中的行内元素、内联元素（inline）

2.3.5　HTML 5 属性基础实例

在 HTML 中使用最多的就是各种标签，而修饰每个标签的就是属性，属性能使标签有不同的样式特点，所以属性可以说是标签最重要的一环。本节将介绍一些属性使用的实例。

1．属性样例 1

下面的代码实现一个 HTML 元素对齐属性控制的实例。

<h1> 定义标题的开始。
<h1 align="center"> 拥有关于对齐方式的附加信息。

在浏览器和编辑器中的显示效果如图 2-2 所示。

图 2-2　属性样例 1

2．属性样例 2

下面的代码实现一个 HTML 元素颜色属性控制的实例。

<body> 定义 HTML 文档的主体。
<body bgcolor="yellow"> 拥有关于背景颜色的附加信息。

在浏览器和编辑器中的显示效果如图 2-3 所示。

图 2-3　属性样例 2

3．属性样例3

下面的代码实现一个 HTML 元素表格属性控制的实例。

> <table> 定义 HTML 表格。（更多有关 HTML 表格的内容将在后续章节介绍）
> <table border="1"> 拥有关于表格边框的附加信息。

在浏览器和编辑器中的显示效果如图 2-4 所示。

图 2-4　属性样例 3

2.4　CSS 3 入门

层叠样式表（Cascading Style Sheets，CSS）是一门描述 HTML 文档风格样式的语言，定义了每个 HTML 文档内元素应当如何被浏览器显示。

2.4.1　CSS 引用方法

CSS 语言可以有 3 种引用方法，它们分别是外部样式表（External style sheet）、内部样式表（Internal style sheet）以及内联样式（Inline style）。通过这 3 种的其中一种或几种都可以实现 CSS 语言对 HTML 文档内元素的描述。

1．外部样式表

外部样式表将 CSS 和 HTML 分隔开来，独立形成 CSS 文档，其扩展名为".css"，在 HTML 文档的<head>标签内添加引用即可。引用方式如下，展示效果如图 2-5 所示。

图 2-5　CSS 外部样式表

文件名：CSS 外部样式表.html

```
<!DOCTYPE HTML>
<html lang="en-US">
<head>
        <meta charset="UTF-8">
        <title></title>
        <link rel="stylesheet" href="mystyle.css" />
</head>
<body>
        <h1>这个标题超级大</h1>
        <p>这是一个段落，这真的是一个段落，真的啊</p>
</body>
</html>
```

文件名：mystyle.css

```
h1{
        font-size: 80px;
}
```

2．内部样式表

不同于外部样式表，内部样式表的 CSS 样式被添加到文档内。这种方法通过在<head>标签内添加<style>标签实现。在<style>标签内编写 CSS 语句即可完成对 HTML 文档元素样式的添加。具体使用方法如下。

文件名：CSS 内部样式表.html

```
<!DOCTYPE HTML>
<html lang="en-US">
<head>
        <meta charset="UTF-8">
        <title></title>
        <style>
            h1{
                 font-size: 80px;
            }
        </style>
</head>
<body>
        <h1>这个标题超级大</h1>
        <p>这是一个段落，这真的是一个段落，真的啊</p>
</body>
</html>
```

3．内联样式

内联样式通过将 CSS 语句直接写入 HTML 元素的 style 属性内来实现样式的添加，同一元素内的多个 CSS 属性设置以分号相分隔。具体使用方式如下。

文件名：CSS 内联样式.html

```
<!DOCTYPE HTML>
<html lang="en-US">
<head>
        <meta charset="UTF-8">
        <title></title>
```

```
        </head>
        <body>
            <h1 style="font-size:80px;">这个标题超级大</h1>
            <p>这是一个段落，这真的是一个段落，真的啊</p>
        </body>
    </html>
```

2.4.2 CSS 语法

CSS 规则由两个主要的部分构成，分别是选择器（selector）与声明语句（declaration）。基本形式为：selector {declaration1; declaration2; ... declarationN; }。一个 CSS 文档中，可以设置多个选择器和声明语句组合。

1．声明

CSS 声明语句出现在选择器之后的大括号内，以属性和值的组合形式出现，并以分号分隔不同的键值对。

```
h1{
    font-size: 80px;
    color: red;
}
```

2．选择器

选择器的作用是将 CSS 的属性设置语句，即声明语句，与 HTML 文档内的元素建立联系，这个过程就是"选择"。选择器本身是对被选择的 HTML 文档内元素的一种表示，通常有以下几种常用的选择方式，分别是元素选择、id 选择、class 选择及组合选择。

（1）元素选择

元素选择器以 HTML 文档元素的名称为选择依据。例如，使用一个 p 作为选择器的话，就会选择 HTML 文档内全部的段落元素作为被修饰的对象。

```
p{
    font-size: 80px;
    color: red;
}
```

（2）id 选择

id 选择器以 HTML 文档内元素的 id 作为选择依据。一般来说，一个 HTML 文档内元素所设定的 id 是唯一的。使用 id 选择器，可以直接地定位单个想要修饰的元素。id 选择器由 "#" 符号与被选 id 命名组合而成。假设有一个<p>标签，例如，<p id="myPara">这是一个段落，这真的是一个段落，真的啊</p>。为这个元素添加样式的方式如下：

```
#myPara{
    font-size: 10px;
    color: blue;
}
```

（3）class 选择

class 选择器以 HTML 文档内元素的 class 属性值作为选择依据。一般来说，多个相同或不同的元素可以设定相同的 class 命名，这样就可以实现对 HTML 文档内多个元素的选择，并组合添加样式。class 选择器由 "." 符号与被选 class 命名组合而成，使用方式如下：

```
.myClass{
    font-size: 10px;
    color: blue;
}
```

（4）组合选择

组合选择的方式将多个不同的 HTML 元素进行选择并添加样式。组合选择器由多个元素组成，不同元素之间以 "," 相互分隔，具体的形式如下：

```
h1,p{
    font-size: 80px;
    color: red;
}
```

3. CSS 注释

同样，CSS 中也可以编写一些不会被浏览器识别解析的语句作为注释，来便于开发人员之间的相互沟通。CSS 文档中的注释以 "/*" 作为开始，以 "*/" 作为结束，可以为单行，也可以为多行。

```
h1{
    font-size: 80px;
    color: red;
}
/* 我是一行注释 */
/* 我是
    好几行
    注释
*/
```

2.4.3 盒模型

在 HTML 文档中，每个的 HTML 元素都可以被视为一个盒子。使用盒模型（box-model）来定义一个 HTML 元素的显示方式，它具体包含内容（content）、内边距（padding）、边框（border）和外边距（margin）这几部分。

1. 结构

盒模型的一般结构如图 2-6 所示，简单来说就是元素外有一个盒子，即边框。这个"盒子"与外部边界有一个距离，是外边距。"盒子"与内容本身有一个距离，是内边距。

（1）内容

内容区域，代表 HTML 元素本身，是文本信息或图片等显示的地方。一般 HTML 元素的 width 和 height 属性作用的是这部分区域。HTML 元素的长宽属性并不完全决定一个元素在页面中真实的大小，最终大小还会受到内边距、外边距以及边框宽度的影响。

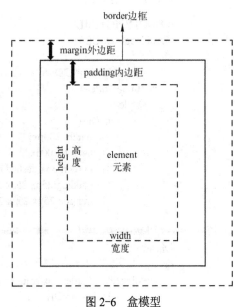

图 2-6　盒模型

（2）内边距

内边距代表边框与元素内容之间的距离，有 4 个方向的距离可以设置调整。

（3）边框

边框是围绕在内容外的边界，与内容之间有内边距分隔。边框一般可以设置粗细、形式（实线、虚线）以及颜色。

（4）外边距

外边距是边框与 HTML 元素的实际边界的距离，如图 2-6 中最外面的虚线部分。外边距，同内边距一样有 4 个方向的距离可以进行设置调整。

2. 使用

下面这个实例演示了如何对 HTML 元素的盒模型相关属性进行设置。为了展示需要，该实例中包含两个<div>元素，并为嵌套关系，外侧<div>被设置了确定的宽度、高度，以及边框样式。其在浏览器中的展示效果如图 2-7 所示。

图 2-7　盒模型的使用

文件名：盒模型.html

```
<!DOCTYPE HTML>
<html lang="en-US">
<head>
    <meta charset="UTF-8">
    <title></title>
    <style>
        #myDiv{
            width: 200px;
            height: 200px;
            border: 3px dashed black;
            padding:25px 25px 25px 25px;
            margin: 25px 25px 25px 25px;
        }
    </style>
</head>
<body>
    <div style="border:3px solid black;width:300px;height:300px;">
        <div id="myDiv">
            救命啊，我变成了 div 元素
```

```
            </div>
        </div>
    </body>
</html>
```

代码中使用了缩略方式进行了相关属性的定义,包括 border、padding、margin 三个属性。实例中的 border 属性是 border-width、border-style 和 border-color 的顺序集合,依次代表边框宽度、边框形式和边框颜色。类似的,padding 属性是 padding-top、padding-right、padding-bottom 和 padding-left 的顺序集合,依次代表上、右、下、左 4 个方向上的内边距,即从上内边距开始顺时针旋转。同理,margin 属性是 margin-top、margin-right、margin-bottom 和 margin-left 的顺序集合,依次代表上、右、下、左 4 个方向上的外边距。

2.4.4 CSS 定位

在 HTML 文档中,开发者通常还需要决定每个元素的具体位置,进而可以为网页的浏览者提供更好的视觉效果。在 CSS 中通过设定 position 属性,可以对 HTML 元素进行定位。经常被使用的有如下 3 种定位方式:相对(relative)定位、绝对(absolute)定位和浮动(float)。

1.相对定位

通过设置 position 属性为 relative,就可以使用相对定位。所谓相对是相对于元素本应该显示的位置。

通过设定 top 或 left 属性,可以设置元素相对于原来位置上方或左侧的距离,如图 2-8 所示。

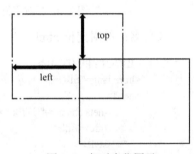

需要注意的是,在使用相对定位方式时,无论如何移动,元素仍然占据原来的空间,所以移动后的元素可能会覆盖其他元素的内容。请看如下实例,其在浏览器中的展示效果如图 2-9 所示。

图 2-8 相对定位图示

文件名:相对定位.html

```
<!DOCTYPE HTML>
<html lang="en-US">
<head>
    <meta charset="UTF-8">
    <title></title>
    <style>
        p{
            position:relative;
            top:25px;
        }
    </style>
</head>
<body>
    <p>
        相对定位方式,相对于元素原本显示的位置进行位移
    </p>
    <div style="width:50px;height:50px;border:3px solid black;">
    </div>
</body>
</html>
```

2. 绝对定位

通过设置 position 属性为 absolute，就可以使用绝对定位。绝对定位方式相对于被定位元素最近的父级元素，例如，两个嵌套的<div>元素，当使用绝对定位时，嵌套在内部的<div>元素相对于外部的<div>元素进行定位。而外部的<div>元素则会相对于<body>元素进行定位。绝对定位在浏览器中的展示效果如图 2-10 所示。

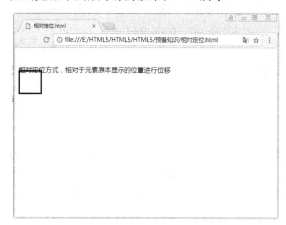

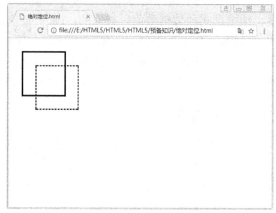

图 2-9　相对定位　　　　　　　　　　　　图 2-10　绝对定位

文件名：绝对定位.html

```html
<!DOCTYPE HTML>
<html lang="en-US">
<head>
        <meta charset="UTF-8">
        <title></title>
        <style>
                #parent{
                        width:100px;
                        height:100px;
                        border: 3px solid black;
                        position: absolute;
                        top: 30px;
                        left: 30px;
                }
                #child{
                        width: 100px;
                        height: 100px;
                        border: 2px dashed black;
                        position: absolute;
                        top: 30px;
                        left: 30px;
                }
        </style>
</head>
<body>
        <div id="parent">
                <div id="child">
                </div>
        </div>
```

```
        </body>
    </html>
```

3. 浮动

通过设定 HTML 元素的 float 属性，就可以让元素具有类似于浮动的特性。不同于元素被一一顺序排列向下展开，HTML 元素之间可以根据自身长宽大小向上浮动。请看如下实例，其在浏览器中的展示效果如图 2-11 所示。

文件名：浮动.html

```
<!DOCTYPE HTML>
<html lang="en-US">
<head>
    <meta charset="UTF-8">
    <title></title>
    <style>
        .floatDiv{
            width:100px;
            height:100px;
            border:3px solid black;
            margin:10px 10px 10px 10px;
            float:left;
        }
    </style>
</head>
<body>
    <div class="floatDiv"></div>
    <div class="floatDiv"></div>
    <div class="floatDiv"></div>
</body>
</html>
```

如果将代码中的 float 属性去掉的话，实例中的小方块将由上而下显示，即每个元素占据一行空间，如图 2-12 所示。

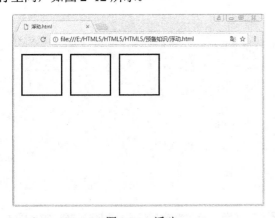

图 2-11 浮动

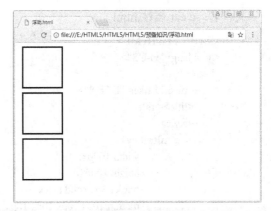

图 2-12 没有浮动

2.4.5 CSS 3 简介

CSS 3 是最新的 CSS 标准，它是之前 CSS 技术的升级版本，并对之前的 CSS 兼容。CSS 3

语言开发是朝着模块化发展的。以前的规范作为一个模块实在是太庞大而且比较复杂，所以把它分解为一些小的模块，更多新的模块也被加入进来。这些模块包括：盒子模型、列表模块、超链接方式、语言模块、背景和边框、文字特效和多栏布局等。CSS 3 也是十分重要的 Web 技术，有兴趣的读者可以自行搜索学习 CSS 3 相关知识。

2.4.6　CSS 入门实例

在 2.4.4 节中提及的浮动，可以让 HTML 元素呈现浮动特性。但浮动属性有时也会造成一定的烦扰，尤其当一个 HTML 文档中还有其他非浮动元素同时存在时。因为浮动定位的方式使浮动元素脱离了文档流，浮动元素本身并不占据空间，这就导致非浮动元素照常显示，仿佛不存在这些浮动元素一样，如图 2-13 所示。

为了避免这种情况，需要为非浮动元素添加 clear 属性，来消除浮动元素带来的影响。clear 属性的值可以设置为 left、right 或 both，即左侧、右侧或两侧不允许存在浮动元素，这样 HTML 文档中的非浮动元素就不会受到浮动元素的影响，进而造成显示问题。具体情况参考如下实例，其在浏览器中的展示效果如图 2-14 所示，读者可对比不加 clear 属性的效果。

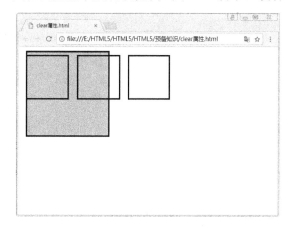

图 2-13　没有 clear 属性　　　　　　　　　　图 2-14　clear 属性

文件名：clear 属性.html

```html
<!DOCTYPE HTML>
<html lang="en-US">
<head>
    <meta charset="UTF-8">
    <title></title>
    <style>
        .floatDiv{
            width:100px;
            height:100px;
            border:3px solid black;
            margin:10px 10px 10px 10px;
            float:left;
        }
        #noFloat{
            width:200px;
            height:200px;
```

```
                    border:3px solid black;
                    margin:10px 10px 10px 10px;
                    background-color:#C0C0C0;
                    clear:both;
                }
            </style>
        </head>
        <body>
            <div class="floatDiv"></div>
            <div class="floatDiv"></div>
            <div class="floatDiv"></div>
            <div id="noFloat"></div>
        </body>
    </html>
```

2.5 JavaScript 入门

JavaScript 是目前 Web 上广泛使用的脚本语言，它被用于给网页添加页面逻辑，包括改进设计、验证表单、检测浏览器、创建 cookies 等。它是一门轻量级的编程语言，易于学习。由于互联网的广泛应用，JavaScript 可以说是世界上最流行的编程语言。

2.5.1 JavaScript 历史

1995 年，在网景公司就职的布兰登·艾克为 Netscape Navigator 2.0 浏览器开发了一门名为 LiveScript 的脚本语言，后来网景公司与昇阳电脑公司组成的开发联盟为了让这门语言显得更为高级优越，便套上了"Java"这一单词，将其改名为"JavaScript"，这成为日后大众对这门语言有诸多误解的原因之一。实际上，JavaScript 与 Java 无论是在设计上还是概念上都完全不同，它们并没有任何关系，唯一的联系就是名字里都有"Java"。

JavaScript 推出后在浏览器上大获成功，微软公司在不久后就为 Internet Explorer 3.0 浏览器推出了 JScript，以与处于市场领导地位的网景产品同台竞争。JScript 也是一种 JavaScript 实现，这两个 JavaScript 语言版本在浏览器端共存意味着语言标准化的缺失，对这门语言进行标准化被提上了日程。1997 年，由网景、昇阳、微软、宝蓝等公司组织及个人组成的技术委员会在 ECMA（欧洲计算机制造商协会）确定定义了一种名叫 ECMAScript 的新脚本语言标准，规范名为 ECMA-262。JavaScript 成为 ECMAScript 的实现之一，或者说 JavaScript 的官方命名为 ECMAScript。

2.5.2 JavaScript 特点

一般来说，完整的 JavaScript 包括以下 3 部分。

● ECMAScript，描述了该语言的语法和基本对象。

● 文档对象模型（Document Object Model），描述处理网页内容的方法和接口。

● 浏览器对象模型（Browser Object Model），描述与浏览器进行交互的方法和接口。

JavaScript 的基本特点如下。

● 轻量级。

- 动态化。
- 解释性脚本语言。
- 能够为 HTML 页面添加交互行为。
- 可直接写入 HTML 文档，也可与之分离。

JavaScript 的常见用途如下。
- 对浏览器事件做出响应。
- 读写 HTML 元素。
- 验证所要上传至服务器的数据。
- 检测访客的浏览器信息。
- 控制 cookies，包括创建和修改等。

2.5.3　JavaScript 引用方法

为一个 HTML 文档添加 JavaScript 代码，有两种方式：内部引用和外部引用。

1．内部引用

所谓内部引用，就是在 HTML 内编写 JavaScript 代码，用<script>标签来添加 JavaScript 代码。如下实例在浏览器中的展示效果如图 2-15 所示。

文件名：JavaScript 内部引用.html

```
<!DOCTYPE HTML>
<html lang="en-US">
<head>
        <meta charset="UTF-8">
        <title></title>
</head>
<body>
        <script>
                alert("Hello World");
        </script>
</body>
</html>
```

对于内部引用方式，开发者可以在一个 HTML 文档中添加任意一个<script>标签，然而，添加<script>的方式通常还分为两种。一种是在<head>标签内添加，另一种是在<body>标签内添加，两者可以同时存在。具体来说，将 JavaScript 代码置于<head>标签内，它会在被调用的时候被执行。将 JavaScript 代码置于<body>标签内，它会在页面加载的时候被立即执行。开发者需要根据自己的需要进行取舍。另外，浏览器是自上而下地解析 HTML 文档的，如果将 JavaScript 代码置于<head>标签内，可以保证脚本在任何调用之前被加载，但同时它又会先于网页主体内容，在网络状况不好的时候，可能会影响用户体验。所以，开发者也经常将 JavaScript 代码置于<body>标签的最尾部，优先加载网页主要内容。

2．外部引用

不同于内部引用，外部引用方式将 JavaScript 代码与 HTML 文档分离。为插入页面的<script>标签添加 src 属性，指定相关 JavaScript 代码的 URL 即可，其中 JavaScript 文件的扩展名为".js"。具体的使用方式参见下面的实例，该实例在浏览器中的展示效果如图 2-16 所示。

图 2-15　JavaScript 内部引用　　　　　　　　图 2-16　JavaScript 外部引用

文件名：JavaScript 外部引用.html

```
<!DOCTYPE HTML>
<html lang="en-US">
<head>
    <meta charset="UTF-8">
    <title></title>
</head>
<body>
    <script src="myScript.js">
    </script>
</body>
</html>
```

文件名：myScript.js

```
alert("Hello World");
```

一般来说，使用外部引用 JavaScript 代码有以下两个好处。
- 将 JavaScript 代码与 HTML 代码分离，增加了 HTML 代码和 JavaScript 代码的可读性。
- 浏览器通常会单独缓存一些网页的 JavaScript 文件，加快了页面再次加载的速度。

2.5.4　JavaScript 语法

接下来简单介绍一下 JavaScript 的基本语法。

1．JavaScript 语句

计算机程序可以被视为一系列可被计算机执行的指令（instructions），具体到一门高级编程语言，抽象的被执行指令是语句（statement）。

JavaScript 是一门高级编程语言，其语句的形式如下，每条语句约定以分号 ";" 相分隔。

```
alert("Hello World");
var x = 10;
document.getElementById("myDiv");
```

2．JavaScript 变量

在编程语言中，变量（variables）是存储信息的容器。

JavaScript 的变量通常是动态数据类型的，它可以承载多种类型的数据，包括布尔类型、数值、字符串、对象等，通常使用 "var" 来声明一个变量，并使用等号 "=" 来进行变量的赋值，具体代码如下。

```
var x,y,z;
var x = 10;
var a = true;
```

在这里需要注意以下几点。

- 变量应该以字母开头，但也能以 $ 和 _ 符号开头（一般不推荐）。
- 变量名称对大小写敏感。
- JavaScript 变量名，一般约定为小驼峰命名法，即变量名由一组英文单词组成，第一个单词为小写，之后的单词首字母大写，如 "var thatIsMyVariable;"，就像驼峰一样高低错落。
- 变量命名不宜过长，最好具有实际意义，便于使用和维护。
- 不可以使用 JavaScript 关键字作为变量命名，如 "var" "break" "while" 等。

3. JavaScript 数组

数组（array）是 JavaScript 变量支持的一种数据类型。它表示一组数据，可以通过索引的方式被快速访问。

一般来说，JavaScript 数组有两种声明和赋值方式，一种为先声明，再通过索引赋值，例如：

```
var languages = new Array();
languages[0] = "Java";
languages[1] = "Python"
languages[2] = "Ruby";
```

另一种为直接声明并赋值，例如：

```
var languages = ["Java","Python","Ruby"];
```

或者：

```
var languages = new Array("Java","Python","Ruby");
```

当需要对数组内的值进行访问时，只需以变量名加中括号索引即可，需要注意的是数组的索引以 0 作为开始，而不是 1，例如：

```
languages[0] = "PHP";
```

4. JavaScript 对象

（1）对象

JavaScript 语言中对象无处不在，它的字符串、数字、数组、日期等数据类型本质上都是对象。所谓对象（Object），更多的是来自于现实的一种抽象。在现实生活中，描述一个事物时，会描述这个事物的许多属性，而绝不会只用一个数值将其代替。在编程语言中，也是如此，单纯的变量赋值难以满足对现实的模拟，所以需要使用对象。

一个对象包含其本身的属性和方法，以一个汽车为例，假如要描述汽车这一对象，会描述它的一些属性，如品牌、材质、类型、颜色等。在 JavaScript 对象的概念中，它们可以被统称为属性（properties）。同时，还会描述这辆汽车的一些功用，如加速、刹车、播放音乐、打开空调等。在 JavaScript 对象的概念中，这些功用可以被统称为方法（methods）。

（2）声明

在 JavaScript 中，一般可以使用两种方式进行 JavaScript 对象的声明。一种是先创建一个 Object 对象，再为其添加属性值，例如：

```
var cat = new Object();
```

```
cat.name = "Tom";
cat.owner = "Jerry";
cat.age = 3;
```

另一种是直接使用大括号进行对象的创建，例如：

```
var cat = {name:"Tom",owner:"Jerry",age:3};
```

当然，为了代码的可读性，JavaScript 对象的声明可以以如下多行的形式完成，需要注意对象的最后一个属性后没有逗号，且大括号外要有分号。例如：

```
var cat = {
    name:"Tom",
    owner:"Jerry",
    age:3
};
```

类似地，也可以为对象添加方法，例如：

```
var cat = {
    name:"Tom",
    owner:"Jerry",
    age:3,
    sayHi:function(){
        alert("Hello World");
    }
};
```

（3）访问

在代码中，可以对所创建的对象进行属性的访问或者方法的调用，还可以使用"."或索引形式进行属性的访问，例如：

```
cat.age = 4;
cat["owner"] = "Mark";
```

使用"."运算符直接进行方法的调用，例如：

```
cat.sayHi();
```

5. JavaScript 注释

在 JavaScript 代码中，类似于之前的 HTML 文档、CSS 文档，为了便于代码的维护，开发者可以为代码添加注释。它们虽是文档的一部分，但不会被浏览器解析执行，而是直接被忽略。可以使用"//"添加单行注释，也可以使用"/*"作为开始、"*/"作为结束添加多行注释，具体使用方式如下。

```
alert("Hello World");
//我是单行注释
/*
    我是多行注释，
    我们都不会被解释执行
    而是直接被忽略
*/
```

6. JavaScript 算术和赋值运算符

在编程语言中，通过运算符对程序中的变量进行计算，一般分为算术运算符和赋值运算符。JavaScript 的运算符规则如表 2-8 和表 2-9 所示。

表 2-8　算术运算符

运算符	描述	例子	x 运算结果	y 初值
+	加法	x=y+2	7	5
–	减法	x=y-2	3	5
*	乘法	x=y*2	10	5
/	除法	x=y/2	2	4
%	取模（余数）	x=y%2	1	5
++	自增	x=++y	6	5
		x=y++	5	5
—	自减	x=—y	4	5
		x=y--	5	5

表 2-9　赋值运算符

运算符	例子	等同于	x 初值	y 初值	运算结果
=	x=y		0	5	x=5
+=	x+=y	x=x+y	1	5	x=6
-=	x-=y	x=x-y	2	1	x=1
*=	x*=y	x=x*y	3	4	x=12
/=	x/=y	x=x/y	4	2	x=2
%=	x%=y	x=x%y	5	2	x=1

7．JavaScript 比较运算符和逻辑运算符

JavaScript 的比较运算符用来比较两个变量的值和类型的关系，如比较大小、比较是否相等。JavaScript 的逻辑运算符则用来逻辑组合多个比较，判断其中至少有一个比较结果成立，还是所有比较结果都成立等。无论是单个比较还是多个比较的组合，它们的最终返回值均为布尔类型，即"true"或"false"。JavaScript 比较运算符和逻辑运算符的规则如表 2-10 和表 2-11 所示。

比较运算符表中，约定"x=5"成立。

表 2-10　比较运算符

运算符	描述	比较	返回值
==	等于	x==8	false
		x==5	true
===	绝对等于（值和类型均相等）	x==="5"	false
		x===5	true
!=	不等于	x!=8	true
!==	不绝对等于（值和类型有一个不相等，或两个都不相等）	x!=="5"	true
		x!==5	false
>	大于	x>8	false
<	小于	x<8	true
>=	大于或等于	x>=8	false
<=	小于或等于	x<=8	true

逻辑运算符表中，约定"x=6"和"y=3"成立。

表 2-11 逻辑运算符

运算符	描述	例子	结果
&&	and	(x < 10 && y > 1)	true
||	or	(x==5 || y==5)	false
!	not	!(x==y)	true

8．JavaScript 条件语句

在编程语言中，条件（conditions）语句是用来判断给定的条件是否满足，并根据判断的结果（真或假）决定执行的语句。在 JavaScript 中，经常采用如下 4 种条件语句结构，它们分别是 if 语句、if…else 语句、if…else if…if 语句和 switch 语句。

（1）if 语句

只有当指定条件为 true 时，使用该语句来执行相应代码。

```
<script>
    var today = "星期天";        //设置今天为星期天
    if (today == "星期天" || today == "星期六"){    //当今天是星期天或星期六的条件成立
        alert("今天可以休息！");
    }
</script>
```

（2）if…else 语句

当条件为 true 时执行代码，当条件为 false 时执行 else 后代码块内的代码。

```
<script>
    var today = "星期一";        //设置今天为星期一
    if (today == "星期天" || today == "星期六"){    //当今天是星期天或星期六的条件成立
        alert("今天可以休息！");
    }else{        //若上述条件不成立
        alert("今天还要上学。。。");
    }
</script>
```

（3）if…else if…if 语句

使用该语句选择多个代码块之一来执行，实现逐层条件判断。

```
<script>
    var today = "星期一"; //设置今天为星期一
    var isHoliday = true;     //设置今天为假日

    if (today == "星期天" || today == "星期六"){ //当今天是星期天或星期六的条件成立
        alert("今天可以休息！");
    }else if (isHoliday){                        //当今天是假日条件成立
        alert("今天还是能休息！");
    }else{                                       //若上述条件不成立
        alert("今天还要上学。。。");
    }
</script>
```

（4）switch 语句

使用该语句选择多个代码块之一来执行，需要注意其中的 break 语句的使用，break 语句的作用是跳出 switch 语句，否则程序将继续向下判断，即便当前条件已被满足。default 表示缺省情况，即上述 case 中所描述的情况都不满足时，所要执行的代码。

```
<script>
    var today = "星期一";          //设置今天为星期一
    switch(today)                 //对 today 进行多条件判断
    {
        case "星期六":             //一种情况，判断是否为周六
            alert("今天是周六，可以休息");
            break;
        case "星期日":             //一种情况，判断是否为周日
            alert("今天是周日，可以休息");
            break;
        default:                  //缺省情况，上述情况都不满足执行的代码
            alert("今天既不是周六，也不是周日，还是上学去吧");
    }
</script>
```

9．JavaScript 循环语句

编程语言中，循环（loop）语句用于可控地重复执行代码逻辑。JavaScript 语言提供了 4 种循环模式，分别是 for 循环、for…in 循环、while 循环和 do…while 循环。同时，还可以使用 break 语句和 continue 语句来实现对于循环过程的控制。

（1）for 循环

该循环用于将代码块执行一定的次数。for 循环的语法形式如下：

```
for (语句 1; 语句 2; 语句 3)
{
    被执行的代码块
}
```

其中，语句 1 在循环（代码块）开始前执行，语句 2 定义运行循环（代码块）的条件，语句 3 在循环（代码块）已被执行之后执行。下面这个例子，计算了 1～10 的相加之和。

```
<script>
    var sum = 0;
    for (var i=1;i<=10;i++){
        sum += i;
    }
    alert(sum);
</script>
```

（2）for…in 循环

该循环用于遍历对象的属性。该类型循环的使用方式如下，其中 x 的作用是用于指代遍历过程中不确定的索引值。

```
<script>
    var cat = {name:"Tom",owner:"Jerry",age:3};
    var x;
    for(x in cat){
```

```
            alert(cat[x]);
        }
    </script>
```

（3）while 循环

该循环在指定的条件为 true 时循环指定的代码块。while 循环的语法如下：

```
while (条件){
        需要执行的代码
}
```

下面用 while 循环实现计算 1~10 之和。

```
<script>
        var i=1,sum=0;
        while (i<=10){
                sum += i;
                i++;
        }
        alert(sum);
</script>
```

（4）do…while 循环

类似于 while 循环，在指定的条件为 true 时循环指定的代码块。与 while 循环不同的是，该语句保证 do 后代码块至少被执行一次。而 while 循环中，可能由于一开始循环条件不满足而 while 后代码块一遍都不会执行。do…while 循环的语法形式如下：

```
do{
        需要执行的代码
}while(条件);
```

（5）break 语句

break 语句用于跳出当前循环。break 语句跳出循环后，会继续执行该循环之后的代码。

```
<script>
        var i=1,sum=0;
        while (i<=10){
                sum += i;
                if(i == 5){
                        alert("程序循环到 5 的时候就罢工了，凑合用吧");
                        break;
                }
                i++;
        }
</script>
```

（6）continue 语句

continue 语句用于跳过循环中的一个迭代。即当程序执行到 continue 语句时，程序就停止执行所需循环的代码块的剩余部分，直接进入下一次循环。

```
<script>
        var i=1,sum=0;
        while (i<=10){
```

```
            if(i == 5){
                    alert("程序偷懒了，就没有加 5，直接跳到了 6");
                    i++;
                    continue;
            }
            sum += i;
            i++;
        }
    </script>
```

10. JavaScript 函数

在编程语言中，函数是由事件驱动的或者当它被调用时执行的可重复使用的代码块。将一系列语句封装成函数，以便之后编程时更方便地重复使用。JavaScript 函数可以有多个参数，也可以没有参数；它可以有返回值，也可以没有返回值。

JavaScript 函数的语法形式如下：

```
function  函数名(参数 1, 参数 2, 参数 3, ...){
        这里是要执行的代码
        return  所要返回的值
}
```

需要注意的是，JavaScript 中的函数参数不需要指定数据类型，直接指定变量命名即可。下面这个简单实例，使用函数实现了加法。

```
<script>
    function add(x,y){
            return x+y;
    }
    var sum = add(1,1);
    alert(sum);
</script>
```

在 JavaScript 函数内部声明的变量是局部变量，所以只能在函数内部访问它。可以在不同的函数中使用命名相同的局部变量，因为只有声明过该变量的函数才能识别出该变量，只要函数运行完毕，本地变量就会被删除。在函数外声明的变量是全局变量，不同于局部变量，网页上的所有脚本和函数都能访问它，全局变量会在页面关闭后被删除。

2.5.5 JavaScript DOM

JavaScript 语言可以为 HTML 文档添加交互逻辑，其主要通过操作 HTML 的文档对象模型（DOM）来实现。具体到 JavaScript 代码上，这样的交互主要依赖于 document 对象，即可被 JavaScript 代码使用的 DOM 抽象。接下来从以下几个实例来简单地介绍 JavaScript DOM。

1. 访问 HTML 元素

一般来说，使用 document 对象下的 getElementById()方法来实现根据 HTML 元素的 id 访问元素。另外，也经常会使用 getElementsByTagName()方法（根据 HTML 元素标签名），以及 getElementsByClassName()方法（根据 HTML 元素的 class）。需要注意的是，通过 id 所访问到的元素是单个 HTML 元素，而通过标签名或类名所访问到的通常是由 HTML 元素所组成的数组。下面这个实例通过使用 document 对象下的 getElementById()方法实现了 HTML 元素的访问，该方法只需传入所要获取的 HTML 元素 id 即可。实例在浏览器中的显示效果如图 2-17 所示。

文件名：访问 HTML 元素.html

```
<!DOCTYPE HTML>
<html lang="en-US">
<head>
    <meta charset="UTF-8">
    <title></title>
</head>
<body>
    <p id="myPara">这是一个段落</p>
    <script>
        var x = document.getElementById("myPara");
        alert(x.innerHTML);
    </script>
</body>
</html>
```

2．为 HTML 元素添加事件

为了能够实现动态地与 HTML 元素交互，JavaScript 可以为 HTML 元素添加相关的事件（event），并在相关事件被触发时调用相应的处理函数。具体能够为 HTML 元素添加的事件有许多种，在这里不一一赘述，只提供一个大概的使用方式。下面以一个按钮添加单击事件为例进行简要介绍，该实例在浏览器中的展示效果如图 2-18 所示。

图 2-17　访问 HTML 元素

图 2-18　为 HTML 元素添加事件

文件名：为 HTML 元素添加事件.html

```
<!DOCTYPE HTML>
<html lang="en-US">
<head>
    <meta charset="UTF-8">
    <title></title>
</head>
<body>
    <button id="myButton">不要点</button>
    <script>
        var btn = document.getElementById("myButton");
        btn.addEventListener("click",showText);
//btn.onclick = showText;
```

```
function showText(){
        alert("都说了别点，怎么还点");
    }
    </script>
</body>
</html>
```

除了使用 addEventListener()方法外，还可以直接设置元素的 onclick 属性，指定事件处理函数，或者也可以直接在 HTML 元素标签内进行 onclick 属性的设定。这些方式都可以为 HTML 元素添加事件。

3．改变 HTML 元素内容与样式

能够访问到 HTML 元素之后，就可以使用 JavaScript 为 HTML 元素动态地设置内容与样式了，只需要改变被选中的 HTML 元素的 innerHTML 和 style 属性即可。下面这个例子，就是利用 JavaScript 实现了 HTML 元素内容与属性的改变。实例中原本有一段落，在单击按钮后触发单击事件，进而调用相应的事件处理函数，改变了元素的内容与样式。该实例在浏览器中的展示效果如图 2-19 和图 2-20 所示。

图 2-19　改变 HTML 元素内容与样式（单击前）　　图 2-20　改变 HTML 元素内容与样式（单击后）

文件名：改变 HTML 元素内容与样式.html

```
<!DOCTYPE HTML>
<html lang="en-US">
<head>
    <meta charset="UTF-8">
    <title></title>
</head>
<body>
    <p id="myPara">这原本是一个不同的段落</p>
    <button onclick="changeText()">改变 HTML 元素内容和样式</button>
    <script>
        var p = document.getElementById("myPara");
        function changeText(){
            p.innerHTML = "看，文字变大了";
            p.style.fontSize = "40px";
        }
    </script>
</body>
</html>
```

2.5.6 jQuery 简介

1．jQuery 简介

jQuery 是一个 JavaScript 函数库，是一个轻量级的"写的少，做的多"的 JavaScript 库。

jQuery 库具有以下功能。

- HTML 元素选取。
- HTML 元素操作。
- CSS 操作。
- HTML 事件函数。
- JavaScript 特效和动画。
- HTML DOM 遍历和修改。
- AJAX。
- Utilities。

除此之外，Jquery 还提供了大量的插件。

目前网络上有大量开源的 JS 框架，但是 jQuery 是目前最流行的 JS 框架，而且提供了大量的扩展。很多大公司都在使用 jQuery，如 Google、Microsoft、IBM、Netflix 等。

2．jQuery 安装

（1）在网页中添加 jQuery

可以通过以下方法在网页中添加 jQuery。

- 从 www.jquery.com 下载 jQuery 库。
- 从 CDN 中载入 jQuery，如从 Google 中加载 jQuery。

（2）jQuery 版本

有两个版本的 jQuery 可供下载。

- Production version：用于实际的网站中，已被精简和压缩。
- Development version：用于测试和开发（未压缩，是可读的代码）。

以上两个版本都可以从 www.jquery.com 中下载。

（3）CDN 引用

百度、又拍云、新浪、谷歌和微软的服务器都存有 jQuery。如果站点用户是国内的，建议使用百度、又拍云、新浪等国内 CDN 地址。如果站点用户是国外的，可以使用谷歌和微软等 CDN 地址。以下代码使用百度的 CDN 编写了一个简单 JQuery 事件。

```
<!DOCTYPE html>
<html>

<meta charset="utf-8">
<body>
<h2>这是一个标题</h2>
<p>这是一个段落。</p>
<p>这是另一个段落。</p>
<button>点我</button>
</body>
<script src="https://apps.bdimg.com/libs/jquery/2.1.4/jquery.min.js"></script>
<script>
$(document).ready(function(){
    $("button").click(function(){
```

```
                $("p").hide();
            });
        });
    </script>
    </html>
```

图 2-21 和图 2-22 显示了代码的变化效果。

图 2-21　button 事件单击前　　　　　　　　　　　　图 2-22　button 事件单击后

2.5.7　JavaScript 入门实例

在学习了 JavaScript 的基本用法后,本节将介绍一个动态添加和删除 HTML 元素的实例。

JavaScript 可以对 HTML 文档内的元素进行动态地添加和删除。在 JavaScript 的 DOM 添加和删除相关方法中,需要注意的是,在进行添加和删除前,都需先获取到所要添加或删除元素的父元素。下面的这个例子将通过两个按钮,实现动态地添加和删除 HTML 元素。该实例在浏览器中的展示效果如图 2-23 所示。

图 2-23　动态地添加和删除 HTML 元素

文件名:动态添加和删除 HTML 元素.html

```
<!DOCTYPE HTML>
<html lang="en-US">
<head>
```

```
            <meta charset="UTF-8">
            <title></title>
    </head>
    <body>
        <div id="myDiv">
            <p id="myPara">一点按钮这段将会被删除</p>
            <button onclick="deleteElem()">删除段落</button>
            <button onclick="createElem()">添加新段落</button>
        </div>
        <script>
            var p = document.getElementById("myPara");
            var parent = document.getElementById("myDiv");
            function deleteElem(){
                parent.removeChild(p);
            }
            function createElem(){
                var newPara = document.createElement("p");
                var node = document.createTextNode("这是新添加的段落。。。");
                newPara.appendChild(node);
                parent.appendChild(newPara);
            }
        </script>
    </body>
</html>
```

在这个实例中，调用了 document 对象的 removeChild()方法，通过父元素实现了对其子元素的删除。另外，还调用了 document 对象的 createElement()方法创建新的元素，并同时调用了 createTextNode()方法创建了新文字节点。最后通过 appendChild()方法，将文字节点依附到新创建的元素上，再将新创建的元素依附到选中的父节点下。

除了这种最基础的写法，还可以用 2.5.6 节中介绍的 jQuery 来增加、删除元素。

jQuery 主要提供了 4 种方法增加元素。

● append()：在被选元素的结尾插入内容。
● prepend()：在被选元素的开头插入内容。
● after()：在被选元素之后插入内容。
● before()：在被选元素之前插入内容。

基本使用方法如下代码所示：

```
$("p").append("追加文本");
$("p").prepend("在开头追加文本");
$("p").after("在后面添加文本");
$("p").before("在前面添加文本");
```

下面提供一个简单的样例：

```
<!DOCTYPE html>
<html>
<head>
<meta charset="utf-8">
<title>Append Example</title>
<script src="https://cdn.bootcss.com/jquery/1.10.2/jquery.min.js">
```

```
</script>
<script>
$(document).ready(function(){
  $("#btn1").click(function(){
    $("p").prepend("<b>在开头追加文本</b>。  ");
  });
  $("#btn2").click(function(){
    $("ol").prepend("<li>在开头添加列表项</li>");
  });
});
</script>
</head>
<body>

<p>这是一个段落。</p>
<p>这是另外一个段落。</p>
<ol>
<li>列表 1</li>
<li>列表 2</li>
<li>列表 3</li>
</ol>
<button id="btn1">添加文本</button>
<button id="btn2">添加列表项</button>

</body>
</html>
```

添加元素前显示效果如图 2-24 所示，添加元素后显示效果如图 2-25 所示。

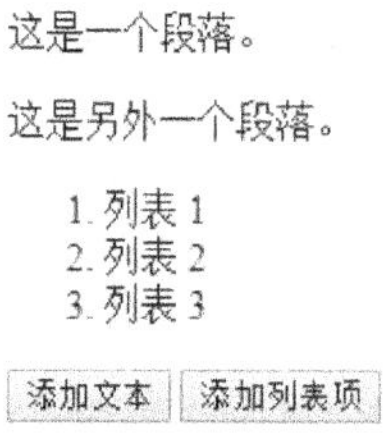

图 2-24　添加元素前

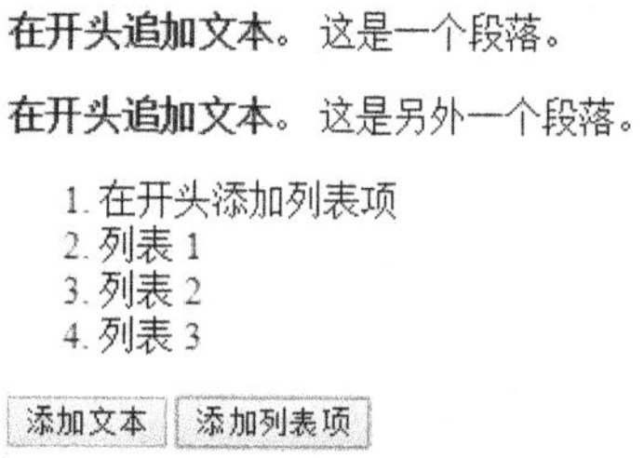

图 2-25　添加元素后

jQuery 主要提供了两种方法删除元素。

● remove()：删除被选元素（及其子元素）。

● empty()：从被选元素中删除子元素。

```
$("p").remove();
$("p").empty();
```

同时 jQuery remove() 方法也可接受一个参数，允许对被删元素进行过滤。该参数可以是任何 jQuery 选择器的语法。下面的例子中删除 class="italic" 的所有<p>元素。

```
<!DOCTYPE html>
<html>
<head>
```

```
<meta charset="utf-8">
<script src="https://cdn.bootcss.com/jquery/1.10.2/jquery.min.js">
</script>
<script>
$(document).ready(function(){
  $("button").click(function(){
    $("p").remove(".italic");
  });
});
</script>
</head>
<body>

<p>这是一个段落。</p>
<p class="italic"><i>这是另外一个段落。</i></p>
<p class="italic"><i>这是另外一个段落。</i></p>
<button>移除所有   class="italic" 的 p 元素。</button>

</body>
</html>
```

<p>标签删除前如图 2-26 所示，<p>标签删除后如图 2-27 所示。

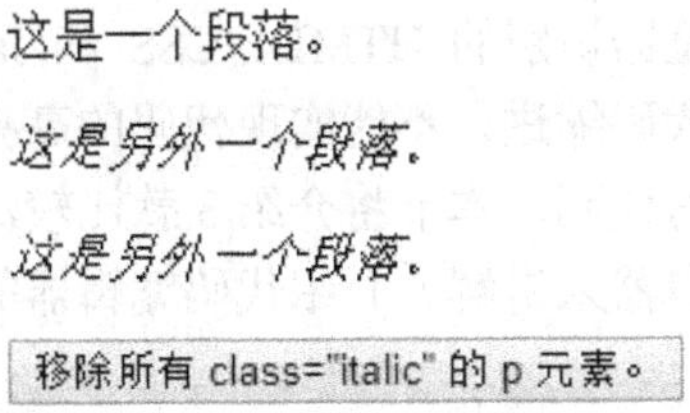

这是一个段落。

这是另外一个段落。

这是另外一个段落。

移除所有 class="italic" 的 p 元素。

这是一个段落。

移除所有 class="italic" 的 p 元素。

图 2-26　<p>标签删除前效果 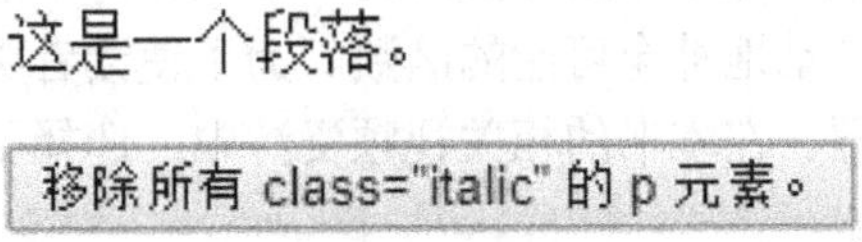　　　　　　　图 2-27　<p>标签删除后效果

2.6　思考题

1. 什么是 HTML 元素？什么是元素的属性？
2. 为什么要有 HTML 5？
3. 利用 HTML 的标题、段落等元素编写一个简单的个人主页。
4. 请简述 CSS 规则主要是由哪两个部分构成的。
5. 简单说明 CSS 三种样式的特点及使用方式。
6. 简单说明 JavaScript 的特点。
7. 什么是 JavaScript 对象？
8. 使用 JavaScript 编写一个斐波那契数列计算。

第3章 HTML 5 开发准备

在第 2 章对 HTML 5 进行了详细介绍，下面进行实战演练。在进行正式的编程之前，要做好准备工作，选择一个简单方便好用的编辑器和一个兼容性好的浏览器等。除此之外，还要了解编码规范以便写出简洁明了的代码，代码如果出现了错误，要了解如何调试。本章将对以上内容进行详细介绍。

3.1　开发环境与工具

在 HTML 5 的学习过程中，会不断接触到 HTML 文档、CSS 文档和 JavaScript 文档。用计算机办公、写作，会用到文字编辑软件，如 Word、WPS 等，让编写的过程更为直观和人性化。类似的，如今编写代码，也可以使用人性化的方式，不必再像早期程序员一样盯着屏幕上的小黑窗了。虽然编写代码本质上就是编写一个文件，使用记事本编写，在最后保存的时候，将文件扩展名改为 ".html" ".css" ".js"，就可以让代码变为可被浏览器识别的 HTML、CSS 和 JavaScript 文档。然而记事本的界面还是不够友好，不能自动地实现代码缩进，不能实现代码的高亮显示，也不能自动地补全可能的函数。为了使读者更为舒适地编写代码，本节将介绍 3 款比较流行的代码编辑器。在本书的相关视频资源中，选择了其中一款编辑器来讲解，介绍代码编辑器的一些实用技巧。

3.1.1　Notepad++

Notepad++是 Windows 操作系统下的一套文本编辑器（软件版权许可证：GPL），有完整的中文化接口及支持多国语言编写的功能（UTF8 技术）。其基本概况如图 3-1 所示。

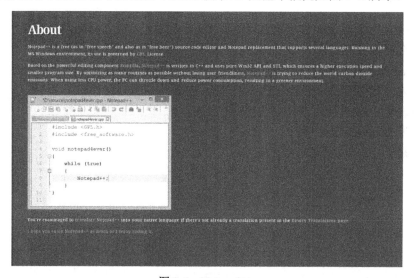

图 3-1　Notepad++

Notepad++的功能比 Windows 中的 Notepad（记事本）强大，除了可以用来制作一般的纯文字说明文件，也十分适合编写计算机程序代码。Notepad++ 不仅有语法高亮度显示，也有语法折叠功能，并且支持宏以及扩充基本功能的外挂模组。

Notepad++是免费软件，可以免费使用，自带中文，支持众多计算机程序语言：C，C++，Java，pascal，C#，XML，SQL，Ada，HTML，PHP，ASP，AutoIt，汇编，DOS 批处理，Caml，COBOL，Cmake，CSS，D，Diff，ActionScript，Fortran，Gui4Cli，Haskell，INNO，JSP，KIXtart，LISP，Lua，Make 处理（Makefile），Matlab，INI 文件，MS-DOS Style，NSIS，Normal text，Objective-C，Pascal，Python，JavaScript，Verilog，Haskell，InnoSetup，CMake，VHDL。

3.1.2　Sublime Text

Sublime Text 是一个代码编辑器，由程序员 Jon Skinner 于 2008 年 1 月开发出来。它最初被设计为一个具有丰富扩展功能的 Vim，其基本界面如图 3-2 所示。

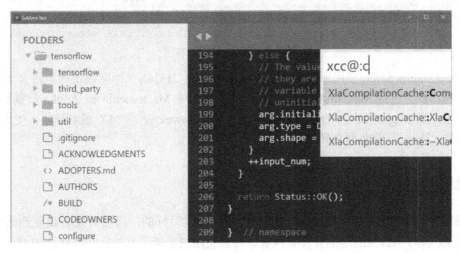

图 3-2　Sublime Text

Sublime Text 具有漂亮的用户界面和强大的功能，如代码缩略图、Python 的插件、代码段等。还可自定义键绑定、菜单和工具栏。Sublime Text 的主要功能包括拼写检查、书签、完整的 Python API、Goto 功能、即时项目切换、多选择、多窗口等。Sublime Text 是一个跨平台的编辑器，同时支持 Windows、Linux、Mac OS X 等操作系统。

3.1.3　Adobe Dreamweaver

Adobe Dreamweaver，简称"Dw"，中文名称为"梦想编织者"，是美国 Macromedia 公司开发的集网页制作和管理网站于一身的所见即所得网页编辑器。Macromedia 公司成立于 1992 年，2005 年被 Adobe 公司收购。Dw 是第一套针对专业网页设计师特别发展的视觉化网页开发工具，利用它可以轻而易举地制作出跨越平台限制和跨越浏览器限制的充满动感的网页。其图标和界面如图 3-3 和图 3-4 所示。

图 3-3　Dreamweaver 图标

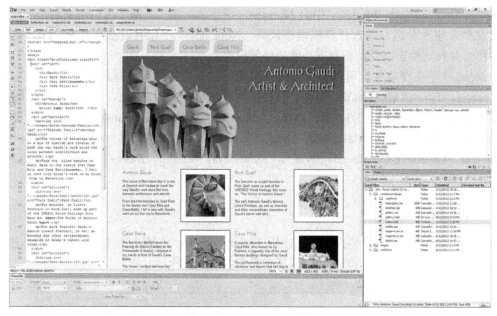

图 3-4 Dreamweaver 界面

Adobe Dreamweaver 使用所见即所得的接口，亦有 HTML（标准通用标记语言下的一个应用）编辑的功能。它有 Mac 和 Windows 系统的版本。随 Macromedia 被 Adobe 收购后，Adobe 也开始计划开发 Linux 版本的 Dreamweaver 了。Dreamweaver 自 MX 版本开始，使用了 Opera 的排版引擎 "Presto" 作为网页预览。

3.2　浏览器调试

在编写代码的过程中，很多时候代码并不是一次就写好的，需要开发者反复地结合实际效果进行调试。对于 HTML 5 的开发者来说，可以使用浏览器工具进行相关代码的调试。尽管不同种类的浏览器具体的工具有所不同，但浏览器调试工具所实现的功能都大同小异。本节以 Chrome 浏览器作为参考，来认识一下使用浏览器调试的基本方法。本节仅对 HTML 元素、CSS 样式、JavaScript、网络和屏幕展示效果进行简要讲解，读者可以观看本书相关视频，对这几个方面的调试方法进行直观的学习。除此之外，浏览器中的其他相关调试功能，将根据需要在本书的后续章节进行介绍。

一般来说，打开所要进行调试的网页后，按〈F12〉键或右击并在弹出的快捷菜单中选择"检查"选项（在有些浏览器中也被称为"审查元素"），即可进入浏览器的调试界面，如图 3-5 和图 3-6 所示。

图 3-5　检查元素

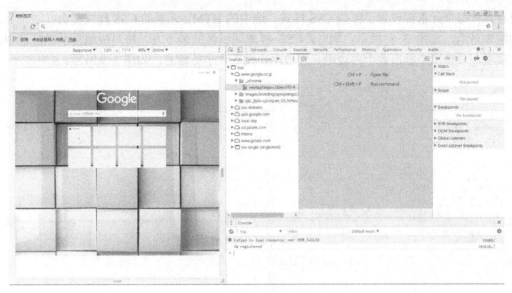

图 3-6　浏览器调试界面

3.2.1　HTML 元素

选择任意一个网页，进入浏览器的调试界面，单击"Elements"选项，就可以对当前网页的 HTML 元素进行审查。可以看到，中间显示区的内容变成了当前 HTML 文档内容，其中为了便于阅读代码，浏览器会对文档中的 HTML 元素进行一定的显示调整。标签、内容、注释都以不同颜色显示，并且 HTML 文档中的元素按照相互的附属关系进行了缩进显示。当选择一个 HTML 元素时，这个元素在网页中将会加阴影显示，便于调试者进行定位和调试，如图 3-7 所示。

图 3-7　HTML 元素审查

3.2.2　CSS 样式

当选择了一个 HTML 元素后，观察最右侧的显示区域。开发者可以通过该区域进行选定 HTML 元素的 CSS 样式查看与调试。CSS 样式调试区域显示了整个文档中元素的 CSS 样式，可以查看具体每个元素都设置了哪些 CSS 样式。选中的 HTML 元素的 CSS 样式将会在这个显示区域加阴影显示，如图 3-8 所示。同时，CSS 样式调试区的最下方，将对应地显示当前选中元素的盒模型，并在图中标出各个内边距、外边距、元素大小等信息，如图 3-9 所示。

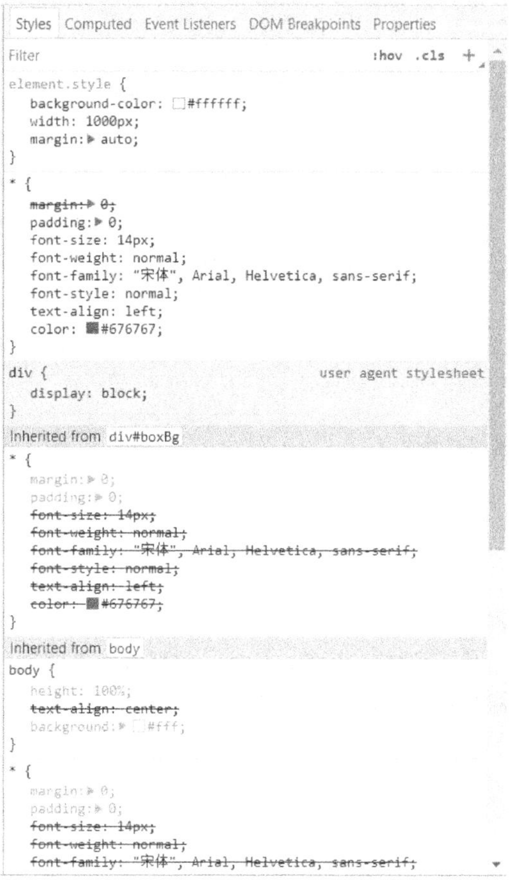

图 3-8 审查 CSS 样式

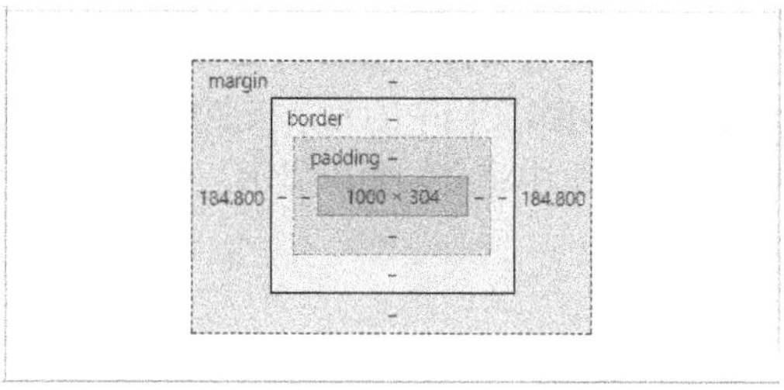

图 3-9 审查 CSS 样式盒模型

3.2.3 JavaScript

为了演示 JavaScript 的调试过程，编写如下页面，并在浏览器中运行。

文件名：JavaScript 调试.html

```html
<!DOCTYPE HTML>
<html lang="en-US">
<head>
    <meta charset="UTF-8">
    <title></title>
</head>
<body>
    <script>
        var sum = 0;
        for (var i=1;i<=10;i++){
            sum += i;
        }
        alert(sum);
```

```
        </script>
    </body>
    </html>
```

　　在浏览器中运行后，进入浏览器调试界面，选择"Source"选项，可以看到该 HTML 文档所依赖的全部外部资源，如图片、CSS、JavaScript 等。在代码显示的行数处，单击行号，即可在该位置设置程序断点，程序就会在这里暂时停止运行，这样调试人员就可以通过逐行执行语句，并观察各变量的值来进行 JavaScript 代码的调试，如图 3-10 所示。

图 3-10　添加断点

　　刷新页面，可以发现程序在设置断点的位置停止运行，如图 3-11 所示，这时单击最右侧的"Watch"选项，选择所要观察的变量，此处选择"sum"和"i"变量来进行观察。

图 3-11　程序在断点处停止运行

　　这时，再单击上方几个按钮中的向下箭头即可进行代码的逐行执行，如图 3-12 所示，所要观察的变量值将在每一行代码执行过后进行更新。单击最左侧的按钮，程序将会直接运行到下一个断点，如果没有的话，则直接继续运行到结束。

图 3-12　逐行执行代码

另外，值得注意的是 console 控制台界面，开发者可以在这上面输出错误相关信息，并辅助调试，如图 3-13 所示。浏览器的 JavaScript 解释器的相关错误也会被显示在这个页面，并可以通过单击错误的方式定位到出错代码，如图 3-14 所示。

图 3-13　控制台错误信息　　　　图 3-14　通过控制台定位到出错代码

3.2.4　网络

打开一个网页后，进入调试界面，选择"Network"选项，然后刷新页面，就可以观察浏览器获取网络资源的过程。在该界面中，最上方有整个获取全部资源的数据流简图，在简图的下方，依次排开的是所获取的资源，在这里可以查看每一个资源的文件类型、命名、大小以及获取是否成功等信息，如图 3-15 所示。选中其中一个资源，就可以看到这个资源获取的报文与内容等信息，如图 3-16 所示。

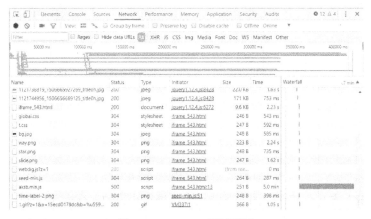

图 3-15　Network 调试界面

图 3-16　选中一个资源后查看其内容

48

3.2.5 屏幕展示效果

为了能够观察一个网页在不同设备的展示效果，浏览器为开发者准备了屏幕调整界面。开发者可以根据需要设置不同的屏幕大小，并观察各自的展示效果并进行调试。除了自定义屏幕大小外，还可以直接选择不同移动端设备的屏幕直接进行效果展示，同时还可以模拟不同运算能力设备以及不同的网络环境。

单击调试界面左上角的"toggle device toolbar"按钮，如图 3-17 所示，即可进行屏幕大小的调整。

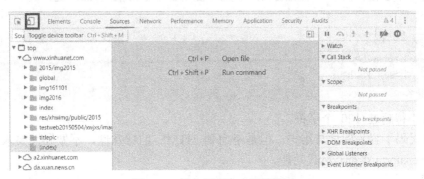

图 3-17 进入屏幕大小调整界面

在屏幕大小调整界面中，不仅可以自定义屏幕大小，还可以直接选择特定设备，进行效果查看，如图 3-18 所示。同时，还可以进行屏幕旋转调整，以及不同网络状态下移动设备的模拟测试。

图 3-18 选择特定的移动端设备

3.3 代码规范

HTML 代码规范的目标是使 HTML 代码风格保持一致，容易被理解和维护。如果读者没有这种习惯，请认真选择 IDE，别再用"文本编辑器"，尽可能地选择代码可视化程度高、代码提示功能健全的 IDE，例如 Dreamweaver。

1．缩进与换行

● 使用 4 个空格作为一个缩进层级，不允许使用 2 个空格或〈Tab〉键。

示例：

```
<ul>
    <li>first</li>
    <li>second</li>
</ul>
```

● 每行不得超过 120 个字符。

过长的代码不容易阅读与维护。但是考虑到 HTML 的特殊性，不做硬性要求，sublime、phpstorm、wenstorm 等都有标尺功能。

2．命名

● class 必须全字母小写，单词间以 - 分隔。

● class 必须代表相应模块或部件的内容或功能，不得以样式信息进行命名。

示例：

```
<!-- good -->
<div class="sidebar"></div>
<!-- bad -->
<div class="left"></div>
```

● 元素 id 必须保证页面唯一。

同一个页面中，不同的元素包含相同的 id，不符合 id 的属性含义，并且使用 document.getElementById 时可能导致难以追查的问题。

建议：

同项目必须保持风格一致。

id、class 命名，在避免冲突并描述清楚的前提下尽可能短。

示例：

```
<!-- good -->
<div id="nav"></div>
<!-- bad -->
<div id="navigation"></div>

<!-- good -->
<p class="comment"></p>
<!-- bad -->
<p class="com"></p>

<!-- good -->
<span class="author"></span>
```

```
<!-- bad -->
<span class="red"></span>
```

● 同一页面，应避免使用相同的 name 与 id。

IE 浏览器会混淆元素的 id 和 name 属性，document.getElementById 可能获得不期望的元素。所以对元素 id 与 name 属性的命名需要非常小心。一个比较好的方法是，为 id 和 name 使用不同的命名法。

示例：

```
<input name="foo">
<div id="foo"></div>
<script>
// IE6 将显示 INPUT
alert(document.getElementById('foo').tagName);
</script>
```

3. 标签

● 标签名必须使用小写字母。

示例：

```
<!-- good -->
<p>Hello StyleGuide!</p>

<!-- bad -->
<P>Hello StyleGuide!</P>
```

● 对于无需自闭合的标签，不允许自闭合。

常见无需自闭合的标签有 input、br、img、hr 等。

示例：

```
<!-- good -->
<input type="text" name="title">

<!-- bad -->
<input type="text" name="title" />
```

● 对 HTML 5 中规定允许省略的闭合标签，不允许省略闭合标签。

示例：

```
<!-- good -->
<ul>
    <li>first</li>
    <li>second</li>
</ul>

<!-- bad -->
<ul>
    <li>first
    <li>second
</ul>
```

● 标签使用必须符合标签嵌套规则。

例如，div 不得置于 p 中，tbody 必须置于 table 中。

示例：

```
<!-- good -->
<div><h1><span></span></h1></div>
<a href=""><span></span></a>


<!-- bad -->
<span><div></div></span>
<p><div></div></p>
<h1><div></div></h1>
<h6><div></div></h6>
<a href="a.html"><a href="a.html"></a></a>
```

- HTML 标签的使用应该遵循标签的语义。

下面是常见的标签语义。

- p：段落。
- h1，h2，h3，h4，h5，h6：层级标题。
- strong，em：强调。
- ins：插入。
- del：删除。
- abbr：缩写。
- code：代码标识。
- cite：引述来源作品的标题。
- q：引用。
- blockquote：一段或长篇引用。
- ul：无序列表。
- ol：有序列表。
- dl，dt，dd：定义列表。

示例：

```
<!-- good -->
<p>Esprima serves as an important <strong>building block</strong> for some JavaScript language tools.</p>

<!-- bad -->
<div>Esprima serves as an important <span class="strong">building block</span> for some JavaScript
language tools.</div>
```

- 在 CSS 可以实现相同需求的情况下不得使用表格进行布局。

在兼容性允许的情况下应尽量保持语义正确性。对网格对齐和拉伸性有严格要求的场景允许例外，如多列复杂表单。

- 标签的使用应尽量简洁，减少不必要的标签。

示例：

```
<!-- good -->
<img class="avatar" src="image.png">
```

```
<!-- bad -->
<span class="avatar">
    <img src="image.png">
</span>
```

4. 属性

● 属性名必须使用小写字母。

示例：

```
<!-- good -->
<table cellspacing="0">...</table>

<!-- bad -->
<table cellSpacing="0">...</table>
```

● 属性值必须用双引号包围。

不允许使用单引号，不允许不使用引号。

示例：

```
<!-- good -->
<script src="esl.js"></script>

<!-- bad -->
<script src='esl.js'></script>
<script src=esl.js></script>
```

● 布尔类型的属性，不建议添加属性值。

示例：

```
<!-- good -->
<input type="text" disabled>
<input type="checkbox" value="1" checked>

<!-- bad -->
<input type="text" disabled="disabled">
<input type="checkbox" value="1" checked="checked">
```

● 自定义属性建议以"xxx-"为前缀，推荐使用"data-"。

使用前缀有助于区分自定义属性和标准定义的属性。

示例：

```
<ol data-ui-type="Select"></ol>
```

5. DOCTYPE

● 使用 HTML 5 的 DOCTYPE 来启用标准模式，建议使用大写字母。

示例：

```
<!DOCTYPE html>
```

● 启用 IE Edge 和 Chrome Frame 模式。

示例：

```
<meta http-equiv="X-UA-Compatible" content="IE=Edge,chrome=1">
```

- 在<html>标签上设置正确的 lang 属性，有助于提高页面的可访问性，如让语音合成工具确定其所应该采用的发音，令翻译工具确定其翻译语言等。

示例：

```
<html lang="zh-CN">
```

- 开启双核浏览器的 webkit 内核进行渲染。

示例：

```
<meta name="renderer" content="webkit">
```

- 开启浏览器的 DNS 预获取，可减少 DNS 请求次数。

示例：

```
<link rel="dns-prefetch" href="//global.zuzuche.com/">
<link rel="dns-prefetch" href="//imgcdn1.zuzuche.com/">
<link rel="dns-prefetch" href="//qiniucdn.com/">
```

6. 编码

- 页面必须使用精简形式，明确指定字符编码。指定字符编码的 meta 必须是 head 的第一个直接子元素。

示例：

```
<html lang="zh-CN">
    <head>
        <meta charset="UTF-8">
        ...
    </head>
    <body>
        ...
    </body>
</html>
```

- HTML 文件使用无 BOM 的 UTF-8 编码。

UTF-8 编码具有更广泛的适应性，BOM 在使用程序或工具处理文件时可能造成不必要的干扰。

7. CSS 和 JavaScript 引入

- 引入 CSS 时必须指明 rel="stylesheet"。

示例：

```
<link rel="stylesheet" src="page.css">
```

- 引入 CSS 和 JavaScript 时无须指明 type 属性。

text/css 和 text/JavaScript 是 type 的默认值。

- 展现定义放置于外部 CSS 中，行为定义放置于外部 JavaScript 中。

结构—样式—行为的代码分离，对于提高代码的可阅读性和维护性都有好处。

- 在 head 中引入页面需要的所有 CSS 资源。

在页面渲染的过程中，新的 CSS 可能导致元素的样式重新计算和绘制，页面闪烁。

- script 应当放在页面末尾，或采用异步加载。

将 script 放在页面中间将阻断页面的渲染。出于性能方面的考虑，如非必要，请遵守此条建议。

示例：

```
<body>
    <!-- a lot of elements -->
    <script src="init-behavior.js"></script>
</body>
```

● 引用静态资源的 URL 协议部分与页面相同，建议省略协议前缀。

示例：

```
<script src="//global.zuzuche.com/assets/js/gallery/jquery/1.11.2/jquery.js">
</script>
```

8．Head

● 页面必须包含 title 标签声明标题。

● title 必须作为 head 的直接子元素，并紧随 <link rel="dns-prefetch"> 声明之后。

title 中如果包含 ascii 之外的字符，浏览器需要知道字符编码类型才能进行解码，否则可能导致乱码。

示例：

```
<head>
    <meta charset="UTF-8">
    <link rel="dns-prefetch" href="//global.zuzuche.com/">
    <link rel="dns-prefetch" href="//imgcdn1.zuzuche.com/">
    <link rel="dns-prefetch" href="//qiniucdn.com/">
    <title>页面标题</title>
</head>
```

9．图片

● 禁止 img 的 src 取值为空。延迟加载的图片也要增加默认的 src。

src 取值为空，会导致部分浏览器重新加载一次当前页面。

● 避免为 img 添加不必要的 title 属性。

多余的 title 影响看图体验，并且增加了页面尺寸。

● 为重要图片添加 alt 属性，可以提高图片加载失败时的用户体验。

● 添加 width 和 height 属性，以避免页面抖动。

● 有下载需求的图片采用 img 标签实现，无下载需求的图片采用 CSS 背景图实现。

产品 logo、用户头像、用户产生的图片等有潜在下载需求的图片，以 img 形式实现，能方便用户下载。无下载需求的图片，如 icon、背景、代码使用的图片等，尽可能采用 CSS 背景图实现。

10．表单

● 有文本标题的控件必须使用 label 标签将其与标题相关联。

实现这个效果有两种方式：将控件置于 label 内，或将 label 的 for 属性指向控件的 id。推荐使用第一种，减少不必要的 id。如果 DOM 结构不允许直接嵌套，则应使用第二种。

示例：

```
<label><input type="checkbox" name="confirm" value="on"> 我已确认上述条款</label>

<label for="username">用户名：</label>
```

```
<input type="textbox" name="username" id="username">
```

11. 按钮

● 使用 button 元素时必须指明 type 属性值。

button 元素的默认 type 为 submit，如果被置于 form 元素中，单击后即可将表单提交。为显示区分其作用，也方便理解，必须给出 type 属性。

示例：

```
<button type="submit">提交</button>
<button type="button">取消</button>
```

● 尽量不要使用按钮类元素的 name 属性。

由于浏览器兼容性问题，使用按钮的 name 属性会带来许多难以发现的问题。

● 负责主要功能的按钮在 DOM 中的顺序应靠前，以提高可访问性。如果在 CSS 中指定了 float: right，则可能导致视觉上主按钮在前，而 DOM 中主按钮靠后的情况。

示例：

```
<!-- good -->
<style>
    .buttons .button-group {
        float: right;
    }
</style>

<div class="buttons">
    <div class="button-group">
        <button type="submit">提交</button>
        <button type="button">取消</button>
    </div>
</div>

<!-- bad -->
<style>
.buttons button {
    float: right;
}
</style>

<div class="buttons">
    <button type="button">取消</button>
    <button type="submit">提交</button>
</div>
```

● 当使用 JavaScript 进行表单提交时，如果条件允许，应使原生提交功能正常工作。

当浏览器 JavaScript 运行错误或关闭 JavaScript 时，提交功能将无法工作。如果正确指定了 form 元素的 action 属性和表单控件的 name 属性时，提交仍可继续进行。

示例：

```
<form action="/login" method="post">
    <p><input name="username" type="text" placeholder="用户名"></p>
    <p><input name="password" type="password" placeholder="密码"></p>
```

```
</form>
```

● 在针对移动设备开发的页面时，需根据内容类型指定输入框的 type 属性。

根据内容类型指定输入框类型，能获得友好的输入体验。

示例：

```
<input type="date">
<input type="tel">
<input type="number">
<input type="number" pattern="\d*">
```

12. 模板中的 HTML

● 模板代码的缩进优先保证 HTML 代码的缩进规则。

示例：

```
<!-- good -->
<!-- IF is_display -->
<div>
    <ul>
        <!-- BEGIN item_list -->
        <li>{name}<li>
        <!-- END item_list -->
    </ul>
</div>
<!-- ENDIF item_list -->


<!-- bad -->
<!-- IF is_display -->
    <div>
        <ul>
    <!-- BEGIN item_list -->
        <li>{$item.name}<li>
    <!-- END item_list -->
        </ul>
    </div>
<!-- ENDIF item_list -->
```

● 模板代码应以保证 HTML 单个标签语法的正确性为基本原则。

示例：

```
<!-- good -->
<li class="<!-- IF selected --> selected<!-- ENDIF selected -->">{type_name}</li>


<!-- bad -->
<li <!-- IF selected --> class="focus"<!-- ENDIF selected -->>{type_name}</li>
```

● 模板代码应以保证结束符的闭合名收尾。

示例：

```
<!-- good -->
<!-- IF is_display -->
<div>
    <!-- BEGIN item_list -->
```

```
    <ul>
        <!-- BEGIN package_list -->
        <li>
            <span>{name} : </span><span>￥{unit_price}</span>
        <li>
        <!-- END package_list -->
    </ul>
    <!-- END item_list -->
</div>
<!-- ENDIF is_display -->

<!-- bad -->
<!-- IF is_display -->
<div>
    <!-- BEGIN item_list -->
    <ul>
        <!-- BEGIN package_list -->
        <li>
            <span>{name} : </span><span>￥{unit_price}</span>
        <li>
        <!-- END -->
    </ul>
    <!-- END -->
</div>
<!-- ENDIF -->
```

● 在循环处理模板数据构造表格时，若要求每行输出固定的个数。建议先将数据分组，然后再循环输出。模板只是做数据展示，别加插太多业务逻辑（其他数据构造同理）。

示例：

```
<!-- good -->
<table>
    <!-- BEGIN item_list -->
    <tr>
        <!-- BEGIN package_list -->
        <td>
            <span>{name} : </span><span>￥{unit_price}</span>
        </td>
        <!-- END package_list -->
    <tr>
    <!-- END item_list -->
</table>

<!-- bad -->
<table>
<tr>
    <!-- BEGIN item_list -->
    <td>
        <span>{name} : </span><span>￥{unit_price}</span>
    </td>
        <!-- IF id="5" -->
    </tr>
```

```
                <tr>
                    <!-- ENDIF id -->
                <!-- END item_list -->
        </tr>
    </table>

    <!-- good -->
    <table>
        <!-- BEGIN item_list -->
        <tr>
            <!-- BEGIN package_list -->
            <td>
                <span>{name}：</span><span>￥{price}</span>
            </td>
            <!-- END package_list -->
        <tr>
        <!-- END item_list -->
    </table>

    <!-- bad -->
    <table>
    <!-- BEGIN item_list -->
    <tr>
        <td>
            <span>{name}：</span>
            <!-- IF type="unit" -->
            <span>￥{unit_price}</span>
            <!-- ELSEIF type="total" -->
            <span>￥{total_price}</span>
            <!-- ENDIF type -->
        </td>
    </tr>
    <!-- END item_list -->
    </tr>
    </table>
```

　　使用模板是 HTML 开发中经常用到的技巧，应用许多优秀的模板能够大大减少搭建 HTML 和设计 CSS 的时间。如何学会规范地使用模板不仅会加快开发进度，也让项目的可维护性大大提高。

　　使用后台开发语言的程序员都很了解语言的动态性给开发带来的好处，php、aspx 和 jsp 页面都可以直接使用相应的语法和变量，输出就由解释器或编译器进行，用起来方便快捷，但需要额外的解释工作。

　　例如，php 模板需要 php 解析后，再由 apache 输出；aspx 需要专用 dll 解析后，由 IIS 输出；jsp 需要虚拟机解析后，由 tomcat 输出。

　　总之，Web 服务器无法直接识别并输出这些动态语言的文件格式，但对 HTML 都直接识别输出给浏览器。如果直接用 HTML 来做网页内容的展示，就少了一层解析工作，从客户端发起请求，到网页输出，不可置疑 HTML 一定是最快的，这就是为什么大部分网站都会将动态内容静态化的一个重要原因。

　　HTML 有打开效率高的先天优势，但也有一个先天缺陷，那就是不支持动态语言，这也是

HTML 模板语言出现的原因，让网站既拥有 HTML 的高效，又享受内容的动态化。

使用搜索引擎搜索 HTML 模板，常见的模板网站有模板之家、站长素材等。

3.4 思考题

1. 使用记事本编写一个 HTML 页面，再用一个本章所讲的代码编辑器编辑一个 HTML 5 界面，对比两者的区别。

2. 使用本章介绍的方法调试思考题 1 的页面。

第4章 常用控件

控件是指对数据和方法的封装。控件可以有自己的属性和方法，其中属性是控件数据的简单访问者，方法则是控件的一些简单而可见的功能。控件创建过程包括设计、开发和调试（就是所谓的 3Ds 开发流程，即 Design、Develop、Debug）和使用。在开发过程中，有些控件是要经常用到的，本章将集中进行介绍。

4.1 表单控件

HTML 表单元素是网站向访客收集信息的元素，在这个 HTML 元素中，用户能够以表单的形式将自己的个性化信息填入，并通过提交表单实现来自用户端的信息向服务器端的投递。这个过程与人们在银行办理某些业务而填写表单并上交是一个道理，现实中的表单会列出所需填写的信息并留出相应空白让用户填写。类似地，Web 应用也以相似的方式指导用户填写，<label>标签指明需要填写哪些信息，<input>标签负责接收来自用户的输入，用户可以以单选、多选、文本等方式进行输入，最后单击"提交"按钮，完成一次表单的填写与上传的过程。HTML 表单的过程，抽象来说就是，浏览器友好地向用户提供输入的界面，然后将从用户端所收集的信息转换为一组组以键值对形式存在的数据项，最后将这些数据项上传至服务器端。

在本章将首先学习基本的 HTML 形式和传统的上传控件，然后着重学习 HTML 5 所提供的新的表单上传控件、表单元素和表单属性。需要注意的是，本章的内容着重于表单的形式，具体表单的提交及处理的功能将在 6.2 节讲解。

4.1.1 表单形式

一般来说，一份 HTML 5 表单主要由<form>元素统领，然后在这其中以<fieldset>作为不同表单域的逻辑划分，例如，一个订单信息中，有个人信息区域，也有订单信息区域。在这些划分的域下便是一个个的<label>标签来指示需要填写的信息，在<label>旁使用不同类型的输入控件来承载用户所填写的信息，最后添加"提交"按钮。这便是许多 Web 表单的基本形式。

下面这个实例是一个简单的用户注册页面，在这个页面中，需要输入用户名和相应的密码，并单击"提交"按钮来完成注册。实例在浏览器中的展示效果如图 4-1 所示。

文件名：表单基本形式.html

图 4-1　表单基本形式

```
<!DOCTYPE HTML>
<html lang="en-US">
<head>
        <meta charset="UTF-8">
        <title></title>
        <style>
                fieldset{
                        width:80px;
                }
        </style>
</head>
<body>
        <form action="" method="post">
                <fieldset>
                        <legend>用户注册</legend>
                        <label for="username">用户名：</label>
                        <br />
                        <input id="username" type="text" name="username"/>
                        <br />
                        <label for="password">密码：</label>
                        <br />
                        <input id="password" type="password" name="password"/>
                        <br />
                        <input type="submit" value="提交"/>
                </fieldset>
        </form>
</body>
</html>
```

在这个实例中，可以看到<form>元素代表了一个能够被提交的 HTML 表单单元，在<form>标签内有 action 和 method 属性，它们在提交表单的过程中具有一定的意义。由于本章重点在于 HTML 表单形式而不注重表单提交的功能，在此并不详细展开。随后，在<form>标签内，可以看到<fieldset>标签和<legend>标签共同进行了表单内部区域的逻辑划分，<fieldset>负责逻辑分割，在浏览器中为表单区域添加了边框，<legend>标签提供了一个表单区域的标题信息，实例中即是"用户注册"这一文本。

然后便是表单输入部分，一般来说，使用<label>标签来指示用户填写哪一类信息，使用<input>控件来承载。需要注意的是<label>和<input>中的属性。<input>标签的 type 属性确定了这一输入控件的类型，而 name 属性则指定了这一输入内容的命名，这个命名会与输入内容组成键值对保存到所提交表单的 HTTP 报文中，并可被服务器端通过这个命名来获取输入值。<label>标签中的 for 属性则是指定该标签与哪一个输入控件进行捆绑，设置 for 属性为被捆绑输入控件的 id 即可，具体实现的效果就是当用户单击<label>标签时等同于单击了其所捆绑的输入控件。

最后是表单的提交按钮，它是一个 type 属性为"submit"的<input>标签，在完成表单的填写后，用户可以单击它完成提交表单的工作。由于本实例仅为示范，所以只使用 HTML 换行符"
"进行表单的格式调整。在实际应用的 Web 表单中，开发者可以通过 CSS 为表单增添更为美观的布局。

4.1.2 传统输入控件

在上一节的实例中,可以看到<input>标签作为输入控件可以为提交按钮,也可以作为文本输入或者是密码输入。除此之外,它还可以是单选按钮、复选框等。在这一节中,将详细介绍HTML表单中常见的输入控件。

1. 单行文本

将<input>标签 type 属性设置为 text,它就变为了单行文本输入框,用户可以在此输入可见的文本信息。同样是单行文本,若将 type 属性设置为 password,<input>标签则变成了密码输入框,即内容不可见的单行文本输入框。在 4.1.6 节的实例中,主人姓名和年龄以及狗子名这几个字段的输入控件均为单行文本。

2. 多行文本

有时需要输入一定量的文本信息,并且用户必须对自己所写内容保持可见。使用单行文本输入控件不能满足这样的需求,这时需要使用多行文本输入控件,直接在表单元素中间插入<textarea>标签即可。

<textarea>标签可以让用户进行多行文本的输入,在设置 name 属性的基础上,还需设定这个多行文本的行数和列数,来确定这个多行文本输入区域的大小。cols 属性决定了多行文本区域横向的长度,而 rows 属性则决定了多行文本纵向的长度。

在 4.1.6 节的实例中,我们添加了一个横向长度为 30 个单元、纵向长度为 10 单元的多行文本元素,来让用户填写宠物的额外信息。

3. 单选框

将<input>标签 type 属性设置为 radio,它就变成了单选按钮输入控件。单选按钮对于同一个输入而言意味着只能有一个选项,即各个选择之间是互斥的。通过将一组 type 属性为 radio 的<input>标签设置同样的 name 属性即可实现多个选项进行单项选择的功能。

此外,还需对一组这样的单选备选项添加 value 属性值,指定每一个备选项实际代表的值。例如在 4.1.6 节的实例中,宠物的性别字段采用的是单选输入,虽然在显示上给用户呈现的是"公"和"母",而实际上在表单被填写后,该处数据所填入的值为单选输入背后的 value 值,即"masculine"或"feminine"。

如果将一组单选按钮的其中一个选项直接添加 checked 属性,例如,<input type="radio" value="masculine" name="petGender" checked/>,则这个选项在页面加载后为默认选项。

4. 复选框

将<input>标签 type 属性设置为 checkbox,它就变成了复选框输入控件。复选框对于同一个输入而言意味着可以进行多个选项的选择,选项之间的关系并不互斥。类似于单选按钮,复选框也需要一组 name 属性相同的<input>标签来指代同一个输入,value 属性代表每个多选框背后实际的输入值。同样地,为复选框的某一项添加 checked 属性后,这一项就在页面载入后为默认选项。

在 4.1.6 节的实例中,我们使用一组多选框作为宠物特点的备选输入,它们的 name 属性均被设置为 petFeatures,然后每个选项都有各自背后的 value 值,这样就实现了多选输入。

5. 列表

列表输入,简单来说,就是下拉列表框。与其他控件不同,列表需要使用<select>标签搭配一组<option>标签来实现。<select>标签直接代表一个下拉列表框元素,<option>标签则代表这个<select>标签下的备选项,实际上,下拉列表框元素本身也是单选输入控件,只能通过单击下拉列表框来选择其中一项作为输入。

在这个输入控件中,需要在<select>标签设置 name 属性,并且给每个<option>标签设置 value 属性值,这样才可以将<select>和<option>对应起来,在填写表单之后,完成数据项构建。在 4.1.6 节的实例中,我们使用<select>标签实现了下拉框选择宠物狗的品种,并设置 name 属性为 petKind,然后在<select>标签下的每一个<option>标签设置各自的 value 值,这样就完成了一个列表输入控件的构建。

6. 按钮

将<input>标签的 type 属性设置为 submit,它就变为了提交按钮,单击"提交"按钮就可以完成一个表单的提交。类似的,将 type 属性设置为 reset,它就变为了重置按钮,单击"重置"按钮就可以将已填写内容全部置为空;将 type 属性设置为 button,它会变成单纯的一个按钮,开发者需要为其添加特定的 JavaScript 代码才可以实现特定的功能。其中还需注意的是,对每一个按钮控件,还需要为其添加 value 属性作为按钮中的文本提示。

在 4.1.6 节的实例中,可以看到我们添加了两个按钮控件,分别是"提交"按钮和"重置"按钮,并为这两个按钮添加了中文形式的文本作为按钮内容,来提示用户按钮的功能。

4.1.3　新输入控件

在 4.1.2 节中介绍了传统的一些表单输入控件,包括单选按钮、复选框、列表、单行文本、多行文本和按钮。在 HTML 最新的 HTML 5 标准中,又出现了更多类型的输入控件,尽管这些控件中的一部分在形式上与单行文本输入框并无区别,但在实际应用中,配合其他的 HTML 5 新属性会给开发人员在验证和编辑表单信息上提供一些便利。

在本节将会使用一个用户信息表单实例讲解电子邮件地址、电话号码和数值这 3 个输入控件,然后以单个简单的实例讲解滑动条、搜索框、网址、日期和时间等输入控件。

下面的实例中,通过邮件地址、电话号码和数值这 3 个输入控件构造了一个简单的用户信息表单。实例在浏览器中的展示效果如图 4-2 所示。

文件名:新的输入控件.html

```
<!DOCTYPE HTML>
<html lang="en-US">
<head>
    <meta charset="UTF-8">
    <title></title>
</head>
<body>
    <form action="" method="post">
        <fieldset>
            <legend>个人信息</legend>
            <label for="owner">姓名: </label><input id="owner" type="text" name="owner"/>
            <label for="age">年龄: </label><input id="age" type="number" name="age" min="1" max="120"/>
            <br />
            <label for="email">邮箱: </label><input type="email" id="email" name="emailAddr"/>
            <br />
            <label for="telephone">电话: </label><input type="tel" id="telephone" name="telNumber"/>
            <br />
            <input type="submit" value="提交"/>
        </fieldset>
```

```
        </form>
      </body>
      </html>
```

1．电子邮件地址

将<input>标签的 type 属性设置为 email 即可将输入控件设置为电子邮件类型，尽管设置完成之后的控件与单行输入文本控件形式上无异，但是这样的电子邮件地址类型输入将会自动地在表单提交的时候对所输入内容进行初步校验。在大多数情况下，电子邮箱都是由字符串和"@"符号构成的，如若不符合这个形式，浏览器将会自动阻止一次提交行为，并向用户反馈相关提示信息，指示用户输入适当的电子邮件地址格式。其在浏览器中的效果如图 4-3 所示。

图 4-2　邮件地址、电话、数值输入控件

图 4-3　电子邮箱地址验证

2．电话号码

将<input>标签 type 属性设置为 tel，它就会变为一个电话号码输入控件。在大多数浏览器中，这个输入控件仍然以单行文本输入框的形式存在。由于，电话号码本身没有一个全世界统一的格式，它有时仅由数字组成，有时也包含空格、横线、加号等，所以在 HTML 5 规范中并未要求浏览器对电话号码输入进行验证操作。目前，电话号码类型的输入控件的主要用途是在移动浏览器端，在进行电话号码输入时会自动选用数字键盘，为用户提供一定程度的便利。

3．数值

将<input>标签 type 属性设置为 number，它就变成了一个数值输入控件。在这个控件中，用户只可以输入数值数据，而不可以输入字母。此外，还可以设置 min 属性来指定输入数值的最小值，设置 max 属性来指定输入数值的最大值，这样就可以直接使用该输入控件对用户的输入进行简单的验证，如若用户的输入不符合控件的数值规定范围则表单不会被提交。例如，年龄字段规定的数值范围是 1～120，那么输入 0 将不会被提交，如图 4-4 所示。

4．滑动条

将<input>标签 type 属性设置为 range，它就变成了一个滑动条输入控件。与数值类型输入控件相类似，滑动条输入控件也只接收数值输入，但是这时必须设置 min 和 max 属性指定输入的数值范围。在浏览器中，滑动条输入控件就显示为一个滑动条形式，滑动条的变化范围就是 min 属性和 max 属性所指定的范围。然而，在大多数浏览器中，滑动条在用户滑动的过程中，并不能显示刻度，亦或是当前的取值。下面将使用滑动条输入控件，并加入少量 JavaScript 代码来显示当前的取值，展示效果如图 4-5 所示。

图 4-4 数值验证　　　　　　　　　　　　图 4-5 滑动条输入控件

文件名：滑动条.html

```html
<!DOCTYPE HTML>
<html lang="en-US">
<head>
        <meta charset="UTF-8">
        <title></title>
</head>
<body>
        <form action="" method="post">
                <fieldset>
                        <legend>你的体重</legend>
                        <label for="weight">体重（kg）</label>
                        <input type="range" id="weight" name="weight" min="20" max="300"/>
                        <br />
                        <p id="myWeight"></p>
                        <input type="submit" value="提交"/>
                </fieldset>
        </form>
        <script>
                var w = document.getElementById("myWeight");
                var wInput = document.getElementById("weight");
                window.onload = function assignValue(){
                        w.innerHTML = wInput.value + "kg";
                }
                wInput.onchange = function assignValue(){
                        w.innerHTML = wInput.value + "kg";
                }
        </script>
</body>
</html>
```

在这个实例中，通过设置 min 和 max 属性将滑动条的取值上限设置为 300，下限设置为 20。同时，为这个表单添加了一些 JavaScript 代码来对滑动条取值进行动态显示。在 JavaScript 代码中，添加了一个页面加载和滑动条取值改变的事件监听，并添加相应的事件处理函数，将滑动条输入控件的当前取值反馈到表单中的<p>元素内进行显示。

在使用滑动条时，用户只使用鼠标并不能很精确地对取值进行调整。这时，可以在选中滑动条控件的同时，使用键盘的方向键对滑动条取值进行微调。

5. 搜索框

将<input>标签 type 属性设置为 search，它就会变为一个搜索输入控件。在形式上，搜索框与单行文本输入没有区别，但是搜索输入控件本身具有一定的语义性，这也是其最重要的意义。使用搜索输入控件可以为 Web 应用使用者提供很多便利，用户可以使用特定的软件快速找到一个网页中的搜索框，并能够直接执行搜索功能。

6．网址

将<input>标签 type 属性设置为 url，它就会变为一个网址输入控件。用户在输入数据后进行提交时，浏览器会对所输入数据进行简单校验，判断其是否是一个网址。当然，网址的形式是多种多样的，很难约定统一成一个固定的模式，一般浏览器只判断一个输入是否具有一个 URL 中的开头协议信息，例如，"https://"只要有这部分就会被浏览器接受，否则将会终止表单提交并提醒用户。下面的实例展示了网址输入控件的简单实用，当所输入的网址仅为"example.com"时，所输入内容并不符合一个 URL 的基本形式，便会被浏览器拒绝，如图 4-6 所示。

文件名：网址输入控件.html

```
<!DOCTYPE HTML>
<html lang="en-US">
<head>
        <meta charset="UTF-8">
        <title></title>
</head>
<body>
        <form action="" method="post">
            <fieldset>
                <legend>网址输入控件</legend>
                <input type="url" name="urlInput"/>
                <input type="submit" value="提交"/>
            </fieldset>
        </form>
</body>
</html>
```

7．日期和时间

日期和时间类型的输入控件是一系列输入控件，浏览器会以人性化的方式显示日期或时间输入控便，以便用户填写，使用户填写的过程更加便利，并且还让用户所填的日期和时间信息具有统一的格式。下面的实例中包含所有的日期和时间输入控件，在浏览器中的展示效果如图 4-7 所示。

图 4-6　网址 URL 验证

图 4-7　日期和时间输入控件

文件名：日期和时间输入控件 html

```
<!DOCTYPE HTML>
<html lang="en-US">
<head>
    <meta charset="UTF-8">
    <title></title>
</head>
<body>
    <form action="" method="post">
        <fieldset>
            <legend>日期和时间输入类型</legend>
            <label for="datetimelocalInput">日期时间：</label>
            <input type="datetime-local" id="datetimelocalInput" name="datetimelocal"/>
            <br />
            <label for="dateInput">日期：</label>
            <input type="date" id="dateInput" name="date"/>
            <br />
            <label for="timeInput">时间：</label>
            <input type="time" id="timeInput" name="time"/>
            <br />
            <label for="monthInput">月份：</label>
            <input type="month" id="monthInput" name="month"/>
            <br />
            <label for="weekInput">周数：</label>
            <input type="week" id="weekInput" name="week"/>
            <br />
            <input type="submit" value="提交"/>
        </fieldset>
    </form>
</body>
</html>
```

观察上述实例在浏览器中的运行效果，可以看出日期和时间类型的输入控件的具体作用。日期和时间输入控件为 HTML 表单的填写者提供了一个较为人性化的界面，在这个界面中，使用者可以简单地通过鼠标来确定自己所需填写的日期和时间类型，而不用去管具体的格式设置。

- type 属性为 datetime-local 时，输入控件所输入的格式为 YYYY-MM-DDTHH:mm，包括日期和时间，两者通过符号 "T" 进行区分。例如，用户通过操作选择了 2017 年 10 月 7 日 12:00，则实际上该控件的最终输入值为 "2017-10-07T12:00"。

- type 属性为 date 时，输入控件所输入的格式为 YYYY-MM-DD，为日期输入。类似地，用户通过浏览器所提供的界面选择了 2017 年 10 月 7 日，输入控件的实际设定值为 "2017-10-07"。

- type 属性为 time 时，输入控件所输入的格式为 HH:mm，为时间输入。例如，用户选择了 14:30 这个时间，输入控件的实际设定值为 "14:30"。

- type 属性为 month 时，输入控件所输入的格式为 YYYY-MM，为月份输入，指年月。例如，用户选择了 2017 年的 10 月份，则控件最终设定的输入值为 "2017-10"。尽管在浏览器所提供的界面中，用户实际选择的是具体的某一天，但该控件的输入值只具体到月份。

- type 属性为 week 时，输入控件所输入的格式为 YYYY-Www，为周数输入，指一年的第几周。例如，用户选择了 2017 年 10 月 7 日，则控件的最终输入为 "2017-W40"，尽管用户选择的是具体的某一天，浏览器还是会将输入值换算为该年的第几周。

4.1.4 新表单元素

除了 4.1.3 节中讲解到的新输入控件外，HTML 5 还提供了额外的表单元素，以便表单的填写过程更可视化和人性化。本节中的新表单元素主要有输入建议、进度条和计量条。它们都为表单的填写者提供了更为友好的界面，让用户的填写过程更为便利。下面将分别以实例介绍这几个新表单元素。

图 4-8　输入建议

1．输入建议

新的 <datalist> 元素，可以为简单的单行文本输入提供输入建议，当用户输入开始的某几个字母时，浏览器就会主动地将可能备选的输入通过下拉列表的方式提供给用户，供其参考。下面这个实例中，用户可以在表单中的输入框输入自己的母语，在输入的过程中，<datalist> 元素便会给用户一些适当的输入建议。实例在浏览器中的展示效果如图 4-8 所示。

文件名：输入建议.html

```
<!DOCTYPE HTML>
<html lang="en-US">
<head>
    <meta charset="UTF-8">
    <title></title>
</head>
<body>
    <form action="" method="post">
        <fieldset>
            <legend>你的母语是？</legend>
            <label for="lan">语言</label>
            <input type="text" list="languange" name="lan"/>
            <datalist id="languange">
                <option value="Arabic" label="阿拉伯语"></option>
                <option value="Chinese">汉语</option>
                <option value="English">英语</option>
                <option value="Russian">俄语</option>
                <option value="Spanish">西班牙语</option>
                <option value="French">法语</option>
            </datalist>
            <input type="submit" value="提交"/>
        </fieldset>
    </form>
</body>
</html>
```

输入建议元素本质上是将一组可能的输入项添加到了<datalist>元素并与相应的输入框绑定，接下来就由浏览器实现在输入的过程中为用户提示备选的选项。类似于下拉列表元素<select>，在<datalist>元素之间也需要添加<option>元素来指定具体的每个备选数据项。

　　一个输入建议元素需要首先搭配一个输入框来使用，只需将输入框的 list 属性设置为<datalist>的 id 值即可完成输入框与输入建议的绑定。然后在<datalist>元素之间加入一系列的<option>标签作为备选的输入建议的数据项。对于每一个<option>元素，它们都必须有一个与其对应的输入值，即 value 属性。除此之外，还可以设置 label 属性，该属性值在具体的使用过程中，可以作为提示。例如，在输入建议实例中，实际的输入值是英文的"Arabic"，但是该<option>元素的 label 属性被设置为了中文的"阿拉伯语"。在<option>标签之间加入提示信息与设置 label 属性的效果相同。

图 4-9　进度条和计量条

2. 进度条和计量条

　　进度条和计量条都是 HTML 5 新的表单元素，不同于之前的输入控件，它们更多地被用作显示控件，可以更直观地显示出一个进度的占比，或是一个事物所占的比例。进度条与计量条十分相似，又有些许的不同，在下面的实例中将讲解两个元素。实例在浏览器中的展示效果如图4-9 所示。

　　文件名：进度条和计量条.html

```
<!DOCTYPE HTML>
<html lang="en-US">
<head>
    <meta charset="UTF-8">
    <title></title>
</head>
<body>
    <form action="" method="post">
        <fieldset>
            <legend>我的作业</legend>
            <label for="rank">完成进度</label>
            <progress id="rank" value="88" max="100"></progress>
            <br />
            <label for="score">分数</label>
            <meter id="score" min="0" max="100" high="85" low="60" value="90"></meter>
            <br />
            <input type="submit" value="提交"/>
        </fieldset>
    </form>
</body>
</html>
```

　　使用<progress>标签，可以为一个表单添加一个进度条。一般来说，进度条的作用是反映一个事情的进展情况，同时也可以反映一个百分比占比状况。如上述实例所示，使用<progress>元素时，需要设置 max 属性和 value 属性，来规定一个事物的上限与其本身的值，默认<progress>元素的下限为 0，这样浏览器便可以通过这两个信息来计算出占比，并绘制出进度条来进行可视化显示。除此之外，只使用 value 属性也可以达到类似的效果，只不过 value 所设置的属性必须为一个 0～1 的小数来代表百分比。

与<progress>标签类似，<meter>元素也可以反映出一个事物的占比情况，但它可以包括更多的细节，例如，设置一个高位和低位，然后根据该标签的 value 值来差别显示不同百分比。首先为<meter>标签设置 min 和 max 属性来划定这个计量条的度量范围，然后设定该<meter>元素的具体值，即 value 属性。这样浏览器就会根据 value 属性来确定元素所设值在上限和下限的所在位置，即占比情况。除此之外，还可以设置更多的属性。high 属性可以为这个计量条规定一个高值，相应的 low 属性可以为计量条规定一个低值，超过 high 值或低于 low 值，浏览器会将计量条设置为不同的颜色。当然，这几个属性要满足高值高于低值且两者均落在 min 值和 max 值之间。此外，还可以为<meter>元素设置一个优值，即设置 optimum 属性值，尽管 value 属性等于优值在大多数浏览器中都无特定的样式变化，但这在现实应用中也可能是一个重要的参考信息。

4.1.5　新表单属性

在 HTML 5 中又新增了许多可供选择的表单属性，autofocus、autocomplete 和 placeholder 让使用者的表单填写过程更加人性化，required 和 pattern 属性为开发者在表单验证环节增添了便利。下面编写一个简单实例，并逐个介绍以上新的属性。在这个实例中，一共有两个输入框，即姓名和电话号码，两个输入框均为必填项目，其中电话号码的输入要求是 11 位的电话号码。在用户打开表单时，网页会先聚焦于第一个输入框，并在用户填写的过程向用户提供之前填写过的数据作为参考。实例在浏览器中的展示效果如图 4-10 所示。

文件名：新表单属性.html

```
<!DOCTYPE HTML>
<html lang="en-US">
<head>
        <meta charset="UTF-8">
        <title></title>
</head>
<body>
        <form action="" method="post">
            <fieldset>
                <legend>个人信息</legend>
                <label for="name">姓名*：</label>
                <input type="text" id="username" name="name" required autofocus />
                <br />
                <label for="telephone">电话*：</label>
                <input
                type="tel" id="telephone" required autocomplete="on" placeholder="请输入 11 位的手机
号码" pattern="[0-9]{11}"/>
                <br />
                <input type="submit" value="提交"/>
            </fieldset>
        </form>
</body>
</html>
```

1. 自动焦点 autofocus

在<input>的标签内添加 autofocus 属性后，每当当前表单页面被打开后，浏览器都会自动将焦点聚集于该输入控件，即自动选中该输入控件并出现闪烁光标，这样用户就可以立刻注意到，并对输入框所要求选项进行填写，如图 4-11 所示。一般来说，一份表单中只能有一个输入控件被设置为 autofocus 属性，若多于一个，浏览器将会以第一个为准。

图 4-10　新表单属性

图 4-11　autofocus 属性

2. 自动完成 autocomplete

在<input>的标签内添加 autocomplete 属性后，浏览器就会为该输入控件提供可能的参考填写数据，如图 4-12 所示，这些数据均来自于用户之前对同一页面的同一输入控件的填写。一般情况下，浏览器会默认全部输入控件都具有该属性。通过设置 autocomplete 属性值为 on 或 off，来控制浏览器的这一行为。

3. 输入提示 placeholder

在<input>的标签内添加 placeholder 属性后，便可以为单个的输入框添加一些必要的提示信息，如填写信息的类型、要求等，如图 4-13 所示。具体的提示信息内容需要在 placeholder 属性后添加相应的属性值来实现。这样开发者便可以将一些简单的输入提示信息写在输入框中来传达给用户。

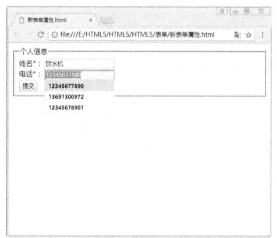

图 4-12　autocomplete 属性

图 4-13　placeholder 属性

4. 必填项 required

在<input>标签内添加 required 属性后，该输入控件便会成为一个表单中的必填项，若用户尚未完成该输入框的填写，则不能正常地完成表单的提交。浏览器会给用户反馈一个错误的提示信息，督促用户完成相关项目的填写，如图 4-14 所示。通过设置 required 属性，开发者便可以简单地完成对一个字段的判空验证。

5. 正则表达式匹配 pattern

除了简单地判空验证，在 HTML 表单相关的开发过程中，最常遇到的便是对一个字段进行格式上的验证，如简单的电话号码验证、邮箱地址格式验证等。这时需要在<input>标签中设置 pattern 属性，并利用正则表达式设置 pattern 属性值，来对输入控件中的字段进行匹配验证，成功完成匹配方可提交表单，否则终止提交表单。

所谓正则表达式（Regular Expression）是对字符串操作的一种逻辑公式，就是用事先定义好的一些特定字符及这些特定字符的组合，组成一个模式（pattern）。使用这个模式可以完成一些字符串的匹配和过滤工作。例如，从英语词典中筛选出词尾为"-ity"的单词，或是从网站的评论内容中筛选出不友善的词汇等。可以把正则表达式理解为一个语法，规定一种字符的组合模式，并根据这个设定的模式去完成筛选和过滤的相关工作。

当然，正则表达式涵盖许多的内容，由于篇幅和内容所限，不能详细地介绍其原理和应用。在此，只能对本节实例内所涉及的正则表达式进行讲解。其中"[0-9]"代表从 0 到 9 的全部数字，"{11}"代表前一个字符的重复次数，在实例的语境下就是 11 位任意组合的数字，即代表 11 位的手机号码，如图 4-15 所示。有兴趣的同学可以进一步深入学习正则表达式，来设计一个实际意义更强的匹配模式。

图 4-14　required 属性　　　　　　　　　　图 4-15　pattern 属性

4.1.6　常用表单控件实例

本节通过一个简单的实例来讲解输入控件。这个实例是一个用来填写宠物狗和主人信息的 HTML 表单。实例在浏览器中的展示效果如图 4-16 所示。

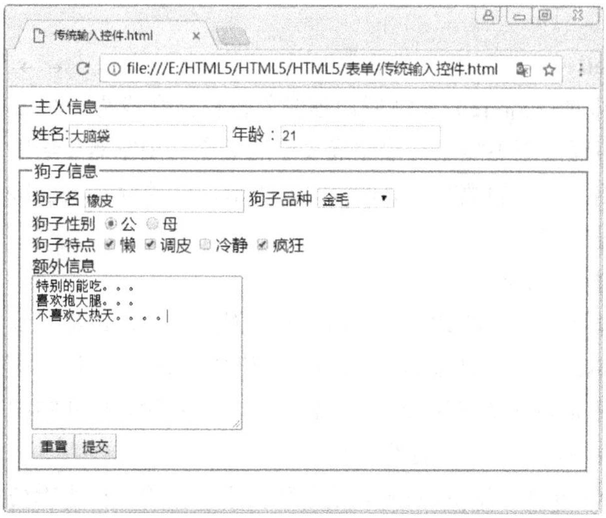

图 4-16　传统输入控件

文件名：传统输入控件.html

```html
<!DOCTYPE HTML>
<html lang="en-US">
<head>
        <meta charset="UTF-8">
        <title></title>
</head>
<body>
        <form action="" method="post">
            <fieldset>
                <legend>主人信息</legend>
                <label for="owner">姓名:</label><input id="owner" type="text" name="owner"/>
                <label for="age">年龄：</label><input id="age" type="text" name="age"/>
            </fieldset>
            <fieldset>
                <legend>狗子信息</legend>
                <label for="petName">狗子名</label>
                <input id="petName" type="text" name="petName"/>
                <label>狗子品种</label>
                <select id="petKind" name="petKind">
                        <option value="goldenRetriever">金毛</option>
                        <option value="alaska">阿拉斯加</option>
                        <option value="shibaInu">柴犬</option>
                        <option value="husky">哈士奇</option>
                        <option value="Samoyed">萨摩</option>
                </select>
                <br />
                <label>狗子性别</label>
                <input type="radio" value="masculine" name="petGender"/>公
                <input type="radio" value="feminine" name="petGender"/>母
                <br />
                <label>狗子特点</label>
                        <input name="petFeatures" type="checkbox" value="lazy"/>懒
```

74

```
                        <input name="petFeatures" type="checkbox" value="naughty"/>调皮
                        <input name="petFeatures" type="checkbox" value="calm"/>冷静
                        <input name="petFeatures" type="checkbox" value="crazy"/>疯狂
            <br />
            <label for="extraInfo">额外信息</label>
            <br />
            <textarea id="extraInfo" name="extraInfo" cols="30" rows="10"></textarea>
            <br />
            <input type="reset" value="重置"/><input type="submit" value="提交"/>
        </fieldset>
    </form>
</body>
</html>
```

4.2 语义化标签

HTML 文档中的标签其实大多数都是具有语义性的,例如,<table>标签表示表格,<img>标签表示图像(image),<p>标签表示段落(paragraph)等。然而在页面整体的布局上,互联网上大量的网页都选择了<div>标签。<div>标签内添加 id 与 class 后,就很容易为相应区域添加 CSS,进行布局和样式设置。<div>标签本身含义十分简单,就是一个分块分区(division)的逻辑标签。无论是编写还是调试,其效果与过程都非常简洁直观。

然而,HTML 5 标准提出了一个新的编写模式——语义化标签元素(semantic elements)。它试图突破原来大量使用的<div>标签,在网页中的各个分区模块中,概括出模块的作用与意义,进而提高人与机器对 HTML 文档的可读性。

4.2.1 HTML 5 之前的语义化标签

虽然,常常将语义化标签作为 HTML 5 的主要特性之一,但需要注意的是,在 HTML 5 之前许多的标签是有语义作用的,就像前面所说的<table>标签,以及其所涉及的其他表格相关标签都是有很高的语义成分的。请看下面的表格实例,其在浏览器中的展示效果如图 4-17 所示。

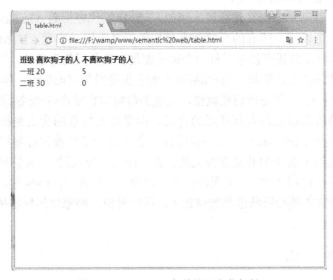

图 4-17 HTML 5 之前的语义化标签

文件名：HTML 5 之前的语义化标签.html

```html
<!DOCTYPE HTML>
<html lang="en-US">
<head>
    <meta charset="UTF-8">
    <title>同学们到底爱不爱狗子</title>
</head>
<body>
    <table>
        <tr>
            <th>班级</th>
            <th>喜欢狗子的人</th>
            <th>不喜欢狗子的人</th>
        </tr>
        <tr>
            <td>一班</td>
            <td>20</td>
            <td>5</td>
        </tr>
        <tr>
            <td>二班</td>
            <td>30</td>
            <td>0</td>
        </tr>
    </table>
</body>
</html>
```

表格（table）相关的标签由<table>、<tr>、<th>和<td>等组成。其中，<table>本身代表一个表格，表格是由一行行的表格行（table row）组成的，即<tr>标签。这些表格行又是由一个个的单元格组成的，这些单元格由一个个的<td>标签表示，即表格数据（table data）。而显然，表头（table head）不同于其下的其他单元格数据，是表头下所有数据的分类与归纳，所以就有专门的表头元素代表表头单元，即<th>标签。

类似地，还有一些常见的语义化标签，例如，<h>标签代表标题（header），<p>标签代表段落（paragraph）等。可以说，所有的标签都有最初的语义应用。毕竟，HTML 文档是用英语写成的，创造标签的作者不能凭空创造。每一个标签都是有其背后的意思的，当然还有一些标签在使用中背离了其创作的初衷，例如，<i>标签原本的意思是斜体（italics），但实际应用中，<i>标签更容易想到图标（icon），于是就将错就错，大量的前端库直接将<i>标签指代图标。

尽管 HTML 的所有标签都有其背后的含义，但是有些标签的含义是极其抽象的。例如，<div>标签，意思为分区（division）；<span>标签的意思是一部分被该标签横跨包括的部分。当然，这样的抽象标签给了前端的开发者极大的自由。通过<div>标签，人们只需简单地进行嵌套组合后，就可以轻易地使用 CSS 对页面进行布局的设计。通过<span>标签，只需囊括一部分文本，就可以对这部分文本随心所欲地添加样式了。可以看出，抽象化的标签虽然淡化了语义的成分，却十分自由灵活。

4.2.2 语义化标签的作用

抽象化标签带来的自由当然是有代价的，虽然可以灵活地设计<div>的嵌套关系以及<span>

的使用。但到最后，就会发现陷入了一片<div>和<span>的海洋。这样的 HTML 代码十分的凌乱，不适合开发人员的调试和维护。同样地，搜索引擎也无法清晰地理解大量的没有具体含义的<div>，进而就不能让网站被更多的人发现并浏览。

于是语义化标签就有了其存在的现实意义，并且不止于搜索引擎。语义化标签的作用有以下几点。

- 为构成 HTML 文档结构的块级元素添加语义性，使 HTML 文档的结构更具逻辑性，更为具体化，便于开发人员的阅读与维护。
- 让机器更为轻易地读懂 HTML 文档，为 SEO，即搜索引擎优化，提供便利。
- 使 HTML 文档具有更高的访问性。随着科技的进步，视觉障碍人士也可以通过读屏器或者是盲文显示屏来访问并浏览网页。语义化标签的使用可以让页面更好地被机器所识别，进而能够让视觉障碍人士更好地浏览和理解网页内容。

4.2.3 HTML 5 新的语义化标签

HTML 5 所推荐的语义化标签主要有：<header>、<nav>、<main>、<section>、<aside>、<article>、<footer>、<details>、<summary>、<figure>、<figcaption>、<mark>。

其中，<header>、<nav>、<main>、<section>、<aside>、<article>、<footer>这些元素可以归为语义化的块级元素，它们可以更好地胜任一些<div>元素的工作。而<details>和<summary>搭配使用则表示可展开的细节信息。<figure>、<figcaption>与<img>的结合则能够更为具体地展示图片，使图片不仅仅是<img>，还可以有图片本身的标题或说明。<mark>标签高亮显示文本中的一部分。

下面将详细介绍它们。

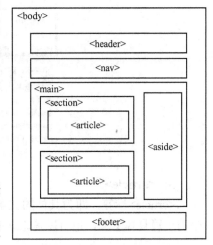

4.2.4 语义化块级元素

<header>、<nav>、<main>、<section>、<aside>、<article>、<footer>是 HTML 5 语义化标签中的块级元素标签，它们每个标签都扮演着 HTML 文档布局中的常见部分，如图 4-18 所示。语义化的标签能够让开发者和搜索引擎更好地理解网页的页面结构。

图 4-18　语义化块级元素

1. <header>

<header>标签通常指代标题区域，不同于<h1>～<h6>指代文本中不同等级的标题，<header>标签表明了一个标题所构成的区域。这个区域可以是网站的名字或图标的显示，如常见的一些网站都有这样一个图标来显示站点的名称，如图 4-19 所示。

图 4-19　<header>

当然，<header>本身也可以嵌套于其他的块级元素内，灵活地表示一个标题域，便于开发者自由地为其添加 CSS 样式。

2. <nav>

<nav>标签，指代的就是网站的导航（navigation）区域，这里陈列着到达站点内各个角落的超

级链接，通过导航栏，浏览者就可以顺利地获取到一个网站所提供的全部资源，如图4-20所示。

图4-20　<nav>

3．<main>

<main>标签内通常就是一个网站的某一页面内的主体部分，可以说这里面包含了每一个页面的主要内容。

4．<section>

<section>标签直接译为"部分"，即对页面内逻辑平行且独立的各个部分进行展示，如图4-21所示。

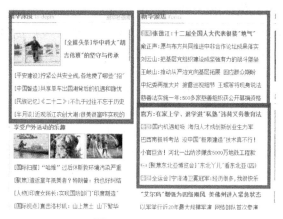

图4-21　<section>

5．<article>

<article>标签，即为具体的文章、文本内容，它表示一个区域内的具体内容。它可以是新闻中的一篇具体文章，也可以是论坛中的一个发帖或回复等，如图4-22所示。

图4-22　<article>

6．<aside>

<aside>标签，通常表示主要内容之外的区块元素，如侧边栏。日常浏览网页中的广告或是侧边栏目录都可以作为<aside>元素，如图4-23所示。

图 4-23　<aside>

7．<footer>

<footer>标签定义文档或节点的页脚，它一般位于 HTML 文档的末尾或是某一部分的末尾。页脚通常包含文档的作者、版权信息、使用条款链接、联系信息等，如图 4-24 所示。

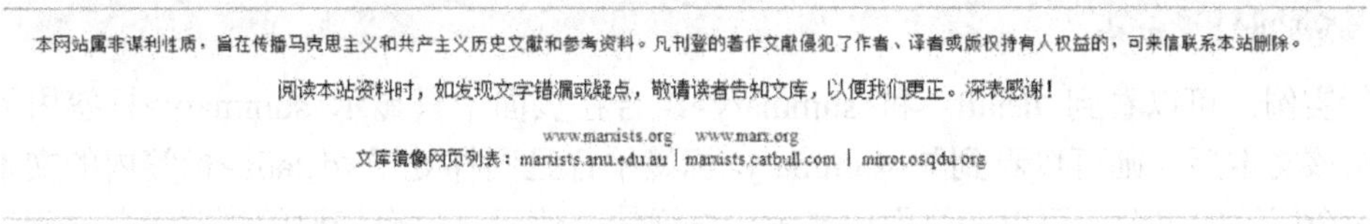

本网站属非谋利性质，旨在传播马克思主义和共产主义历史文献和参考资料。凡刊登的著作文献侵犯了作者、译者或版权持有人权益的，可来信联系本站删除。

阅读本站资料时，如发现文字错漏或疑点，敬请读者告知文库，以便我们更正。深表感谢！

www.marxists.org　　www.marx.org
文库镜像网页列表：marxists.anu.edu.au | marxists.catbull.com | mirror.osqdu.org

图 4-24　<footer>

8．<details>和<summary>

<details>标签和<summary>标签需要搭配在一起使用，这两个标签的组合表示一段可以显示或隐藏的特定信息。details 的意思为细节或详情，summary 的意思为概括。结合两者的语义，不难看出它们组合所表示的是一个可显示或隐藏的详细信息，从页面上可以直接看到这段详情的概括，只有单击才能查看其内部所隐藏的细节详情。

下面以<details>和<summary>的组合形式，介绍了火星与水星的简要概况。其在浏览器中的展示效果如图 4-25 所示。

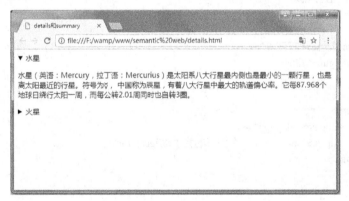

图 4-25　<details>和<summary>

文件名：details.html

```
<!DOCTYPE HTML>
<html lang="en-US">
<head>
    <meta charset="UTF-8">
    <title>details 和 summary</title>
</head>
```

```
    <body>
        <details>
            <summary>水星</summary>
            <p>水星（英语：Mercury，拉丁语：Mercurius）是太阳系八大行星最内侧也是最小的一颗
行星，也是离太阳最近的行星。符号为☿，中国称为辰星，有着八大行星中最大的轨道偏心率。它每 87.968 个
地球日绕行太阳一周，而每公转 2.01 周同时也自转 3 圈。</p>
        </details>
        <details>
            <summary>火星</summary>
            <p>火星（Mars）是太阳系八大行星之一，天文符号是♂，是太阳系由内往外数的第四颗
行星，属于类地行星，直径约为地球的 53%，自转轴倾角、自转周期均与地球相近，公转一周约为地球公转时间
的两倍。橘红色外表是地表的赤铁矿（氧化铁）。我国古书上将火星称为"荧惑"，西方古代（古罗马）称为
"战神玛尔斯星"。</p>
        </details>
    </body>
</html>
```

运行实例，可以看到<details>和<summary>组合在页面中只显示<summary>标签内的文本，
而当单击该文本后，则可以看到与<summary>标签平行且同样处于<details>标签内的文本信息。
通过这两个标签的组合，可以在页面内显示一些详情类信息，供有需要的浏览者单击阅读。

9．<figure>和<figcaption>

<figure> 标签代表一段独立的内容，经常与说明（caption）<figcaption> 标签配合使用，并
且作为一个独立的引用单元。figure 的本意即为图片或图表。这个标签经常用于文中引用图片、
插图、表格和代码段等。

下面的这个实例使用了<figure>标签和<figcaption>标签来展示一个图片与该图片所对应的说
明。实例在浏览器中的展示效果如图 4-26 所示。

文件名：figure.html

```
<!DOCTYPE HTML>
<html lang="en-US">
<head>
    <meta charset="UTF-8">
    <title>figure</title>
</head>
<body>
    <figure>
        <img src="dog.jpg"/>
        <figcaption>图片 1.一个帅气的狗子</figcaption>
    </figure>
</body>
</html>
```

在浏览器中运行实例，可以看到在<figure>标签内的<img>标签和<figcaption>标签自动组合
到了一起，构成了一个图片与其对应的说明。

10．<mark>

<mark>标签表示一段高亮显示的文字，就像是日常学习中做笔记用的马克笔一样，将文章
段落中的一段涂上不同的颜色来加以强调。与该标签相对的是 HTML 5 之前的<span>标签，
<span>标签本身并没有意义，它通常被用来在 HTML 文档中包括一段文本，再使用 CSS 进行样
式调整。<mark>标签可以说是之前<span>标签高亮显示的特例化实现。

下面的这个实例中，使用<mark>标签来将文本中重要的内容高亮显示，其在浏览器中的展示效果如图 4-27 所示。

图 4-26　<figure>　　　　　　　　　　　　图 4-27　<mark>

文件名：mark.html

```
<!DOCTYPE HTML>
<html lang="en-US">
<head>
    <meta charset="UTF-8">
    <title>mark</title>
</head>
<body>
    <p>操作系统是管理计算机<mark>硬件</mark>与<mark>软件</mark>资源的计算机程序，同时也
是计算机系统的内核与基石。</p>
</body>
</html>
```

4.2.5　语义化标签使用实例

下面的实例将结合 4.2.4 节的几个语义化块级元素，构造一个典型的新闻类型网站布局。该实例包含两个文件，分别是 HTML 文档 semantic.html，以及其对应的 CSS 文档 style.css。其在浏览器中的展示效果如图 4-28 所示。

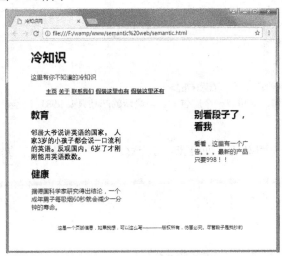

图 4-28　语义化块级元素实例页面

文件名：semantic.html

```html
<!DOCTYPE HTML>
<html lang="en-US">
<head>
    <meta charset="UTF-8">
    <title>冷知识网</title>
    <link rel="stylesheet" href="style.css" />
</head>
<body>
    <header>
        <h1>冷知识</h1>
        <p>这里有你不知道的冷知识</p>
    </header>
    <nav>
        <ul>
            <li><a href="#">主页</a></li>
            <li><a href="#">关于</a></li>
            <li><a href="#">联系我们</a></li>
            <li><a href="#">假装这里也有</a></li>
            <li><a href="#">假装这里还有</a></li>
        </ul>
    </nav>
    <main>
        <section>
            <h2>教育</h2>
            <article>
                <p>邻居大爷说讲英语的国家，人家 3 岁的小孩子都会说一口流利的英语。反观国内，6 岁了才刚刚能用英语数数。
                </p>
            </article>
        </section>
        <section>
            <h2>健康</h2>
            <article>
                <p>据德国科学家研究得出结论，一个成年男子每吸烟 60 秒就会减少一分钟的寿命。</p>
            </article>
        </section>
    </main>
    <aside>
        <h2>别看段子了，看我</h2>
        <p>看看，这里有一个广告。。。最新的产品只要998！！</p>
    </aside>
    <footer>
        这是一个页脚信息，如果我想，可以这么写————版权所有，仿冒必究。尽管段子是我抄的
    </footer>
</body>
</html>
```

文件名：style.css

```css
article, aside, footer, header, main, nav, section{
    display: block;
```

```
        }
        body{
            margin:20px 20px 20px 20px;
            padding-left:40px;
        }
        li{
            display: inline;
            font-size: 15px;
            font-weight: bold;
        }
        a{
            margin-left: 0px;
        }
        section{
            width:250px;
            margin-top: 10px;
        }
        main{
            float:left;
        }
        aside{
            width:150px;
            float:right;
            padding-right:50px;
        }
        footer{
            clear:both;
            padding-top:20px;
            font-size:10px;
            text-align:center;
        }
```

上面这个简单的实例利用语义化块级元素标签构造了一个十分简陋的页面，但如果分析一下 HTML 文档代码，就可以发现语义化标签的优势，即文档的结构十分清晰。上述实例的块级元素结构，基本上按照本节中的图示布局。相应的 CSS 文件为页面添加了风格样式，使页面不至于那么朴素。同时需要注意的是，HTML 代码中的<a>标签内以"#"符号来代替可能的超级链接。

虽然上面的这个实例十分的简单，但现实生活中的许多信息展示类网站的布局与其是十分相似的。许许多多的网站都同这个实例页面一样，有一个大标题作为自己站点的名称或 Logo 展示，一个导航栏来帮助浏览者在站点内跳转，文章的主体部分显示主要信息，一个或多个侧边栏来展示广告，最后一个页脚标注站点的版权或是联系信息等。由此也可以看出上述语义化标签的组合基本能够涵盖现实中大量的网站布局模式，可以避免大量使用<div>标签。

4.3 媒体标签

在当今互联网时代，人们对于音频和视频的需求无疑是十分巨大的，由于网速的提升，人们得以通过 Web 获取大量的视频和音频资源，曾经加载图片都需几分钟的时代一去不复返。如今，可以自如地通过网络听音乐、看电影，也可以实时地收听广播或是观看视频直播，或是进行视频通话。以上这些需求的满足，一方面得益于网络设备性能的提升，网速可以支持快速大规模的数据传输，另一方面也离不开 Web 开发中音频和视频标准的制定。这些标准一直在默默地为互联网上的不同设备对于资源的自由访问做着贡献，本节将从一个开发者的角度来学习 HTML 5 的视频和音频标准。尽管互联网上依然有很多音频和视频的播放依赖于插件实现，但是 HTML 5 音频和视频标准的应用趋势是不可阻挡的。

音频和视频对于很多人而言并不陌生，从使用者角度来看，平日里在电子设备上听的歌曲，游戏中的各种音效等都是音频；计算机中下载的电影，网上看的直播节目等都是视频。有时音频视频是一个个可以直接看到的文件，如下载下来的歌曲和电影，它们往往有着各自的格式，如 MP3、MP4、WMA、MOV 等。有时音频和视频是一个个隐藏在角落里的文件，它被其他软件所调用播放。从计算机的角度来看，用户或是程序对音频或视频的播放意味着操作系统对于计算机音频和视频相关的硬件设备的访问，然后将音频和视频资源外放表现出来，从而让用户听到或看到。

作为普通用户，可能无需更多地关注每个音频和视频资源的格式是如何访问的，因为操作系统已经作为一个标准，将音频资源的获取和播放的细节封装起来，并且支持大部分的编码方式。用户只需即点即播，即点即暂停。但作为一个 Web 开发者而言，HTML 5 的标准扮演着与操作系统类似的功能，将复杂烦琐的系统调用硬件的细节抽象为简洁的一行行代码，以便直接对音频和音频资源实现相对统一而简单的访问。

4.3.1 音频

1．<audio>标签

HTML 5 规定了一种通过 audio 元素来访问音频的方法，它能够播放声音文件或音频流。只需要在 HTML 代码中添加<audio>标签，在标签内指定资源位置，就可以简单地实现音频的访问。例如下面这段代码，其在浏览器中的展示效果如图 4-29 所示。

文件名：audio.html

图 4-29　<audio>标签的使用

```
<!DOCTYPE HTML>
<html lang="en-US">
<head>
    <meta charset="UTF-8">
    <title>音频的播放</title>
</head>
<body>
    <audio src="bark.wav" controls="controls">您的浏览器无法播放这段音频</audio>
</body>
</html>
```

在上面的这段代码中，在<audio>标签的 src 属性中指定了位于与该页面同目录下的音频文件"bark.wav"，并且设置 controls 属性为"controls"，这样在运行这个 HTML 网页后，就可以在浏览器中看到一个音频状态条了，上面显示了音频的时长、播放暂停按钮，以及音量条控件。当然"controls = "controls""这样的写法有些麻烦，类似这样设置的属性可以直接在标签内写入属性。在本章其他代码中，依然采用复杂的写法，读者在自己编写代码时可以自行选取习惯的方式。因为浏览器种类的不同，所以读者在运行网页时所看到的音频控件可能与实例图片的样子不同，但它们的功能是相同的。单击页面上的"播放"按钮就可以听到这段音频资源了。

2. 音频格式兼容

可能有一些读者用与前文类似的办法添加了音频资源，但没有听到自己所选取的音频。这很可能是因为不同浏览器对于音频格式支持的差异。在上面的代码中，所指定的音频资源的文件名为"bark.wav"，其中".wav"后缀代表了这段音频为 WAV 格式。音频的格式有很多种，比较常见的有"MP3""WAV"、"OGG"等。下面我们进行简单介绍。

（1）MP3

MP3 是一种音频压缩技术，其全称是动态影像专家压缩标准音频层面 3（Moving Picture Experts Group Audio Layer III），简称为 MP3。利用 MPEG Audio Layer 3 的技术，将音乐以 1:10 甚至 1:12 的压缩率，压缩成容量较小的文件，由于其压缩后音质损失很少且音频文件占用空间不大，在互联网时代伊始就被广泛使用。

（2）WAV

WAV 格式是微软公司开发的一种声音文件格式，也叫波形声音文件，是最早的数字音频格式，被 Windows 平台及其应用程序广泛支持。未经压缩的 WAV 音频文件，会占用较大的空间，但却能够保持极高的音质，广泛地被专业音乐人士使用，也被常常用来作为 CD 唱片的音频格式。尽管为了能够更好地在互联网上传播，WAV 也支持压缩算法，但压缩后的文件有时仍然会占用相对较大的空间。

（3）OGG

OGG 全称是 OGG Vobis（ogg Vorbis），是一种新的音频压缩格式，压缩后的文件大小和音质类似于 MP3 等现有的音乐格式。而不同的是，它是完全免费、开放和没有专利限制的。准确地说，OGG 是一种数据流"容器"，它能够包含多种格式的音视频，并且开源免费。

不同的格式代表了不同的音频解码方式，不同的浏览器对于不同的音频格式的支持程度也互不相同。对于某些格式，浏览器并不能解析并进行播放，还可能造成一些问题。表 4-1 展示了不同的浏览器对不同音频格式兼容情况。

表 4-1　不同的浏览器对不同音频格式兼容情况

	Internet Explorer 9.0	Chrome 6.0	Firefox 3.6	Safari 3.0	Opera 10.5
OGG		√	√		√
MP3	√	√		√	
WAV		√	√	√	√

表 4-1 代表的是从某一版本开始支持以上相关格式，现在更新的不同浏览器可能对各个格式的支持度都有所增加。但是在互联网上，成千上万的用户使用的并不是最新版本的浏览器。因此，为了实现跨浏览器平台访问资源，作为开发者最好同时准备至少 3 种格式的相同音频。可以通过一些音频视频解码软件获得不同格式的音频资源。下面介绍<audio>标签链接多个音频资源作为备用的播放资源。

文件名：多个音频资源作为备用.html

```
<!DOCTYPE HTML>
<html lang="en-US">
```

```
<head>
    <meta charset="UTF-8">
    <title>音频的播放</title>
</head>
<body>
    <audio controls="controls">
        <source src="bark.wav" type="audio/wav"></source>
        <source src="bark.ogg" type="audio/ogg"></source>
        <source src="bark.mp3" type="audio/mpeg"></source>
    </audio>
</body>
</html>
```

运行后的效果与之前指定单一音频资源的效果一样，不同的是在这段代码中指定了 3 种不同格式的音频资源作为兼容不同浏览器的备用资源。其中使用了<source>标签，并在标签内设定了 src 属性为音频资源路径，设置 type 属性为不同格式的相应类型，这样就实现了用户对于音频资源的跨浏览器的兼容访问。为了代码的简洁，在之后的实例中不使用备用音频资源，仅以单一音频作为<audio>标签的资源。

3. <audio>标签属性

接下来介绍在<audio>标签内常用的属性，它们分别是 autoplay、preload 和 loop。

（1）autoplay

auotoplay 属性的作用是让<audio>标签所代表的音频资源在页面完成加载之后自动播放。

```
<audio src="bark.wav" controls="controls" autoplay="autoplay"></audio>
```

（2）preload

preload 属性的作用是在页面加载之后就能开始载入音频，而不是当用户开始单击播放后再载入。这样做的好处是可以让音频资源自动加载，在用户单击时就可以直接播放而不用再额外地需要时间来缓冲。但是设置过 autoplay 属性过后就不必再设置 preload 属性了，因为自动播放本身就包括了自动加载。

```
<audio src="bark.wav" controls="controls" preload="auto"></audio>
```

preload 属性设置成"auto"，意味着当页面加载后自动载入整个音频。这个属性还可以设置为"meta"，意味着当页面加载后只载入音频的元数据，如音频的名称时长等。当然也可以设置为"none"，同时这也是 preload 的默认设置。

（3）loop

loop 属性的作用是能够让音频播放完成之后重新播放，即<audio>标签下的音频资源将被循环播放。

```
<audio src="bark.wav" controls="controls" loop="loop"></audio>
```

4. <audio>标签方法及应用

<audio>标签里设置了 controls 属性，让浏览器通过一个界面来控制音频的播放，这个界面是默认的，由不同浏览器各自决定其样式。当然也可以通过 JavaScript 设计播放器界面。下面的实例中，将通过简单的按钮事件来定义播放器界面。为了尽可能地使用简单的方式介绍原理，可通过按钮单击事件来使用播放器内的基本功能。同时，为了更好地展示播放时间，该实例更换了

时长更长的音频文件。实例在浏览器中的展示效果如图 4-30 所示。

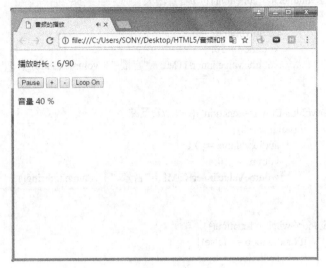

图 4-30 小播放器

文件名：小播放器.html

```html
<!DOCTYPE HTML>
<html lang="en-US">
<head>
    <meta charset="UTF-8">
    <title>音频的播放</title>
</head>
<body>
    <p id="time"></p>
    <audio id="myAudio" src="ambience.wav"></audio>
    <input type="button" id="playStop" value="Play"/>
    <input type="button" id="volumeUp" value="+" />
    <input type="button" id="volumeDown" value="-" />
    <input type="button" id="loop" value="Loop Off"/>
    <p id="volumeValue"></p>
    <script>
        var audio = document.getElementById("myAudio");  //获取音频对象
        var time = document.getElementById("time");  //通过 p 标签内容表示音频时间
        var volumeValue = document.getElementById("volumeValue");
        var volume = 100;

        var volumeUpBtn = document.getElementById("volumeUp");      //分别获取 button 对象
        var volumeDownBtn = document.getElementById("volumeDown");
        var playStopBtn = document.getElementById("playStop");
        var loopBtn = document.getElementById("loop");

        var playStop = function(){      //播放停止键函数
            if (audio.paused == true){
                audio.play();
            }else{
                audio.pause();
            }
```

```
        }
        var volumeUp = function(){    //音量增大
            if (volume < 100){
                audio.volume += 0.1;
                volume += 10;
                volumeValue.innerHTML = "音量  " + volume.toString() + " %";
            }
        }
        var volumeDown = function(){        //音量减小
            if (volume > 0){
                audio.volume -= 0.1;
                volume -= 10;
                volumeValue.innerHTML = "音量  " + volume.toString() + " %";
            }
        }
        var loopSwitch = function(){
            if (audio.loop == false){
                audio.loop = true;
                loopBtn.value = "Loop On";
            }else{
                audio.loop = false;
                loopBtn.value = "Loop Off";
            }
        }

        //媒体相关事件函数
        audio.onplaying = function(){ //媒体正在播放时事件
            playStopBtn.value = "Pause";
        }
        audio.onpause = function(){    //媒体暂停时事件
            playStopBtn.value = "Play";
        }
        audio.oncanplay = function(){//媒体缓冲可以播放时事件
            time.innerHTML = "播放时长: " + Math.floor(audio.currentTime)+ "/" + Math.floor
(audio.duration);
            volumeValue.innerHTML = "音量  " + volume.toString() + " %";
        }
        audio.ontimeupdate = function(){    //媒体时间更新时事件
            time.innerHTML = "播放时长: " + Math.floor(audio.currentTime)+ "/" + Math.floor(audio.
duration);
        }
        //为按钮添加事件监听
        playStopBtn.addEventListener('click',playStop);
        volumeUpBtn.addEventListener('click',volumeUp);
        volumeDownBtn.addEventListener('click',volumeDown);
        loopBtn.addEventListener('click',loopSwitch);
    </script>
</body>
</html>
```

　　上面这个实例简单地模仿了<audio>标签里 controls 播放控件的相关功能，即可以播放和暂停音频，可以调节音量，也可以设置是否要循环播放音频。虽然代码有一点点长，但这些都是由一些简单的功能组合而成的，它们分别是播放暂停、音量大小调节、是否循环、播放时间显示。

（1）播放暂停

这段代码中使用一个按钮控件来控制音频的播放。当音频未播放时，单击按钮，音频开始播放，并将按钮内显示的文字由"Play"变为"Pause"。当音频已经播放时，单击按钮，音频暂停播放，并将按钮内的文字由"Pause"变为"Play"。这个功能的实现主要通过：在 HTML 页面 <body> 标签内添加按钮，为按钮添加事件监听，以及媒体相关事件监听。

HTML 页面中的 <body> 标签内使用 <input> 标签定义按钮。要让按钮内默认显示"Play"，即加载完页面之后，音频处于待播放状态，代码如下。

```
<input type="button" id="playStop" value="Play"/>
```

为了能够对按钮做出响应，需要在 JavaScript 代码中，先通过按钮的 id 获取这个按钮对象，代码如下。

```
var playStopBtn = document.getElementById("playStop");
```

同时，为了能够对音频进行相关操作，也应先获取所添加的音频对象，代码如下。

```
var audio = document.getElementById("myAudio");   //获取音频对象
```

有了这些对象后，就可以针对它们定义相关的函数了。然后，为播放暂停按钮添加按钮单击后所要执行的函数。

```
var playStop = function(){     //播放停止键函数
    if (audio.paused == true){
        audio.play();
    }else{
        audio.pause();
    }
}
```

在这个函数中，先判断当前音频对象的属性 paused，即该音频对象是否处于暂停状态，若处于暂停状态，就调用音频对象的 play() 方法，让其播放；否则就让其暂停播放，调用 pause() 方法。最后，把这个播放暂停函数与按钮绑定起来，即为按钮添加事件监听，当按钮被单击时触发 playStop 函数。

```
playStopBtn.addEventListener('click',playStop);
```

完成这些之后，就实现了按钮控制音频播放的基本功能。但还有一些事情要做，如还应保证按钮上的文字提示与音频播放状态相对应。这时需要媒体本身的事件监听来实现，当音频播放时，按钮提示"Pause"；当音频暂停时，按钮提示"Play"。

```
audio.onplaying = function(){//媒体正在播放时事件
    playStopBtn.value = "Pause";
}
audio.onpause = function(){   //媒体暂停时事件
    playStopBtn.value = "Play";
}
```

通过为之前所获取的音频对象分别添加 onplaying 和 onpause 事件响应，即媒体对象播放时与暂停时响应事件，动态地改变播放暂停按钮内的文字提示。

（2）音量大小调节

对于音量大小的调节，通过两个按钮进行音量调节，分别代表音量的增加和音量的减少。同时用一个<p>标签来显示当前音量的大小。对于一个音频对象来说，音频的音量大小属性可以通过 volume 属性来获取，而该属性的值要求是一个 0~1.0 的数值，所以在这个实例中，音量以百分比的形式显示，在每次增大或减小音量的过程中，改变音量的 10%。与上一个功能不同的是，这次多出来了一个<p>标签需要显示音量大小，但可通过相似的方法获取并操作<p>对象。同时，再多用一个变量 volume 来显示音量的当前百分比大小值，默认赋值为浏览器默认的音量大小即 100%的音量。还可通过给按钮添加事件相应函数并绑定的方法，来实现音量大小的增加和减少的功能。

```
var volumeUp = function(){    //音量增大
    if (volume < 100){
        audio.volume += 0.1;
        volume += 10;
        volumeValue.innerHTML = "音量 " + volume.toString() + " %";
    }
}
var volumeDown = function(){        //音量减小
    if (volume > 0){
        audio.volume -= 0.1;
        volume -= 10;
        volumeValue.innerHTML = "音量 " + volume.toString() + " %";
    }
}
```

为了使音频在一开始就可以显示音量大小，而不是只有在按钮单击之后才显示，可以通过音频对象的 oncanplay 事件响应，即音频对象缓冲至可以播放时，来进行事件响应。

```
audio.oncanplay = function(){//媒体缓冲可以播放时事件
    time.innerHTML = "播放时长: " + Math.floor(audio.currentTime)+ "/" + Math.floor(audio.duration);
    volumeValue.innerHTML = "音量 " + volume.toString() + " %";
}
```

在这个事件响应函数里，设置<p>标签的显示内容为音频对象的当前音量值。

（3）是否循环

同样通过按钮添加单击事件响应并绑定的方式，进行音频对象是否循环播放的设置。具体的代码逻辑与之前类似，不再赘述。

```
var loopSwitch = function(){
    if (audio.loop == false){
        audio.loop = true;
        loopBtn.value = "Loop On";
    }else{
        audio.loop = false;
        loopBtn.value = "Loop Off";
    }
}
```

不同的是，通过音频对象的 loop 属性进行设置，loop 属性的意义是当前音频对象是否进行循环播放，代码中通过 true 和 false 的布尔值进行设置。并且在相应的设置完成之后，改变按钮内容，以显示当前音频是否为循环播放状态。

（4）播放时间显示

对于播放时间的显示，使用的方式与显示音量的方法类似，具体过程参考音量调节。在实例中音频播放时间显示的表示方式为"已播放时长/总时长"。其中值得注意的是，通过音频对象的 currentTime 属性和 duration 属性来分别获取当前播放的时间长度，以及总时间长度。这两个属性的具体值是一个精度较高的值，在这个实例中用不到这样的精度，所以要使用 Math.floor() 方法对获得的这两个值进行取整。为了能够实现对音频时长的显示与动态追踪，还需要编写音频对象的两个事件响应，分别是 oncanplay 和 ontimeupdate，即音频对象缓冲至可以播放时和音频对象播放时间位置更新时的响应事件。

```
audio.oncanplay = function(){//媒体缓冲可以播放时事件
    time.innerHTML = "播放时长：" + Math.floor(audio.currentTime)+ "/" + Math.floor(audio.duration);
    volumeValue.innerHTML = "音量 " + volume.toString() + " %";
}
audio.ontimeupdate = function(){    //媒体时间更新时事件
    time.innerHTML = "播放时长：" + Math.floor(audio.currentTime)+ "/" + Math.floor(audio.duration);
}
```

在小播放器实例中，实现了对所添加<audio>对象简单的控制与调节。用到并介绍了一些<audio>对象的属性和事件，至于所有的<audio>属性和事件，请读者在需要时自行搜索相关文档，来编写出具有更多复杂功能的音频控件。

4.3.2 视频

1．<video>标签

与 HTML 5 音频类似，HTML 5 规定了一种以 video 元素包含视频的标准方法，只需在 HTML 页面中添加<video>标签，并指定好资源位置就可以在网页中包含视频了。因为同为媒体对象，HTML 5 的音频与视频具有很多相似的属性和方法。下面请看实例，其在浏览器中的展示效果如图 4-31 所示。

图 4-31　视频添加

文件名：video 标签.html

```
<!DOCTYPE HTML>
<html lang="en-US">
<head>
    <meta charset="UTF-8">
    <title>视频的播放</title>
</head>
<body>
    <video src="waterfall.mp4" width="512px" height="288px" controls="controls" >
    您的浏览器不支持播放该视频
    </video>
</body>
</html>
```

在上面的这段代码中，在<body>标签内添加了一个<video>标签，通过 src 属性指定了视频资源，并通过 width 和 height 属性定义了视频元素在页面的大小。同<audio>标签一样，<video>标签也有 controls 属性，为页面中的视频资源增加了默认的播放控制控件，该控件根据浏览器的不同显示出不同的外观，但基本功能均一致。

2．视频格式兼容

在这个实例中，有些读者会面临自己所添加的视频资源无法在页面中播放的问题。HTML 5 视频在不同的浏览器中，会遇到不同的视频格式，若浏览器不支持所添加的视频格式，则在浏览器中运行的页面上将无法播放视频资源。浏览器所能够支持的视频格式包括 OGG、MP4、WebM 等。下面进行简单介绍。

（1）OGG

Theora 是开放而且免费的视频压缩编码技术，由 Xiph 基金会发布。作为该基金会 OGG 项目的一部分，从 VP3 HD 高清到 MPEG-4/DiVX 格式都能够被 Theora 很好地支持。使用 Theora 无需任何专利许可费。Firefox 和 Opera 将通过新的 HTML 5 元素提供了对 OGG/Theora 视频的原生支持。

（2）MP4

MP4 是一套用于音频、视频信息的压缩编码标准，由国际标准化组织（ISO）和国际电工委员会（IEC）下属的"动态图像专家组"（Moving Picture Experts Group，MPEG）制定。MPEG-4 格式的主要用于光盘、语音发送（视频电话）以及电视广播。

（3）WebM

WebM 由 Google 提出，是一个开放、免费的媒体文件格式。WebM 影片格式其实是以 Matroska（即 MKV）容器格式为基础开发的新容器格式，其中包括了 VP8 影片轨和 Ogg Vorbis 音轨。WebM 标准的网络视频更加偏向于开源并且是基于 HTML 5 标准的，WebM 项目旨在为对每个人都开放的网络开发高质量、开放的视频格式，其重点是解决视频服务这一核心的网络用户体验。

表 4-2 显示了各浏览器对于以上 3 种视频格式的支持情况。

表 4-2　各浏览器对视频格式的支持情况

	IE	Firefox	Opera	Chrome	Safari
OGG	No	3.5+	10.5+	5.0+	No
MPEG 4	9.0+	No	No	5.0+	3.0+
WebM	No	4.0+	10.6+	6.0+	No

表 4-2 显示了大致的视频支持参考，不同种类、不同版本的浏览器之间对于视频格式的支持有着较大的差异。尽管如此，越高版本的浏览器能够支持的视频格式越多。但是在实际应用中，需要考虑到使用着各不同浏览器以及各不同版本的用户。同<audio>标签一样，为了能够使用户更大限度地实现跨浏览器平台访问视频资源，常常需要对同一视频资源，准备不同格式的多个版本，以使用户能够观看。

```
<!DOCTYPE HTML>
<html lang="en-US">
<head>
        <meta charset="UTF-8">
        <title>视频的播放</title>
</head>
<body>
        <video width="512px" height="288px" controls="controls" >
                <source src="waterfall.mp4" type="video/mp4"></source>
                <source src="waterfall.ogg" type="video/ogg"></source>
                <source src="waterfall.webm" type="webm"></source>
        您的浏览器不支持播放该视频
        </video>
</body>
</html>
```

上面这段代码与最开始的视频播放实例运行效果一样，不同的是，由于指定了多个资源，当使用不同浏览器去运行这个页面时，即便是该浏览器不支持首选视频格式，也有很大概率在其他的格式中选取能够播放的视频资源。

3. <video>标签长宽设置

关于<video>视频元素在页面中大小的设置，通常在<video>标签内指定元素的长宽像素，或是通过 CSS 代码来定义<video>视频元素的长和宽。值得注意的是，在同时指定一个视频资源的长和宽时，应该注意所设定的长宽像素之间的比例，应当与视频资源本身画面的长宽比例保持一致。若不一致，则在设置完 controls 属性后，浏览器的默认播放控件将出现异常显示，如下面代码的长宽比例，显示效果如图 4-32 所示。

文件名：异常的长宽比例.html

```
<!DOCTYPE HTML>
<html lang="en-US">
<head>
        <meta charset="UTF-8">
        <title>视频的播放</title>
</head>
<body>
        <video height="600px" width="512px" controls="controls" src="waterfall.mp4"></video>
</body>
</html>
```

如果将<video>视频元素设置成如上的长宽比例，可能会出现播放控件与视频不协调的情况。所以，比较安全的做法是，只设置长度或宽度，浏览器会自动地将没有设置的量调节成相应比例并显示，就不会出现播放控件与视频不相协调的状况，如图 4-33 所示。

图 4-32 异常的长宽比例

图 4-33 正确设置长和宽

文件名：正确设置长和宽.html

```
<!DOCTYPE HTML>
<html lang="en-US">
<head>
    <meta charset="UTF-8">
    <title>视频的播放</title>
</head>
<body>
    <video width="512px" controls="controls" src="waterfall.mp4"></video>
</body>
</html>
```

4．<video>标签属性

在视频未播放时，网页中的视频元素显示的并不是空白，而是一个封面。大多数情况下，这个封面是这个视频中的一部分，例如，之前实例中使用的默认播放器界面。有时这个封面是指定的一幅图片，可能与视频内容并不相关，而是视频的相关信息。在 HTML 5 中，可以在<video>标签中设置相关属性，将一幅图片设置为视频未播放时的封面，如图 4-34 所示。单击播放控件中的播放按钮后便会照常播放，如图 4-35 所示。

文件名：video 设置封面.html

```
<!DOCTYPE HTML>
<html lang="en-US">
<head>
    <meta charset="UTF-8">
    <title>视频的播放</title>
</head>
<body>
    <video width="512px" controls="controls" src="waterfall.mp4" poster="doge.jpg"></video>
</body>
</html>
```

图4-34 视频的poster属性未播放

图4-35 视频的poster属性播放

在上面这个实例中，在原有<video>标签的基础上，设置了 poster 属性，指定了所要使用的图片的 URL。当运行这个页面后，在视频开始播放前，视频默认显示的图片就是所指定的图片，而不是浏览器默认播放器控件中所显示的视频内容图片。在单击播放后，视频元素播放的内容还是其本身的视频资源，开始的图片仅仅作为封面。

对于<video>标签而言，还可以设置很多属性。由于音频和视频同属于媒体，它们的很多属性和相关方法都有着很高的相似性，在这里就不一一详细介绍了。请读者自行搜索相关文档，并动手尝试，像之前操作<audio>标签那样，自己试着为页面中的视频增加自动播放、循环播放属性，试着不使用 controls 属性，制作一个风格独特的播放器控件。

5．<video>标签方法及应用

为了让读者更好地理解<audio>和<video>标签，下面编写一个简易的播放列表应用。该应用能够从多个视频资源列表中，选择想要播放的视频；选择视频后，页面的标题会相应改变，并且会自动播放所选中的视频资源。实例在浏览器中的显示效果如图 4-36 所示。

图4-36 视频列表

文件名：视频播放器小应用.html

```html
<!DOCTYPE HTML>
<html lang="en-US">
<head>
    <meta charset="UTF-8">
    <title>视频的播放列表</title>
    <style>
        #playList li a{
            color:black;
            text-decoration:none;
        }
        #playList li a:hover{
            color:blue;
        }
    </style>
</head>
<body>
    <h1 id="videoTitle"></h1>
    <video width="512px" controls="controls" id="video"></video>
    <br /><br />
    <ul id="playList">
        <li><a href="waterfall.mp4">Waterfall</a></li>
        <li><a href="malibu_beach.mp4">Malibu Beach</a></li>
        <li><a href="beach.mp4">Beach</a></li>
    </ul>
    <script>
        var video = document.getElementById("video");          //获取视频对象
        var a = document.getElementsByTagName("a");             //获取播放列表中的各<a>标签
        var h = document.getElementById("videoTitle");         //获取视频标题<h>标签对象

        for (var i=0;i<a.length;i++){   //为各<a>标签添加单击事件，单击后改变当前播放视频
            a[i].onclick = function(e){
                e.preventDefault();
                video.src = this;
                h.innerHTML = this.innerText;               //将页面标题变为当前<a>标签内文字
                video.play();                               //播放所选中的资源
            }
        }
        videoPlay();
        function videoPlay(){
            video.src = "waterfall.mp4";                    //选择一个资源为默认播放资源
            h.innerHTML = "Waterfall";

        }
    </script>
</body>
</html>
```

上述实例中，通过一个<ul>标签构造了一个无序列表，并将视频资源的 URL 以<a>标签的形式存放在列表中的<li>标签中，并在标签中指定各视频资源的标题文字。

```
<ul id="playList">
    <li><a href="waterfall.mp4">Waterfall</a></li>
    <li><a href="malibu_beach.mp4">Malibu Beach</a></li>
    <li><a href="beach.mp4">Beach</a></li>
</ul>
```

为<a>标签添加一些风格样式，去除<a>标签内文字在页面显示中的默认下划线，当鼠标经过这些标签时，标签的颜色由默认的黑色变为蓝色。

```
<head>
    <meta charset="UTF-8">
    <title>视频的播放列表</title>
    <style>
        #playList li a{
            color:black;
            text-decoration:none;
        }
        #playList li a:hover{
            color:blue;
        }
    </style>
</head>
```

除此之外，在 HTML 页面中还添加了<h1>标签，指定 id 作为视频资源的标题；以及用<video>标签来展示视频资源。为了美观，还加入了两个换行标签
。

```
<h1 id="videoTitle"></h1>
<video width="512px" controls="controls" id="video"></video>
<br /><br />
```

基本的 HTML 页面完成后，接着编写驱动 HTML 页面来完成任务的 JavaScript 代码。

```
<script>
    var video = document.getElementById("video");      //获取视频对象
    var a = document.getElementsByTagName("a");//获取播放列表中的各<a>标签
    var h = document.getElementById("videoTitle");     //获取视频标题<h>标签对象

    for (var i=0;i<a.length;i++){   //为各<a>标签添加单击事件，单击后改变当前播放视频
        a[i].onclick = function(e){
            e.preventDefault();
            video.src = this;
            h.innerHTML = this.innerText;           //将页面标题变为当前<a>标签内文字
            video.play();       //播放所选中的资源
        }
    }
    videoPlay();
    function videoPlay(){
        video.src = "waterfall.mp4"; //选择一个资源为默认播放资源
        h.innerHTML = "Waterfall";

    }
</script>
```

在这段 JavaScript 代码的前 3 行，分别获取了所需操作的标签对象。注意，所获取的<a>标签对象中变量 a 并不是单独的某一个<a>标签而是一个对象数组，在之后的代码中，需要像数组一样进行索引访问。在代码的最下方是视频播放函数，这个函数会直接运行而不需要经过调用，它为页面中的<video>标签指定默认播放的视频资源的 URL，并设置相应的标题文字。在整段代码的中间，使用一个 for 循环，为<a>标签对象数组循环添加单击事件函数，并在函数调用时传入参数 e 代表事件。首先调用事件对象的 preventDefault()方法，阻止默认的单击<a>标签后的播放效果。然后，将页面中<video>标签的资源指定为当前<a>标签内资源，同时将<h>标签内文本更改为当前<a>标签内所对应的视频资源标题文本。

4.3.3 媒体标签使用实例

本节将介绍视频字幕的例子。

相信很多读者对于字幕并不陌生，很多国外的视频并不能直接被人们所观看和欣赏，需要有字幕作为辅助来帮助理解。国内也有很多字幕组利用自己的专业所长为很多视频添加上了字幕，才让广大的普通人，不用学习语言就可以看懂来自世界不同地方的视频。除此之外，视频加上字幕后，听力有障碍的人士，也可以理解视频中的内容，符合网络标准化组织一直致力于的无障碍访问的目标。下面介绍如何为视频元素添加字幕。需要注意的是，本节内容需要较新版本的主流浏览器，并且需要在服务器环境运行。

从视频技术上来说，字幕是叠加在视频上显示的说明文字。一个字幕序列就是标记时间的文本轨道，它有多种格式，但这些格式都有相似之处。它们都是带有时间标记的、以时间顺序排列的文本，保存在文本文件中。以 WebVTT（Web Video Text Tracks）格式为例，为 HTML 5 视频元素添加事件标记文本轨道。下面是一个 WebVTT 文件内的内容，里面包含了两行字幕。其中需要注意的是，这段代码只需在文本文件中写入，在保存时将文本文件的后缀，由默认的".txt"改为".vtt"，并且在文本的开头录入"WEBVTT"。

文件名：english.vtt

```
WEBVTT

1
00:00:01.000 --> 00:00:03.000
I love you

2
00:00:03.000 --> 00:00:05.000
I love you
too
```

WebVTT 文件的格式如上，先指定一个时间范围，即字幕留存在视频上的持续时间。接下来的文本就是具体的字幕内容，以第一段字幕为例，它表示了"I love you"这行文字从视频的第 1 秒开始出现，一直持续到视频的第 3 秒。注意，第二段字幕中分两行写下了"I love you too"，在视频中，这段文字也将分两行显示。除此之外，在 WebVTT 文件中还允许定义更为复杂的字幕样式，包括字幕的位置、加粗、斜体等，在这里不作详细介绍，请有需要的读者自行搜索学习。接下来，在页面中为<video>视频元素添加如图 4-37 所示的字幕。

文件名：video.html

```
<!DOCTYPE HTML>
```

```
<html lang="en-US">
<head>
    <meta charset="UTF-8">
    <title>视频的字幕</title>
</head>
<body>
    <video width="512px" controls="controls" src="waterfall.mp4">
        <track label="English" src="english.vtt" kind="captions" srclang="en" default/>
    </video>
</body>
</html>
```

在上面的这个实例中，在<video>的前后标签之间，添加了<track>标签，定义所要添加的文本轨道。在这里需要指定多个属性，首先最为重要的是指定字幕文本的 URL，获取视频字幕资源。然后是通过 srclang 来指定字幕所对应的语言，这个同样重要，若不指定，可能会出现字符异常显示的状况。在实例中，所添加的字幕是英文的，所以定义语言属性为 HTML中英语的语言缩写"en"。然后，还需通过 kind 属性来指定文本轨道所对应的文本类型，在这里选择的是"captions"即字幕，当然也可以根据需要，设置为"chapters""descriptions""metadata""subtitles"等其他形式。除此之外，还需指定一个标签，用来表示这段字幕。当要为同一个视频添加多个文本轨道时，在区分这些字幕时，标签就显得尤为重要。最后，为<track>标签添加 default 属性，即默认加上这段文本轨道。

有时，一段视频可能对应多个字幕，如多种语言的字幕。下面来学习为视频添加多个文本轨道。首先，构造所要添加的字幕文件。

```
WEBVTT

1
00:00:01.000 --> 00:00:03.000
我是一行字幕啊

2
00:00:03.000 --> 00:00:05.000
前面的别跑
我也是一行字幕
```

然后在<video>标签添加新的文本轨道，这样就实现了添加中文字幕，如图 4-38 所示。

图 4-37　视频字幕添加

图 4-38　中文字幕

文件名：添加中文字幕.html

```
<!DOCTYPE HTML>
<html lang="en-US">
<head>
    <meta charset="UTF-8">
    <title>视频的字幕</title>
</head>
<body>
    <video width="512px" controls="controls" src="waterfall.mp4">
        <track label="中文" src="chinese.vtt" kind="captions" srclang="zh" default/>
        <track label="English" src="english.vtt" kind="captions" srclang="en" />
    </video>
</body>
</html>
```

在服务器环境运行页面后，看到了所添加的中文字幕。单击右下角的"CC"控件，可以看到所指定的标签信息，如图 4-39 所示。在这里可以通过标签的选择，来选择视频采用哪一个文本轨道。

在上面的实例中，添加了新的文本轨道。设定标签 label 为"中文"，src 指定了文本轨道资源，同时还将 srclang 属性设置为了中文所对应的缩写"zh"。这样，便能在视频中自如地切换文本轨道，看到想要的字幕了。

可能添加中文的过程，很多读者并不能顺利实现，会出现中文显示为乱码的情况，如图 4-40 所示。

图 4-39　多个字幕

图 4-40　乱码

中文显示为乱码的原因是 WebVTT 文本文件的保存格式有问题，当保存或另存为文本文件时，文本文件默认的编码方式是"ANSI"，如图 4-41 所示，这种编码方式并不支持中文显示。

图 4-41　文本编码方式

需要在另存为文本文件时，将"编码"设置为"UTF-8"，如图 4-42 所示。

图 4-42 应该保存为 UTF-8

这样，含有中文的 WebVTT 文件才能被正确地显示。

4.4 文件标签

在许多应用场景中都涉及文件的选择上传，如提交一个文档形式的表格，或是上传社交网站上的个人头像等。一般借助<input>标签元素来完成小段文本的上传（简单的个人信息、密码等）。同时，也可以用<input>标签来上传文件。接下来将要介绍的文件 API，能够通过 JavaScript 对现有已上传的文件进行读取和操作。由于目前这部分功能的标准制定还在进行中，以及各浏览器对该功能的支持还不确定，对于更为复杂的文件操作，如通过 JavaScript 修改和保存文件等方法不能借助标准的接口实现，只能通过其他的方法间接实现。目前关于文件 API 更多的应用在于提供一个更为友好的上传界面——设置文件大小限制、获取文件的缩略图、构造拖拽上传等。

4.4.1 通过 input 标签上传文件

在 HTML 页面中，只需要在<input>标签内将 type 属性设置为 file，就可以进行文件的选择。选择文件的这一过程相当于将文件暂存在浏览器中，之后再将它上传到 Web 服务器端。下面的实例简单实现了选择文件上传这一功能，其在浏览器中的显示效果如图 4-43 所示。

文件名：通过 input 标签选择文件上传.html

```
<!DOCTYPE HTML>
<html lang="en-US">
<head>
    <meta charset="UTF-8">
    <title>input 上传文件组件</title>
</head>
<body>
    <input type="file" />
</body>
</html>
```

除了直接单击控件进行文件选择外，现在很多的浏览器都支持将指定文件拖拽到控件区域完成选择（控件区域即是图 4-43 中的带有边框的区域），如图 4-44 所示。这也使得使用拖拽方式上传文件来制作自定义的界面成为可能，有兴趣的读者可以结合拖放的内容来实现。

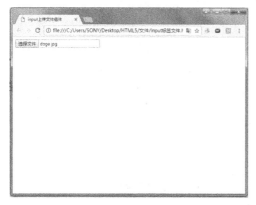

图 4-43　通过 input 标签上传文件

图 4-44　拖拽上传文件

4.4.2　读取文件基本信息

对于一个上传格式为文件的<input>元素，可以读取到文件的基本信息，以便对上传过程进行了解与控制。例如，为上传格式增加限制、为上传文件的大小添加控制等。在下面的实例中，对所选择的上传文件进行文件基本信息的显示，其在浏览器中的显示效果如图 4-45 所示。

文件名：读取文件基本信息.html

```
<!DOCTYPE HTML>
<html lang="en-US">
<head>
    <meta charset="UTF-8">
    <title>input 上传文件组件</title>
    <style>
        .item{
            margin:20px 5px 10px 10px;
            float:left;
            border:1px solid black;
            padding:10px 10px 10px 10px;
            line-height:30px;
            border-radius:10px 10px 10px 10px;
        }
    </style>
</head>
<body>
    <input type="file" id="fileInput" onchange="processFile(this.files)"/>
    <div id="displayArea"></div>
    <script>
        function processFile(files){
            var file = files[0];
            var displayArea = document.getElementById("displayArea");
            var newdiv = document.createElement("div");
            newdiv.setAttribute("class","item");
            newdiv.innerHTML = "文件名：" + file.name + "<br />" + "文件大小：" + file.size
```

```
                +"bytes" + "<br />" + "文件类型: " + file.type;
                            displayArea.appendChild(newdiv);
                    }
            </script>
    </body>
    </html>
```

在以上代码中,为文件<input>上传控件添加 onchange 事件处理函数,它在用户进行文件选择后触发,并传入当前文件上传对象的 files 属性。files 属性是一个包含已选择文件的文件列表。由于当前<input>内并没有设置多文件上传属性,所以对属性 files 来说,这个文件列表长度为 1,仅有一个文件,故通过 files[0]可获取已选择的文件对象。对文件对象而言,可以对其文件名、文件大小以及文件类型等属性进行访问。

name 属性为当前文件对象的文件名。size 属性为当前文件对象的文件大小,单位为字节(Byte)。type 属性为当前文件的 MIME(Multipurpose Internet Mail Extensions)类型。在实例中,将这些信息添加到一个<div>元素中,并在页面中显示。对于显示的具体样式,可在<style>标签内进行定义。可以看到,实例中所选择的文件名称为"doge.jpg",大小为 2777 字节,并且是一个图片类型数据,格式为 jpeg(image/jpeg)。

4.4.3 自定义 input 标签样式

虽然所有浏览器都支持文件格式的<input>标签控件,但是这些控件具体的样式在各个浏览器的显示效果五花八门。如果想要构建一个独特风格的 Web 应用界面,各个浏览器的默认样式显然是不能满足需求的。所以,还需要一些方法来重新定义文件上传控件的样式。

构建自定义的文件上传控件的方法并不唯一,下面介绍一种常用的方式,即使用<span>或<label>标签来"代替"页面中的<input>标签,这里的"代替"并不是完全地取代,而是把<input>标签隐藏起来,让<span>标签负责显示,而文件上传格式的<input>标签则负责文件选择上传的功能。自定义 input 标签标式的实例在浏览器中的显示效果如图 4-46 所示。

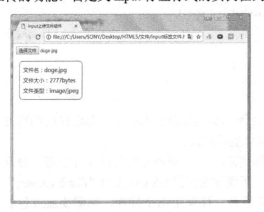

图 4-45　文件基本信息显示

图 4-46　自定义上传控件

文件名:自定义 input 标签样式.html

```
    <!DOCTYPE HTML>
    <html lang="en-US">
    <head>
        <meta charset="UTF-8">
        <title>自定义上传控件</title>
```

```
<style>
    #fileInput{
        display:none;
    }
    .fileUpload{
        width:300px;
        border-style: solid;
        border-color: #2BD1EB;
    }
    #browse{
        background-color: #BFC9CA;

    }
    #fileName{
        padding-left:60px;
    }
</style>
</head>
<body>
    <div class="fileUpload" onclick="clickTheInput()">
        <input type="file" id="fileInput" onchange="processFile(this.files)"/>
        <span id="browse">选择文件</span>
        <span id="fileName"></span>
    </div>
    <script>
        function clickTheInput(){
            var input = document.getElementById("fileInput");
            input.click();
        }
        function processFile(files){
            var file = files[0];
            var label = document.getElementById("fileName");
            label.innerHTML = file.name;
        }
    </script>
</body>
</html>
```

虽然，上面的实例自定义的效果过于简陋，还不如浏览器默认的样式，但这样的编写方式则给了开发者更大的自由来决定文件上传控件的具体展示样式。

在页面内，原本的<input>标签被多个标签共同代替。一个<div>元素内有 3 个标签，分别是一个<input>和两个<span>标签。对于<input>标签，可通过设置其 CSS 样式为"display:none;"来将原来默认的文件上传控件隐藏起来；而为了像原来一样使用这个控件，则需要通过包裹在<input>标签外的<div>标签将单击事件传递给它，从而实现单击<div>元素呈现出相同的选择文件效果，所以为<div>添加单击事件处理函数 clickTheInput()。

```
function clickTheInput(){
    var input = document.getElementById("fileInput");
    input.click();
}
```

两个\<span\>标签起显示作用，第一个\<span\>标签内显示"选择文件"，用来提示用户选择文件进行上传。第二个\<span\>标签则通过\<input\>标签的 onchange 事件处理函数 processFile()来动态地读取所选择文件的文件名，并显示。

```
function processFile(files){
        var file = files[0];
        var label = document.getElementById("fileName");
        label.innerHTML = file.name;
}
```

由此，就将浏览器的默认风格样式的\<input\>元素改造成了自定义形式，可以通过设定\<span\>标签与\<div\>标签的样式，来自定义文件上传控件。这样的自定义可以让开发者更灵活地设定样式。需要注意的是，自定义的方式并不唯一，上述的实例只是其中一种方式，关键在于原生\<input\>标签的隐藏，以及原生\<input\>标签单击事件处理的传递，这样才能更好地模仿出浏览器默认选择文件上传控件的样式与功能，并在此基础上增添一些独特的设定。

4.4.4　多文件选取

对于文件格式的\<input\>标签，可以通过设置其属性 multiple 来实现多文件的上传。

```
<input type="file" id="fileInput" onchange="processFile(this.files)" multiple/>
```

同样在多文件的选择后，也可以进行文件基本信息的读取以及其他关于文件的操作。下面通过一个实例来具体了解一下文件上传控件的多文件选取实现。这个实例建立在 4.4.2 节实例的基础上，通过 for 循环来访问每一个文件对象。该实例的文件选取过程以及在浏览器中的显示效果如图 4-47 和图 4-48 所示。

图 4-47　多文件选取　　　　　　　　　　　　　　　　图 4-48　多文件选取结果

文件名：多文件上传.html

```
<!DOCTYPE HTML>
<html lang="en-US">
<head>
    <meta charset="UTF-8">
    <title>input 上传文件组件</title>
    <style>
        .item{
            margin:20px 5px 10px 10px;
            float:left;
```

```
                       border:1px solid black;
                       padding:10px 10px 10px 10px;
                       line-height:30px;
                       border-radius:10px 10px 10px 10px;
                  }
            </style>
      </head>
      <body>
            <input type="file" id="fileInput" onchange="processFile(this.files)" multiple/>
            <div id="displayArea"></div>
            <script>
                  function processFile(files){
                        //在每次选取后，显示区域清空
                        var displayArea = document.getElementById("displayArea");
                        displayArea.innerHTML = "";
                        for (var i=0;i< files.length; i++){
                              var file = files[i];
                              var newdiv = document.createElement("div");
                              newdiv.setAttribute("class","item");
                              newdiv.innerHTML = "文件名：" + file.name + "<br />" + "文件大小：" + file.size
+"bytes" + "<br />" + "文件类型：" + file.type;
                              displayArea.appendChild(newdiv);
                        }
                  }
            </script>
      </body>
      </html>
```

对于多个文件的选择方式，可以如图 4-47 所示，通过单击并移动鼠标指针选择所需文件，也可以按住〈Ctrl〉键，依次选择所需文件。除了单击上传控件进行选择文件外，与单个文件拖拽上传类似，多个文件也可以从文件夹直接拖拽到控件区域内，完成多个文件的选择，如图 4-49 所示。

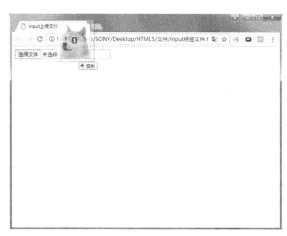

图 4-49　多文件拖拽选取

在 4.4.2 节的实例代码段中，每编写一个文件格式的<input>标签都会创建一个文件上传对象，当选择完文件后就会触发 onchange 事件，执行处理函数 processFile()，并将文件上传对象的 files 属性（即一个包含所有已选择文件的文件列表）作为参数传入。本节的实例与之前不同的是，本实例是选取多个文件，这样就使得文件列表的长度大于等于 1，于是需要使用索引的方式并借助 for 循环来访问文件列表中的每一个文件对象，然后将文件基本信息显示在页面中。

4.4.5　读取文件内容

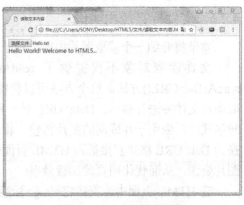

图 4-50　文本内容的读取

在 HTML 5 的文件 API 标准中，不仅定义了文件基本信息读取的方法，同时也定义了文件内容的读取。虽然 HTML 5 可能并不如其他语言，读取功能强大，但是可以满足一些基本的应用场景。下面分别讲解文本内容的读取，以及图片内容的读取方式。

下面的实例将实现使用文件格式的<input>标签选取一个文件，并将所获取的文件交给 JavaScript 进行处理，然后读取文本里的内容。该实例在浏览器中的显示效果如图 4-50 所示。

文件名：读取文本内容.html

```
<!DOCTYPE HTML>
<html lang="en-US">
<head>
    <meta charset="UTF-8">
    <title>读取文本内容</title>
</head>
<body>
    <input type="file" id="fileInput" onchange="processFile(this.files)"/>
    <div id="displayArea">
    </div>
    <script>
        function processFile(files){
            var file = files[0];
            //创建一个文件读取对象
            var reader = new FileReader();
            reader.readAsText(file);
            reader.onload = function(e){
                var displayArea = document.getElementById("displayArea");
                displayArea.innerHTML = e.target.result;
            }
        }
    </script>
</body>
</html>
```

在这段代码中，onchange 事件在文件选取完毕后触发，获取到所上传的文件对象。然后创建了一个 FileReader 对象，这个对象可以异步地读取在用户计算机上的文件（或原始数据缓冲区）的内容。之后调用这个 FileReader 对象的 readAsText()方法，并将之前所获取的文件对象作为参数传入，这样便可以读取到文件内容。由于读取文件耗费相对较长的时间，因此这应当是一个异步操作。所以需要为这个 FileReader 对象实例设置一个 onload 事件，当文件读取完毕后触发，并传入事件对象，将结果显示到 HTML 页面内。在上述代码中，选取了一个预先写好的文本文件，并将其内容显示到了 HTML 页面内。

读取到文件的内容后，就可以应用到一些场景中，例如，可以在客户端将文件内容进行过滤或预处理，或是批量地导入数据进行本地的处理等。

4.4.6　文件标签使用实例

本节将介绍一个读取图片内容的例子。

文件读取对象不仅提供了 readAsText()方法来读取文件中的文本内容，还提供了 readAsDataURL()方法。这个方法可以将图片文件转换为 Data URL 格式，从而可以很方便地读取图片文件并进行显示。Data URL 是一种数据格式，它将图片转换为 base64 编码的字符串。这种格式广泛应用于互联网的图片传输，相比于通过 src 属性指定服务器上的资源，将图片资源转换为 Data URL 格式直接插入 HTML 页面的方式只需要向服务器请求一次资源，而不需额外请求图片资源，从而优化网页的加载效率。

在 HTML 页面中，直接将<img>标签的 src 属性指定为特定的 Data URL 便可以实现一个图片在页面的加载。在下面的实例中，通过文件格式的<input>标签实现图片的选取并显示，其在浏览器中的显示效果如图 4-52 所示。

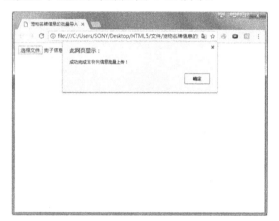

图 4-51　宠物狗信息批量上传　　　　　　　　图 4-52　图片的读取

文件名：读取图片内容.html

```html
<!DOCTYPE HTML>
<html lang="en-US">
<head>
    <meta charset="UTF-8">
    <title>读取图片内容</title>
</head>
<body>
    <input type="file" id="fileInput" onchange="processFile(this.files)"/>
    <div id="displayArea">
    </div>
    <script>
        function processFile(files){
            var displayArea = document.getElementById("displayArea");
            displayArea.innerHTML = "";
            var file = files[0];
            //创建一个文件读取对象
            var reader = new FileReader();
```

```
                    reader.readAsDataURL(file);
                    reader.onload = function(e){
                           var newImg = document.createElement("img");
                           newImg.src = e.target.result;
                           displayArea.appendChild(newImg);
                    }
             }
      </script>
   </body>
</html>
```

这个实例的代码与读取文件的代码类似。所不同的地方在于，在创建了 FileReader 对象之后，本实例调用了 readAsDataURL()方法，并将所获取的文件对象作为参数传入，这个方法就会将所选择的文件转换为 Data URL 格式。然后在读取完成后，创建新的<img>标签，并将 src 属性设置为 FileReader 对象的读取结果。最后将<img>标签添加到 HTML 页面，这样就完成了图片的选取，并可以在当前页面中显示。

4.5 思考题

1. 简述表单中的数据是怎样被传到服务器端的？服务器端又通过何种方式获取到表单中的数据？
2. 如何定义表单？
3. 表单有哪些常见属性？
4. 为什么要有语义化标签？语义化标签有什么优势？
5. 举例说明 HTML 视频和音频可以使用哪些标签，这些标签有哪些重要的属性。
6. 自制一个音频播放器或视频播放器（不使用 controls 属性），实现如下功能。
1）自定义的播放暂停控件样式。
2）时间进度条的显示。
3）音量的动态控制。

第5章 数据存储

在 Web 应用中,数据一般可以被保存到两个地方,一个是 Web 服务器,另一个是 Web 客户端,即本地。

保存到 Web 服务器的数据通常有以下几类。首先是用户在网站的注册信息,用以使 Web 服务器对用户身份的识别与认证,包括访客在 Web 服务器所保存的登录用户名、邮箱号、手机号和密码等。然后是这个用户涉及个人隐私的数据,例如,购物商城上用户的浏览记录、购买记录和个人收货地点等。这两类信息对用户来说是私密的、不希望被别人获取或篡改的。保存到 Web 服务器,可以由网站的管理人员统一地进行维护,从而安全有效地运行网站相关业务,并保护用户的个人隐私。除此之外,Web 服务器还可以帮助用户保存一些较大的文件,随着云服务相关业务的兴起,许多企业都提供云端的文件管理系统,如各种网盘、云服务器等。用户可以把一些较大的文件保存到云端,而不是保存到空间有限的本地,既为用户节省了本地存储空间,又提高了所保存文件的可访问性,用户可以在任何时间任何环境访问文件。

但是将数据保存到 Web 服务器必然需要本地与 Web 服务器进行频繁通信以及数据交换,而过于频繁的通信会增加用户在这个过程中等待响应的时间,Web 应用的交互性随之下降,同时也降低了用户体验。因此,在有些情况下,Web 应用的设计者希望可以在用户本地存储一些无关紧要的数据,来提升应用的交互性。

保存到 Web 客户端本地的数据来源,一般来说是一些较小的、相对来说不是很重要的信息,有时还可能是琐碎的,即使没有也不会影响一个网站主业务的运行。它可以是用户的个人偏好设置,如网页的风格样式,或是经常关注的标签等。也可以是应用状态的保存,如之前在某购物网站最后停留的页面,或是未完成支付购买的商品页,然后在用户登录后直接跳转到相应页面或商品。这样的设计能够让用户更加方便、流畅地使用 Web 应用。同时这类设计信息大部分是比较琐碎的,如果保存到 Web 服务器端,有时反而会增加存储和管理的负担。

在 HTML 5 之前,本地保存的唯一方案是 cookie,相信很多人对这个名词并不陌生。也有人认为 cookie 不安全,可能会被植入恶意脚本或是暴露了隐私。但 cookie 目前仍有着广泛的应用,并且在安全性方面有了一些很好的策略以避免来自恶意代码的攻击。cookie 诞生于互联网的早期,可以说是与互联网一起成长起来的。最早它解决的问题是记录关键的用户信息,当访客再次访问时,让浏览器知道这次的访客与之前的访客是同一个人。而随着技术的进步,Web 服务器端数据库的数据与服务器端 session 的机制让用户认证变得更有效、更安全。cookie 的主要应用就转向了本地存储用户偏好设定,为用户提供一些便利,很多情况下无需用户重复填写一些信息,提升了用户体验,但随之而来的就是安全与隐私的顾虑。除此之外,cookie 的另一个弊端是存储的容量只有 4KB,并且需要不断地在服务器与浏览器间传递,影响了页面传输的效率。同时 cookie 的数据是有时效的,一段时间之后会因过期而删除。

为了提供更好的本地存储功能、更大的存储空间,满足更多不同的需要,HTML 5 新增了 Web Storage。Web Storage 能够在用户本地保存更多的数据,可选择性地永久保存,并且提供更简单的 JavaScript 操作方法,同时也免去了反复提交给 Web 服务器的步骤。

5.1 Web Storage

HTML 5 的 Web Storage 可以让用户在本地保存一些数据，并且可以不像 cookie 一样，随着 HTTP 请求的传递而传递，并且拥有更大的存储空间。

Web Storage 提供了两种不同生命周期的数据保存模式，分别是本地存储（Local Storage）和会话存储（Session Storage）。本地存储可以长期保存信息，而会话存储的信息则只在当前页面内保存，当页面关闭之后信息删除重置。两种存储方式都只能由同一域下的应用所访问，不能进行跨域访问。

5.1.1 添加和读取数据

Web Storage 的实现依赖于 Window 对象下的 localStorage 对象与 sessionStorage 对象，两者的使用方式几乎相同，故通过下面的实例来一起学习，该实例在浏览器中的显示效果如图 5-1 所示。

文件名：Web Storage 添加和读取数据.html

```
<!DOCTYPE HTML>
<html lang="en-US">
<head>
    <meta charset="UTF-8">
    <title>Web Storage</title>
    <style>
        .displayArea{
            height:50px;
            width:200px;
            border:dashed 2px black;
        }
        .demo{
            float:left;
            padding-left:20px;
        }
    </style>
</head>
<body>
    <div class="demo">
        <h3>Local Storage</h3>
        <input type="text" id="localInput" />
        <button id="localSaveBtn" onclick="saveLocalStorage()">保存</button>
        <h4>所保存数据</h4>
        <div id="localStorageDisplay" class="displayArea">
        </div>
    </div>
    <div class="demo">
        <h3>Session Storage</h3>
        <input type="text" id="sessionInput" />
        <button id="sessionSaveBtn" onclick="saveSessionStorage()">保存</button>
        <h4>所保存数据</h4>
        <div id="sessionStorageDisplay" class="displayArea">
        </div>
```

```
                </div>
                <script>
                        var displayLocal = document.getElementById("localStorageDisplay");
                        var displaySession = document.getElementById("sessionStorageDisplay");
                        displayLocal.innerHTML = localStorage.getItem("data");
                        displaySession.innerHTML = sessionStorage.getItem("data");
                        function saveLocalStorage(){
                                inputText = document.getElementById("localInput");
                                localStorage.setItem("data",inputText.value);
                                displayLocal.innerHTML = localStorage.getItem("data");
                        }
                        function saveSessionStorage(){
                                inputText = document.getElementById("sessionInput");
                                sessionStorage.setItem("data",inputText.value);
                                displaySession.innerHTML = sessionStorage.getItem("data");
                        }
                </script>
        </body>
        </html>
```

在这个实例中，两个<div>标签作为本地存储和会话存储的展示区域，并在<style>标签内依据所设置的 class 类名，为这两个<div>元素添加风格样式，并呈现出图 5-1 所示的运行效果。两个展示区域都包括 3 个部分：输入框、按钮以及所保存数据的显示区域。在输入框内输入数据并单击"保存"按钮后，页面将通过本地存储或会话存储方式保存输入的数据。

下面来详细分析代码。

```
function saveLocalStorage(){
        inputText = document.getElementById("localInput");
        localStorage.setItem("data",inputText.value);
        displayLocal.innerHTML = localStorage.getItem("data");
}
```

在 Local Storage 标题下的"保存"按钮中，添加了单击事件的处理函数 saveLocalStorage()，在这个处理函数中主要使用的是 localStorage 对象，即本地存储对象。在存储数据的过程中，分别使用了该对象下的 setItem()方法和 getItem()方法。本地存储与会话存储均采用了键值对的存储方式，即每个数据都有一个独特的标识符作为键，在存储时键与其对应的数据同时被记入。在读取数据时，只需根据键就可以找到并读出其对应的数据。setItem()方法对应添加数据的过程，通过输入键与值来完成数据添加。故第一个输入参数作为键的字符串，第二个参数作为键所对应数据的字符串。同理，使用 getItem()方法输入键的字符串，就可以找到这个键所对应的数据，并返回所保存的数据。

在这个实例中，使用 localStorage 对象存储数据，输入"data"字符串作为键，并将输入框中的数据作为输入数据，与键相匹配。然后通过 getItem()方法，将键值"data"作为参数传入，取出刚才存储的数据，并显示在页面中的相应区域。

以输入"Hello"为例，单击"保存"按钮，可以看到如图 5-2 所示的效果，输入的数据保存到了本地并被显示到了指定区域。

打开浏览器的调试界面，选择"Application"选项，在界面中可以看到数据存储的相关管理信息。单击"Local Storage"然后查看，可以在页面中看到保存的键值对，如图 5-3 所示。

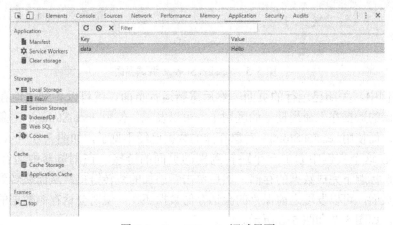

| 图 5-1　Web Storage 基本使用 | 图 5-2　Local Storage 输入数据 |

图 5-3　Local Storage 调试界面

　　存取数据除了使用 setItem()方法和 getItem()方法外，还可以使用索引的方式进行存取，即将实例中的 saveLocalStorage()处理函数改写成如下形式，依然可以达到同样的效果。

```
function saveLocalStorage(){
        inputText = document.getElementById("localInput");
        localStorage["data"] = inputText.value;
        displayLocal.innerHTML = localStorage["data"];
}
```

　　对于会话存储，具体的存取过程与本地存储方式完全一样，所不同的是会话存储通过 sessionStorage 对象，即会话存储对象来实现，在此不再赘述。按照上述的测试方法，继续在另一个 Session Storage 标题下的输入框中输入"World"，并单击"保存"按钮，即可看到如图 5-4 所示的效果。sessionStorage 对象所保存的存储数据，也可以在调试界面查看，如图 5-5 所示，类似于本地存储的查看方法。

　　可以看到 localStorage 对象与 sessionStorage 对象的使用方式几乎相同，都可以通过 setItem() 和 getItem()或索引的方式来存取键值对。在浏览器的调

图 5-4　sessionStorage 输入数据

试界面可以看到，本地存储和会话存储以站点分类来存取数据，且出于安全性考虑，存取的操作

仅限于同一站点的相关资源，即同域内操作。两者的区别在于所存储数据的生命周期不同。对本地存储来说，它所存储的数据可以说是永久的（在不进行删除的前提下）。而对会话存储来说，它所存储的数据是暂时的，仅在当前会话进行的相关页面内有效，当本次会话的所有页面全部关闭后，以本次会话为单位保存的会话存储数据将不复存在。

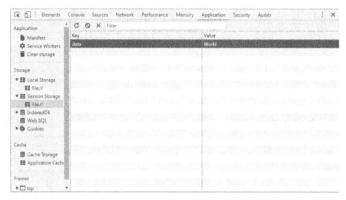

图 5-5　Session Storage 调试界面

在上述实例中，关闭已运行的页面，然后重新运行页面，就可以看到本地存储和会话存储两种方式所存储的数据在生命周期上的区别了。可以发现，使用 localStorage 对象进行存储的数据还保持不变，而使用 sessionStorage 对象存储的数据已经不见了，如图 5-6 所示。

下面尝试在这个实例中添加一个跳转到别的页面的链接。在浏览器中运行代码后，并在 Session Storage 标题下完成数据的存储，然后单击新添加的跳转链接，从而跳转到另一个页面，最后打开调试页面，可以发现之前保存的会话存储数据还在，说明会话存储数据的生命周期以当次会话为单位，如图 5-7 和图 5-8 所示。

图 5-6　重新打开相同页面，会话存储数据清空

图 5-7　通过添加链接构造同一会话

图 5-8　同一会话内的 Session Storage 依然可用

然而如果再新建一个页面并运行同样的实例，会发现第一个页面中保存的会话存储数据并不在新创建的页面中。

5.1.2　删除数据

由于本地存储与会话存储的区别仅限于生命周期和所使用的对象，所以为了简洁，接下来的相关实例均以 localStorage 对象为例，sessionStorage 对象也可实现相关操作。

Web Storage 提供了两种删除数据的方式，一种方式是选择特定键值对进行删除，另一种方式是将数据全部删除。在下面的实例中，制作了一个宠物相关信息的卡片，将宠物信息保存到Web Storage 中，并可以通过"删除"按钮完成删除相关的操作。

文件名：Web Storage 删除数据.html

```html
<!DOCTYPE HTML>
<html lang="en-US">
<head>
    <meta charset="UTF-8">
    <title>Remove and Clear</title>
    <style>
        fieldset{
            width:300px;
        }
        input{
            float:right;
        }
        .item{
            padding-top:5px;
            padding-bottom:7px;
        }
    </style>
</head>
<body>
    <form>
        <fieldset>
            <legend>宠物身份牌</legend>
            <div class="item">
                宠物名字：
                <input type="text" id="petName"/>
            </div>
            <div class="item">
                宠物种类：
                <input type="text" id="petKind"/>
            </div>
            <div class="item">
                宠物主人姓名：
                <input type="text" id="petOwner"/>
            </div>
            <div class="item">
                宠物主人电话：
                <input type="text" id="tel"/>
            </div>
            <button onclick="saveInfo()">保存</button>
            <button onclick="remove()">删除</button>
        </fieldset>
    </form>
```

```
                <div id="displayArea">
                </div>
                <script>
                    function saveInfo(){
                        var petName = document.getElementById("petName");
                        var petKind = document.getElementById("petKind");
                        var petOwner = document.getElementById("petOwner");
                        var tel = document.getElementById("tel");
                        localStorage["pet_name"] = petName.value;
                        localStorage["pet_kind"] = petKind.value;
                        localStorage["pet_owner"] = petOwner.value;
                        localStorage["tel"] = tel.value;
                    }
                    function removeAll(){
                        localStorage.clear();
                    }
                    function remove(){
                        localStorage.removeItem("tel")
                    }
                </script>
        </body>
        </html>
```

　　首先，在表单中完成相应数据的填写并单击"保存"按钮，将信息保存至本地存储，如图 5-9 所示。

　　然后打开调试界面，找到刚才保存的数据，如图 5-10 所示。如果再单击"删除"按钮，并刷新调试界面，就可以看到之前的一条键为"tel"的记录被删除，如图 5-10 所示。

　　在这个实例中，HTML 页面由所要填写的表单与两个按钮组成，为了显示美观，在<style>标签内加入一些样式。"删除"按钮对应了本节所要讲解的

图 5-9　填写数据并保存

删除键值对方法。"删除"按钮所触发的单击事件即是 JavaScript 代码中的 remove()函数。在这个函数中，通过 localStorage 对象的 removeItem()方法实现了本地存储信息的选定删除。removeItem()方法所输入的参数为所选择删除键值对的索引，即键字符串。在本例中，所要删除的键值对的键值为"tel"，输入该字符串即可实现对该键值对的选定删除。

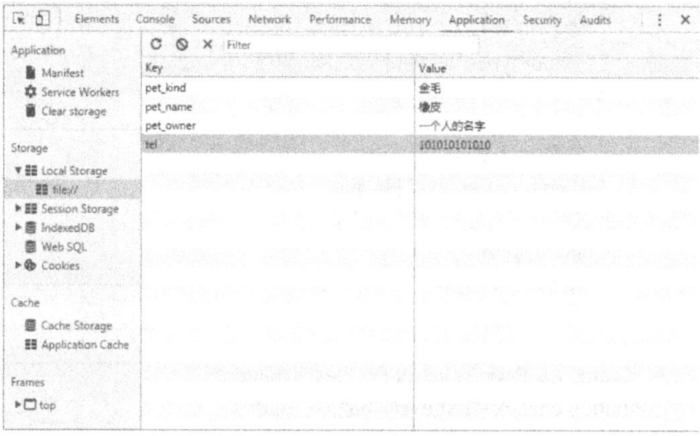

图 5-10　删除单条记录

除了可以删除单个数据外，localStorage 对象也支持全部删除，即清空当前站点下的本地存储数据。其使用的是 localStorage 对象下的 clear()方法，无需传入参数，即可删除全部数据。将上述实例中的"删除"按钮的单击事件处理函数替换成 removeAll()即可测试该功能。在这个处理函数中，仅有一行代码 localStorage.clear()，它完成了对当前站点全部本地存储的清空功能。

5.1.3　查找所有数据

Web Storage 还提供了通过索引获取键的方法，可以通过这个方法进行全部存储数据的访问。请在 5.1.2 节实例的 JavaScript 代码段中添加如下代码。

```
window.onload = function showInfo(){
    var displayArea = document.getElementById("displayArea");
    var item = "";
    for (var i=0;i<localStorage.length;i++){
        var key = localStorage.key(i);
        item += key + ": " + localStorage[key] + "<br />";
    }
    displayArea.innerHTML = item;
};
```

然后重新填写好表单，将相关信息保存至本地存储后，就可以看到如图 5-11 所示的效果。

在这段代码中，新添加了一个 onload 事件以及处理函数，在这个函数中由一个 for 循环来遍历本地存储中的每一个键值对。localStorage 对象的属性 length 可以获取到本地存储键值对的总长度。而通过 localStorage 对象的属性 key，便可以以索引的方式，按序读取到每一个存储于本地存储中的键值对的键值，这样就可以很方便地对本地存储的全部存储数据进行访问与处理。

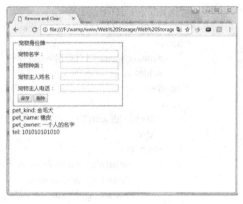

图 5-11　显示全部信息

5.1.4　响应存储变化

在数据的存取过程中，经常要解决的问题就是数据一致性的问题。有时在一个页面中改变了某一数据，而在另一个页面中相同数据的显示却保持不变，这样就产生了数据不一致的问题。在多个页面或多个应用对同一数据进行存取的过程中，经常要解决这样的问题。

为了避免出现数据不一致而导致混乱的情况，Web Storage 提供了响应存储变化的机制。当在一个页面中对某一数据进行操作时，其他相关的页面都要对这个变化能够进行反应，来保持数据的一致性。

具体的实例可见 5.1.8 节。

5.1.5　数据保存格式

Web Storage 中的本地存储和会话存储，在存储键值对的过程中，都会将数据以字符串的形式保存，这样取出的数据也将会是一个字符串。对于日常的表单而言，文本的输入占了很大的比例，Web Storage 这样的设计对于这些文本数据就不构成障碍。但是当存储的数据不是文本时，数据被转换为字符串就会带来一些问题。例如，当存入数字时，再取出后就变成了字符串，这样它就丧失了作为数字的一些特殊属性，就不能再进行一些运算了。同样，当存取的是日期时间这类数据时，单纯地以字符串的形式存取后就不能利用日期类型数据的相关属性来完成一些业务逻辑。在本节中，将处理数值型数据和日期型数据在 Web Storage 存取过程中数据格式的问题。

对数值型数据，进行 Web Storage 相关存储之后，在读取时原先的数值型数据就变为了字符串。这时只需调用 JavaScript 的 Number()函数即可，将所要进行转变的字符串作为参数输入，Number()函数就会将这个字符串重新转变为数值，从而可以继续使用。

```
//将存入本地存储的年龄重新转换为数值
age = Number(localStorage["age"]);
//或者通过索引方式读取
age = Number(localStorage.getItem("age"));
```

对日期型数据，如 JavaScript 中的 Date 对象实例，一般是采取转化为当前日期距离 1970 年 1 月 1 日零点的毫秒数来进行存储；在读取该 Date 对象后，再将之前的毫秒数，先转化为数值，再转回 Date 对象。这样一个 Date 对象在经过存取过程之后，仍可以是 Date 对象，可以通过 Date 对象的相关方法，自由地对日期型数据进行格式转换或其他操作。如下实例将展示日期型数据在 Web Storage 中的存取。

文件名：日期存入 Web Storage 转化为字符串.html

```html
<!DOCTYPE HTML>
<html lang="en-US">
<head>
        <meta charset="UTF-8">
        <title>日期时间</title>
</head>
<body>
        <div id="display">
        </div>
        <script>
                var display = document.getElementById("display");
                var today = new Date();
                localStorage["Date"] = today;
        </script>
</body>
</html>
```

如果直接将日期类型的数据存入 Web Storage 中，则会得到一个如图 5-12 所示的字符串，这样的字符串在取出后无论是格式转化还是日期时间计算都很复杂烦琐。所以需要以另一种方式存取日期，并保持日期类型。日期存取常用方式的实例在浏览器中的显示效果如图 5-13 所示。

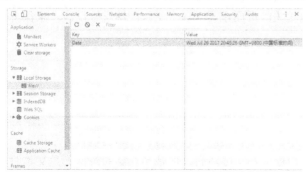

图 5-12　直接存储 Date 类型数据　　　　　　　图 5-13　日期存取常用方式

文件名：日期存取常用方式.html

```
<!DOCTYPE HTML>
<html lang="en-US">
<head>
    <meta charset="UTF-8">
    <title>日期时间</title>
</head>
<body>
    <div id="display">
    </div>
    <script>
        var display = document.getElementById("display");
        var today = new Date();
        localStorage["Date"] = today.getTime();
        var displayDate = new Date(Number(localStorage["Date"]));
        display.innerHTML = displayDate;
    </script>
</body>
</html>
```

在存储时，通过 Date 对象的 getTime()方法，将日期时间转化为距离 1970 年 1 月 1 日零点的毫秒数进行存储。这样的时间差数据类型为数值，而数值与字符串的相互转换又相对简单，于是就将 Web Storage 存储过程中的字符串转化带来的麻烦降到最小。在取出数据后，再做字符串到数值的转换，并使用这个数值，重新构造了一个 Date 对象，从而完成了所存储 Date 对象的还原。

5.1.6 对象的保存

5.1.5 节主要介绍了 Web Storage 保存数据的字符串化机制，以及在特殊情况下数值、日期对象的保存与还原。在实际应用中，也常常遇到类似于日期那样以对象为单位的存储数据。例如，宠物名牌表单在实际应用中，可能存储的并不是一个宠物名牌的相关属性，而是许多宠物名牌，这时需要将每个宠物名牌作为对象保存，而不是存储每个宠物名牌的每个键值对。在使用 Web Storage 时，这就与之前有了一些不同。需要将自定义的对象以字符串的方式存储进去，并且在取出字符串后，还要将其还原成之前的对象。

在存储自定义的对象时，需要利用 JSON 编码。JSON（JavaScript Object Notation，JavaScript 对象标记）是一种轻量级的数据交换格式，并且在各种浏览器中都支持。JSON 可以把结构化数据形式的对象转换为一种简单格式的文本，同时也可以把文本还原成对象。这样就可以通过 JSON 将对象保存到 Web Storage，在读取后又可以轻易地还原回对象。

继续之前的宠物名牌实例，下面以一个宠物名牌对象为单位进行保存和读取，在浏览器中的显示效果如图 5-14 所示，相应的调试界面如图 5-15 所示。

图 5-14 对象的保存　　　　　　　　　　图 5-15 对象保存的调试界面信息

文件名：自定义对象的存取.html

```
<!DOCTYPE HTML>
<html lang="en-US">
<head>
    <meta charset="UTF-8">
    <title>自定义对象存取</title>
    <style>
        fieldset{
            width:300px;
        }
        input{
            float:right;
        }
        .item{
            padding-top:5px;
            padding-bottom:7px;
        }
    </style>

</head>
<body>
    <form>
        <fieldset>
            <legend>宠物身份牌</legend>
            <div class="item">
                宠物名字：
                <input type="text" id="petName"/>
            </div>
            <div class="item">
                宠物种类：
                <input type="text" id="petKind"/>
            </div>
            <div class="item">
                宠物主人姓名：
                <input type="text" id="petOwner"/>
            </div>
            <div class="item">
                宠物主人电话：
```

```
                            <input type="text" id="tel"/>
                        </div>
                        <button onclick="saveInfo()">保存</button>
                    </fieldset>
                </form>
                <div id="displayArea">
                </div>
                <script>
                    window.onload = function(){
                        for (var i=0;i<localStorage.length;i++){
                            var keyString = localStorage.key(i);
                            var dog = JSON.parse(localStorage[keyString]);
                            var displayArea = document.getElementById("displayArea");
                            displayArea.innerHTML += "宠物名字: " + dog.petName + "<br />";
                            displayArea.innerHTML += "宠物种类: " + dog.petKind + "<br />";
                            displayArea.innerHTML += "主人姓名: " + dog.petOwner + "<br />";
                            displayArea.innerHTML += "主人电话: " + dog.tel + "<br /><br />";
                        }
                    };
                    function dogCard(petName,petKind,petOwner,tel){
                        this.petName = petName;
                        this.petKind = petKind;
                        this.petOwner = petOwner;
                        this.tel = tel;
                    }
                    function saveInfo(){
                        var petName = document.getElementById("petName");
                        var petKind = document.getElementById("petKind");
                        var petOwner = document.getElementById("petOwner");
                        var tel = document.getElementById("tel");
                        var dog = new dogCard(petName.value,petKind.value,petOwner.value,tel.value);
                        localStorage[petName.value] = JSON.stringify(dog);
                        alert("成功保存宠物狗信息");
                    }
                </script>
            </body>
        </html>
```

在 JavaScript 代码中，声明了一个 JavaScript 对象 dogCard 的构造函数，并在保存宠物名牌信息时，进行 dogCard 对象的构造；然后在保存到 Web Storage 时，将对象通过 JSON 的 stringify()方法转化为 JSON 字符串格式进行保存。上述实例以宠物的名字为键保存了两个宠物名牌信息，如图 5-15 所示。为了将这些信息显示在页面，在 HTML 页面添加了<div>标签，同时为页面添加 onload 事件，通过 for 循环提取每一条数据的键，然后将所保存的 JSON 字符串取出，并通过 parse()方法重新将其转化为 JavaScript 对象，最后在页面显示。

由此，通过 JSON 对象的 stringify()和 parse()方法，就可以实现 JavaScript 对象在 Web Storage 的存取。

5.1.7　Web Storage 与 cookie 比较

cookie 的中文意思是小甜饼，它由网景（Netscape）公司的前雇员 Lou Montulli 在 1993 年

3 月发明。cookie 有时使用复数 cookies，有时也被称为 HTTP cookie、Web cookie、Browser cookie 等。它是一个在浏览器与服务器之间传递的很小的数据。cookie 被发明的初衷是为了在服务器端进行客户身份的识别，随后也发展出来了许多应用场景，例如，会话状态的保存，使当前用户保持登录状态，个人偏好的服务，用户的相关设置、网站的偏好主题，记录和分析用户的网站行为等。

在 HTML 5 以前，cookie 不仅在服务器与浏览器间通过小部分数据进行身份的识别，还同时肩负着用户浏览器本地保存数据的任务。cookie 设计时的目的仅仅是为了保存一些简单的用户信息，随着 Web 应用的迅猛发展，本地存储需求日益增大，cookie 本身体积小又需要在浏览器与服务器端反复传递。种种因素使得 cookie 逐渐不能胜任 Web 应用的一些客户端存储的场景，因此 HTML 5 标准的 Web Storage 才应运而生，更好地实现了浏览器端的存储功能。

目前来看，HTML 5 的 Web Storage 虽然可以更好地实现 cookie 的浏览器本地存储功能，但并不能取代 cookie，只是为客户端存储提供了更好的解决方案。大部分的网站广泛使用着 cookie 进行用户身份的验证、会话状态的保存，并且所有的浏览器都支持着 cookie，在浏览器的调试界面里也可以看到不同站点所保存的 cookie 信息，如图 5-16 所示。

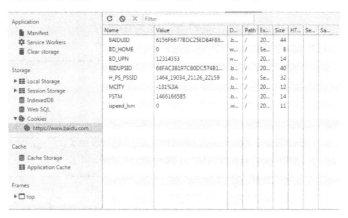

图 5-16　cookie 调试界面

由于本书主要讨论 HTML 5 相关内容，cookie 在浏览器端与服务器端的使用，请有兴趣的读者自行了解与学习。在此，只对 cookie 与 Web Storage 做一个大致的比较，可以看得出来，Web Storage 作为客户端存储有着很大的优势，这也为构建更为丰富的 HTML 5 本地 Web 应用提供了便利。

Web Storage 的特点如下。
- 每个站点 Web Storage 存储限制默认是 5MB。
- 无需在浏览器与服务器之间传递。
- 相关存取操作简便，但只能在本地操作，且不能跨域。
- Local Storage 和 Session Storage 提供了不同生命周期的本地数据保存，可以长期永久保存，也可以只存在于当前会话。

Cookie 的特点如下。
- 每个 cookie 的大小有 4KB 的存储限制。
- 需要随着每次 HTTP 请求在浏览器与服务器之间传递。
- JavaScript 操作 cookie 的方法与 cookie 的构造方式相对复杂，但是可以通过服务器操作 cookie。

● 每个 cookie 数据都有过期时间的限制，需要通过手动设置。

5.1.8　Web Storage 使用实例

本节的实例以本地存储 localStorage 对象为例演示响应存储变化。

sessionStorage 对象与此相类似，不同的是响应存储变化的页面范围有所不同。本地存储的存储变化事件在相同站点下的页面内进行传播，却不在发生数据改变的页面内传播；而会话存储的存储变化事件只在同一页面下进行响应，换句话说，sessionStorage 的存储变化不进行页面间的传递，即使是相同的会话。还需要注意的是，本节的实例需要部署在服务器环境才能完整实现。

基于之前宠物名牌的实例，继续如下代码。

文件名：响应存储变化.html

```
<!DOCTYPE HTML>
<html lang="en-US">
<head>
    <meta charset="UTF-8">
    <title>响应存储变化</title>
    <style>
        fieldset{
            width:300px;
        }
        input{
            float:right;
        }
        .item{
            padding-top:5px;
            padding-bottom:7px;
        }
    </style>
</head>
<body>
    <form>
        <fieldset>
            <legend>宠物身份牌</legend>
            <div class="item">
                宠物名字：
                <input type="text" id="petName"/>
            </div>
            <div class="item">
                宠物种类：
                <input type="text" id="petKind"/>
            </div>
            <div class="item">
                宠物主人姓名：
                <input type="text" id="petOwner"/>
            </div>
            <div class="item">
                宠物主人电话：
                <input type="text" id="tel"/>
            </div>
            <button onclick="saveInfo()">保存</button>
```

```
                </fieldset>
            </form>
            <div id="displayArea">
            </div>
            <script>
                window.addEventListener("storage",storageChanged);
                window.onload = function showInfo(){
                    var petName = document.getElementById("petName");
                    var petKind = document.getElementById("petKind");
                    var petOwner = document.getElementById("petOwner");
                    var tel = document.getElementById("tel");
                    petName.value = localStorage["pet_name"];
                    petKind.value = localStorage["pet_kind"];
                    petOwner.value = localStorage["pet_owner"];
                    tel.value = localStorage["tel"];
                    //添加一个 storage 事件的监听
                    window.addEventListener("storage",storageChanged);
                };
                //storage 事件的处理函数
                function storageChanged(e){
                    displayArea.innerHTML += e.url + "<br />";
                    displayArea.innerHTML += e.key + "发生了改变<br />";
                    displayArea.innerHTML += "由原来的        " + e.oldValue + "<br />";
                    displayArea.innerHTML += "变为了         " + e.newValue + "<br />";
                }
                function saveInfo(){
                    var petName = document.getElementById("petName");
                    var petKind = document.getElementById("petKind");
                    var petOwner = document.getElementById("petOwner");
                    var tel = document.getElementById("tel");
                    localStorage["pet_name"] = petName.value;
                    localStorage["pet_kind"] = petKind.value;
                    localStorage["pet_owner"] = petOwner.value;
                    localStorage["tel"] = tel.value;
                }
            </script>
        </body>
    </html>
```

图 5-17　响应存储变化

　　将代码部署于服务器环境并访问，打开两个页面，在其中一个页面内更改一个数据的值，并单击"保存"按钮，然后观察另一个页面的显示内容，如图 5-17 所示。

　　在本节的宠物名牌表单中，为表单添加了一个 onload 事件，在页面加载完毕后即将已有的本地存储信息填写到表单中，待使用者做出更改。然后又在当前页面添加了一个 storage 事件的监听，并指定相应的事件处理函数 storageChanged()，在本地存储数据出现变化后进行响应。

在处理函数 storageChanged()中，将本地存储的变化像日志一样描述出来，代码如下。

```
//storage 事件的处理函数
function storageChanged(e){
    displayArea.innerHTML += e.url + "<br />";
    displayArea.innerHTML += e.key + "发生了改变<br />";
    displayArea.innerHTML += "由原来的          " + e.oldValue + "<br />";
    displayArea.innerHTML += "变为了            " + e.newValue + "<br />";
}
```

当打开两个页面后，两个页面内宠物名牌表单中的输入框便会自动填写成之前所保存的值，若没有保存则呈现 undefined。选择其中一个页面，在输入框中将宠物的名字，由之前的"橡皮"改为"狗子"，单击"保存"按钮。

当执行保存相关信息的程序时，Web Storage 会自动检查当前输入的值是否与之前保存的值有所区别，如果没有区别就不做响应。若出现上述区别时，就会触发其他相同站点内的页面的 storage 事件。需要注意的是，这样的触发是以键值对为单位的，有几个键值对发生变化就会触发几次 storage 事件。在这里由于打开了两个相同的页面，故都有 storage 事件的监听与处理。一次宠物名字的变更就执行一次 storageChanged()处理函数，并传入一个 storage 事件对象。在这个对象中，有 4 个常用的属性，分别是 url、key、oldValue 和 newValue。url 属性描述了发生了存储变化的页面 URL，key 属性描述了发生了变化的键值对的键，而 oldValue 与 newValue 则描述了这个键所对应的旧值与新值。由此，4 个属性共同描述了一次本地存储的数据变化，如图 5-17 所示。

5.2 本地数据库

在 Web Storage 一节中，介绍了比 cookie 更好的本地存储方式，让以前仅有的 4KB 本地存储增加到了 5MB，大大地提升了本地存储的空间。虽然这样的存储空间已经可以构建许多类型的离线应用，但是还不足以像其他一些主流的编程语言一样，自由地进行较为复杂、存储需求较大的应用开发。于是，为了支持更大规模的本地存储方式，HTML 5 标准开始了本地数据库的探索。

相信很多人对数据库并不陌生，数据库能够提供大规模的数据存储、快速的查询和方便的管理等功能。数据库在服务器端有着较为广泛的应用，网站将用户的基本信息、用户名和密码、网站业务等数据都放入数据库进行统一管理。HTML 5 标准让数据库在 Web 应用领域的概念不仅仅限于服务器，还扩展到了本地，从而使构建更为复杂的离线应用成为可能。

虽然目前在一些浏览器中，可供选择的本地数据库有属于关系型数据库管理系统的 Web SQL 和属于非关系数据管理系统的 IndexedDB。但是目前，Web SQL 的标准化文档的进程已经停止了。可以说 IndexedDB 成为本地数据库相关接口的最终建议；所以接下来的内容将以 IndexedDB 为主要内容。但是数据库相关的内容本身就是一个相对复杂的概念，无法在有限的篇幅内涵盖很多知识，而 IndexedDB 的 API 也比较复杂，所以本节内容还接着以 Web Storage 里的宠物名牌实例进行讲解，并只介绍实例中涉及本地数据库的一些基本操作，更为具体的 API 使用，请读者再自行搜索学习。

5.2.1 IndexedDB

Indexed Database API（IndexedDB，以前称 WebSimpleDB）是 W3C 推荐的一项网页浏览器标准，是为提供一个以 JSON 为存储单位的浏览器本地数据库接口。W3C 于 2015 年 1 月 8 日发布了 IndexedDB 接口的最终建议。

- IndexedDB 是非关系型数据库。
- IndexedDB 储存数据对象。
- IndexedDB 是异步的。
- IndexedDB 是基于事务（transaction）的。

5.2.2 创建并连接数据库

每当一个本地数据库应用被打开时，可能出现两种情况。一种是首次打开这个应用，数据库并未进建，这时需要做的是创建这个数据库。另一种情况是非首次打开应用，数据库已经被创建，这时需要做的仅仅是连接数据库。对 IndexedDB 来说，应对这两种情况，只需在页面加载完成后调用一个 open()方法即可。

```
//将 database 作为全局变量，可以在各处可以被访问到
var database;
window.onload = function(){
        //数据库的创建与连接
        var request = window.indexedDB.open("Card",1);
        request.onsuccess = function(e){
                alert("成功创建或连接数据库");
                database = request.result;
                //显示当前已存储数据
                displayCard();
        };
        request.onerror = function (e) {
                alert(request.error);
        };
        request.onupgradeneeded = function(e){
                alert("将要初始化数据库或进行更新");
                var db = request.result;
                var objectStore = db.createObjectStore("Cards", { keyPath: "petName" });

        };
};
```

本实例为页面添加了一个 onload 事件处理函数，在页面加载完毕之后执行。又由于 IndexedDB 是异步的，所以所有关于数据库的操作都是基于请求和收到反馈的机制进行的。通过 window 对象的 indexedDB 对象调用 open()方法，返回一个请求对象，命名为 request，可利用这个对象接收来自数据库的反馈从而实现异步。在调用 open()方法时，传入的两个参数分别是所要创建的数据库名称，以及数据库的版本号，数据库在首次创建时版本应为 1。当 open()方法调用后，浏览器就会向数据库传达这次请求了，此时需要时刻监听反馈来获知数据库操作结果，从而进行下一步操作。

对于请求对象的事件监听，一般要监听两个事件：onsuccess 事件和 onerror 事件。onsuccess 事件在数据库操作成功实现后被触发，在这之后一般进行操作成功提醒或是继续进行其他操作。而 onerror 事件在数据库操作失败后触发，可以通过请求对象的 error 属性来查看具体的错误信息。对于数据库的连接与创建来说，还需要有一个 onupgradeneeded 事件。onupgradeneeded 事件在所请求的数据库版本高于已存在的数据库版本时触发；在所请求的数据库根本不存在时，也会被触发。这种情况下 open()函数就会新建一个数据库。

对于上述实例，在第一次运行时，由于先前没有创建过数据库，所以会先触发 onupgradeneeded 事件。在这个事件处理函数中，先通过请求对象的 result 属性获取到所请求的数据库，再调用 createObjectStore()方法新创建一个对象存储仓库（Object Store），或者说是一个数据表，来统一存储和管理一组数据。该方法需要传入两个参数以便完成创建，第一个参数是这个对象数据表的名称，以便后续的访问与查询；第二个参数是数据表的关键字路径（Key Path），它是这组数据对象的属性之一。在查询过程中，IndexedDB 通过关键字路径来确定所查找的数据对象并返回，可以理解为它是每条存储数据的"身份证"，用来区别于其他的数据对象。在这个实例中，需要统一存储管理的就是若干宠物名牌对象。数据表的名称为"Cards"，关键字路径为"petName"。

在执行 onupgradeneeded 事件函数后，就会继续触发 onsuccess 事件表示 open()方法执行正确，数据库连接成功，然后通过自定义的变量 database 来获取返回的数据库对象。在本实例中自定义的 database 变量是一个全局变量，这样经过一次连接就可以在代码的各处自由地使用数据库了。再运行页面就会直接连接数据库成功并触发 onsuccess 事件，而省去了创建数据库及其数据表的过程。

图 5-18　IndexedDB 数据库调试界面

进入调试界面中的 IndexedDB 选项，便可以看到实例中所创建的数据库，其中包括数据库名称与版本号信息，如图 5-18 所示。

5.2.3　添加数据

由于 IndexedDB 是基于事务（transaction）的，每一次的数据操作都是以事务为单位的。所谓"事务"对数据库来说是一组不可分割的多个操作，要执行的话，必须执行每个子操作，否则，就要撤销每个操作从而恢复到事务开始时的状态。而对于 IndexedDB 来说，完成一次事务，需要如图 5-19 所示的 4 个逻辑步骤。

结合图 5-19，以及实例中保存数据部分的代码，来介绍事物的流程。

代码：

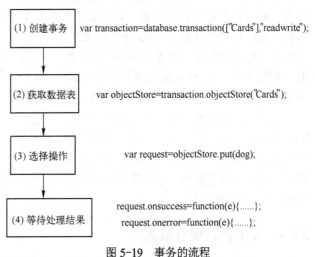

图 5-19　事务的流程

```
function saveInfo(){
    //获取输入框数据
    var petName = document.getElementById("petName");
    var petKind = document.getElementById("petKind");
    var petOwner = document.getElementById("petOwner");
    var tel = document.getElementById("tel");
    //创建对象
    var dog = new dogCard(petName.value,petKind.value,petOwner.value,tel.value);
    //数据库事务
    var transaction = database.transaction(["Cards"],"readwrite");
    var objectStore = transaction.objectStore("Cards");
```

```
        var request = objectStore.put(dog);
        request.onerror = function(e){
            alert(request.error);
        };
        request.onsuccess = function(e){
            alert("成功添加狗子信息！");
            displayCard();
        };
    }
```

当完成一次宠物名牌信息录入后，单击"保存"按钮就会触发按钮 onclick 事件的处理函数 saveInfo()。在这个函数中，首先获取输入框，并根据输入框内所填数值进行对象 dogCard 的创建，然后返回一个根据当前表单输入内容所创建的对象实例 dog，这个对象就是接下来所需要导入数据表的对象。

然后就要以事务为单位进行数据库操作了。第一步，创建事务对象，通过已获取的数据库对象的 transaction()方法进行创建，在此传入两个参数。第一个参数指定本次事务将涉及的数据表，在此以"["Cards"]"这种形式编写，代表了这是一个字符串数组，可以指定多个数据表。如果此次事务只涉及一个数据表的话，可仅以字符串的形式编写。第二个参数是此次数据库事务操作的模式，若不设置此项参数，则默认为"readonly"，即对数据表内的数据仅限于读操作。在此处写作"readwrite"，表示既可读也可写。第二步，通过事务对象的 objectStore()方法获取将要进行操作的数据表，该方法所需输入的参数为数据表的名称。第三步，通过上一步所获取的数据表对象进行具体的操作。在这里要存入之前所构造的 dog 对象，调用 put()方法，传入 dog 对象。此次事务便作为一次请求交由数据库进行异步处理。第四步，为这次请求对象编写 onsuccess 事件和 onerror 事件的处理函数，以对数据库执行的结果进行反馈。由此便完成了一个数据对象的

添加，同时也详细了解了 IndexedDB 的一次事务的大概流程。之后的查询所有数据、删除数据、查询单条数据等数据库操作都遵循这一流程，此处不再详细讲解。

在完成数据的输入后，单击调试界面的 IndexedDB 选项，便可以看到这个数据库中所新建的数据表，以及数据表中的数据对象，同时也可以查看每一个数据对象的详细情况，如图 5-20 所示。

图 5-20　IndexedDB 调试界面添加数据对象

5.2.4　逐个查询所有数据

当已经添加好数据后，就需要能够查看并访问到数据，这样才能继续下一个业务逻辑。在宠物名牌的实例中，每当页面载入时、插入或数据后，都需要查询一遍所有数据并将查询结果显示到页面上。这时需要一种方法来访问到所有数据。在 IndexedDB 中，需要游标来完成这项工作。请看下面实例代码中的 displayCard()函数部分。

```
//显示当前已存储数据
function displayCard(){
    alert("将要刷新数据。。。");
    var displayArea = document.getElementById("displayArea");
    displayArea.innerHTML = "";
    //数据库事务
```

```
            var transaction = database.transaction(["Cards"],"readonly");
            var objectStore = transaction.objectStore("Cards");
            var request = objectStore.openCursor();
            request.onerror = function(e){
                alert(request.error);
            }
            request.onsuccess = function(e){
                var cursor = e.target.result;
                if (cursor){
                    var dog = cursor.value;
                    var newdiv = document.createElement("div");
                    newdiv.setAttribute("class","card");
                    newdiv.innerHTML += "宠物名字：" + dog.petName + "<br />";
                    newdiv.innerHTML += "宠物种类：" + dog.petKind + "<br />";
                    newdiv.innerHTML += "主人姓名：" + dog.petOwner + "<br />";
                    newdiv.innerHTML += "主人电话：" + dog.tel + "<br />";
                    newdiv.innerHTML  += "<button onclick='deleteCard(this)' data-petName ='" +
dog.petName + "'>删除</button>";
                    displayArea.appendChild(newdiv);
                    cursor.continue();
                }
            }
        }
```

在 displayCard()函数中，需要通过事务流程来进行数据库相关操作。由于查询数据的操作只有读而没有写，故在创建事务时只需传入参数"readonly"。与之前不同的是，在指定数据表的操作时，调用 openCursor()方法来启用游标。游标可以追踪数据表当前位置的对象，从而逐个地访问数据对象，这一过程如图 5-21 所示。

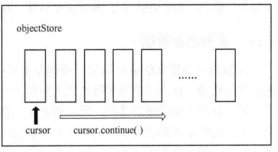

当创建了一个游标之后，它会返回一个请求对象，通过这个请求对象便可以访问到游标对象，它指向当前位置的数据对象。所以在 onsuccess 事件处理函数中，首先获取这个请求

图 5-21   游标

的结果"var cursor = e.target.result;"，获取到了一个带有值属性的游标对象变量 cursor，然后便可以通过游标对象的 value 属性来获取当前位置的数据对象，即"var dog = cursor.value;"。由于需要通过游标逐个访问每个对象，所以还需要调用 continue()方法来访问下一个位置的数据对象，这时就会再发出一个请求，然后监听 onsuccess 事件，由此直到游标走到数据表中的最后一个数据对象后再返回空的游标为止，借助一个条件语句来判断返回的游标对象是否存在便可完成上述过程。由此，通过游标完成了对数据表中的数据对象的逐个访问。

5.2.5　删除单条数据

在 displayCard()函数中，除了逐个访问数据表中的数据外，显示数据的代码段里还为每一个显示在页面上的宠物名牌卡片动态地添加了"删除"按钮，来执行删除功能。IndexedDB 可通过关键字路径来访问数据表中的数据对象，所以在删除数据表中的一个数据对象时，也需要确定关键字路径的值才能找到所要删除的对象，然后才能进行删除。可通过微数据来自定义属性 data-petName，并将属性赋值为当前对象的 petName 属性值，也即是关键字路径值代码如下。

```
    newdiv.innerHTML += "<button onclick='deleteCard(this)' data-petName ='" + dog.petName + "'>删除</button>";
```

然后在 deleteCard() 函数中，传入当前<button>标签，再通过 getAttribute 获取到 data-petName 属性值即可。

```
function deleteCard(element){
    var petName = element.getAttribute("data-petName");
    //数据库事务
    var transaction = database.transaction(["Cards"],"readwrite");
    var objectStore = transaction.objectStore("Cards");
    var request = objectStore.delete(petName);
    request.onerror = function(e){
        alert(request.error);
    };
    request.onsuccess = function(e){
        alert(petName + "这条狗子的信息已删除");
        //显示当前已存储数据
        displayCard();
    };
}
```

这样在每次单击"删除"按钮时，页面就可以知道所要删除的是哪一个数据对象了，接下来，就可以依据此进行数据库的事务了。此时由于是删除操作，在创建事务时应当传入参数 "readwrite"，表明操作涉及读和写。与之前的逻辑相似，这一次调用的是 objectStore 对象的 delete 方法，并传入之前所获取到的被删除对象的关键字路径值即可。由此就会向数据库发出一个删除数据对象的请求，如果能够触发 onsuccess 事件，则说明数据库删除单个数据对象的事务顺利完成。

5.2.6 查询单条数据

与删除单条数据的原理类似，查询单条数据的操作也必须要先获取到所要查询的数据对象的关键字路径，再通过关键字路径来返回所查询的数据对象。由于在先前的宠物名牌录入页面内无法展示查询单条数据的功能，所以需要在已存有数据对象的数据库的基础上，再编写一个页面来实现查询单条数据的功能。这个实例所实现的功能是先在输入框中输入所查询的数据对象的关键字路径，然后单击"搜索"按钮。当成功查询到这个数据对象后，予以显示。当未能找到数据对象时，予以反馈。这个单独的查找页面与之前存储信息的页面在样式与展示相关函数上几乎一致，仅有少量改动。该实例在浏览器中的显示效果如图 5-22 和图 5-23 所示。

图 5-22　IndexedDB 查询单条数据成功　　　　图 5-23　IndexedDB 查询单条数据失败

文件名：查询单条数据.html

```
<!DOCTYPE HTML>
<html lang="en-US">
<head>
    <meta charset="UTF-8">
    <title>搜索宠物</title>
```

```
<style>
    fieldset{
        width:300px;
    }
    input{
        float:right;
    }
    .item{
        padding-top:5px;
        padding-bottom:7px;
    }
    .card{
        margin:20px 5px 10px 10px;
        float:left;
        border:1px solid black;
        padding:10px 10px 10px 10px;
        line-height:30px;
        border-radius:10px 10px 10px 10px;
    }
</style>
<script src="searchPet.js"></script>
</head>
<body>
    <fieldset>
        <legend>搜索宠物</legend>
        <div class="item">
            宠物名字：
            <input type="text" id="petName"/>
        </div>
        <button onclick="searchInfo()">搜索</button>
    </fieldset>
    <div id="displayArea">
    </div>
</body>
</html>
```

文件名：searchPet.js

```
var database;
window.onload = function(){
    var request = window.indexedDB.open("Card",1);
    var displayArea = document.getElementById("displayArea");
    var petName = document.getElementById("petName");
    request.onsuccess = function(e){
        alert("成功创建或连接数据库");
        database = request.result;
    };

    request.onerror = function (e) {
    alert(request.error + " occurred.");
    };

    request.onupgradeneeded = function(e){
        alert("将要初始化数据库或进行更新");
        var db = request.result;
    };
};
```

```
function searchInfo(){
    if (petName.value){
        showResult(petName.value);
    }else{
        alert("请输入要查询的宠物狗名字");
    }
}
function showResult(petName){
    var transaction = database.transaction(["Cards"],"readonly");
    var objectStore = transaction.objectStore("Cards");
    var request = objectStore.get(petName);
    request.onerror = function(e){
        alert(request.error + " occurred...");
    };
    request.onsuccess = function(e){
        displayArea.innerHTML ="";
        var dog = request.result;
        if (dog){
            alert("找到了！！")
            var newdiv = document.createElement("div");
            newdiv.setAttribute("class","card");
            newdiv.innerHTML += "宠物名字：" + dog.petName + "<br />";
            newdiv.innerHTML += "宠物种类：" + dog.petKind + "<br />";
            newdiv.innerHTML += "主人姓名：" + dog.petOwner + "<br />";
            newdiv.innerHTML += "主人电话：" + dog.tel + "<br />";
            displayArea.appendChild(newdiv);
        }else{
            alert("对不起，查无此狗。。。");
        }
    }
}
```

在这个实例中为"搜索"按钮添加了 onclick 事件的处理函数 searchInfo()，并获取了输入框中的数值，在该数值不为空的情况下，作为参数传给 showResult()方法并执行。在 showResult()方法中，同样依循之前的流程创建事务。由于仅是查询单条数据，所以在创建事务时输入参数"readonly"。然后获取数据表对象，与调用 delete()方法类似，此时调用 get()方法，并传入所要查询对象的关键字路径，随后就会向数据库发出请求了。在 onsuccess 事件处理函数中，通过返回的请求对象的 result 属性就可以访问到所查询的对象。在这个实例中，根据所返回的数据对象，就可以访问到对象的各属性值并予以显示，形成了查询的结果。

5.2.7 IndexedDB 使用实例

在本节中，继续以之前的宠物名牌应用为例，使用 IndexedDB 进行数据的存储。在这里有两个文件，分别是本地数据库 .html 作为显示页面，petCard.js 为页面提供 JavaScript 代码。该实例在浏览器中的显示效果如图 5-24 所示。

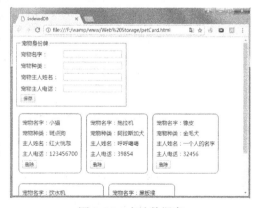

图 5-24　本地数据库

文件名：本地数据库.html

```html
<!DOCTYPE HTML>
<html lang="en-US">
<head>
    <meta charset="UTF-8">
    <title>IndexedDB</title>
    <style>
        fieldset{
            width:300px;
        }
        input{
            float:right;
        }
        .item{
            padding-top:5px;
            padding-bottom:7px;
        }
        .card{
            margin:20px 5px 10px 10px;
            float:left;
            border:1px solid black;
            padding:10px 10px 10px 10px;
            line-height:30px;
            border-radius:10px 10px 10px 10px;
        }
    </style>
    <script src="petCard.js"></script>
</head>
<body>
    <form>
        <fieldset>
            <legend>宠物身份牌</legend>
            <div class="item">
                宠物名字：
                <input type="text" id="petName"/>
            </div>
            <div class="item">
                宠物种类：
                <input type="text" id="petKind"/>
            </div>
            <div class="item">
                宠物主人姓名：
                <input type="text" id="petOwner"/>
            </div>
            <div class="item">
                宠物主人电话：
                <input type="text" id="tel"/>
            </div>
            <button onclick="saveInfo()">保存</button>
        </fieldset>
    </form>
    <div id="displayArea">
    </div>
```

```
</body>
</html>
```

文件名：petCard.js

```javascript
//宠物名牌信息对象
function dogCard(petName,petKind,petOwner,tel){
    this.petName = petName;
    this.petKind = petKind;
    this.petOwner = petOwner;
    this.tel = tel;
}
//将 database 作为全局变量，可以在各处被访问到
var database;
window.onload = function(){
    //数据库的创建与连接
    var request = window.indexedDB.open("Card",1);
    request.onsuccess = function(e){
        alert("成功创建或连接数据库");
        database = request.result;
        //显示当前已存储数据
        displayCard();
    };
    request.onerror = function (e) {
        alert(request.error);
    };
    request.onupgradeneeded = function(e){
        alert("将要初始化数据库或进行更新");
        var db = request.result;
        var objectStore = db.createObjectStore("Cards", { keyPath: "petName" });

    };
};
function saveInfo(){
    //获取输入框数据
    var petName = document.getElementById("petName");
    var petKind = document.getElementById("petKind");
    var petOwner = document.getElementById("petOwner");
    var tel = document.getElementById("tel");
    //创建对象
    var dog = new dogCard(petName.value,petKind.value,petOwner.value,tel.value);
    //数据库事务
    var transaction = database.transaction(["Cards"],"readwrite");
    var objectStore = transaction.objectStore("Cards");
    var request = objectStore.put(dog);
    request.onerror = function(e){
        alert(request.error);
    };
    request.onsuccess = function(e){
        alert("成功添加宠物狗信息！");
        displayCard();
    };
}
function deleteCard(element){
    var petName = element.getAttribute("data-petName");
```

```
        //数据库事务
        var transaction = database.transaction(["Cards"],"readwrite");
        var objectStore = transaction.objectStore("Cards");
        var request = objectStore.delete(petName);
        request.onerror = function(e){
            alert(request.error);
        };
        request.onsuccess = function(e){
            alert(petName + "这条宠物狗的信息已删除");
            //显示当前已存储数据
            displayCard();
        };
    }
    //显示当前已存储数据
    function displayCard(){
        alert("将要刷新数据。。。");
        var displayArea = document.getElementById("displayArea");
        displayArea.innerHTML = "";
        //数据库事务
        var transaction = database.transaction(["Cards"],"readonly");
        var objectStore = transaction.objectStore("Cards");
        var request = objectStore.openCursor();
        request.onerror = function(e){
            alert(request.error);
        };
        request.onsuccess = function(e){
            var cursor = e.target.result;
            if (cursor){
                var dog = cursor.value;
                var newdiv = document.createElement("div");
                newdiv.setAttribute("class","card");
                newdiv.innerHTML += "宠物名字: " + dog.petName + "<br />";
                newdiv.innerHTML += "宠物种类: " + dog.petKind + "<br />";
                newdiv.innerHTML += "主人姓名: " + dog.petOwner + "<br />";
                newdiv.innerHTML += "主人电话: " + dog.tel + "<br />";
                newdiv.innerHTML += "<button onclick='deleteCard(this)' data-petName ='" + dog.pet
Name + "'>删除</button>";
                displayArea.appendChild(newdiv);
                cursor.continue();
            }
        };
    }
```

5.3 思考题

1. 什么是 Web Storage？它和 cookie 相比有何异同？
2. Web Storage 的数据保存格式是怎样的？
3. 如何在使用 Web Storage 时获取第 n 个存储数据的键名称或数据值？
4. 什么是 IndexedDB？它有什么优点？
5. IndexedDB 如何创建并连接数据库？又如何创建数据表？
6. 如何通过浏览器对 Web Storage 和 IndexedDB 的相关应用进行调试？

第6章 高级编程

学习过基础内容后，本章将介绍 3 种较为高级且具有一定难度的内容，分别是 Canvas 画布、通信和 Web Worker。

HTML 5 的 Canvas 使用 JavaScript 在网页上绘制图像。画布是一个矩形区域，用户可以控制其每一像素。Canvas 拥有多种绘制路径、矩形、圆形、字符以及添加图像的方法，可以创建丰富的图形引用。

通信方面本章着重介绍 HTTP。

HTML 5 提出了 Web Worker 标准，表示 JavaScript 允许多线程，但是子线程完全受主线程控制并且不能操作 dom，只有主线程可以操作 dom，所以 JavaScript 本质上依然是单线程语言。

下面将进行详细介绍。

6.1 Canvas 画布

"Canvas" 中文译为画布，顾名思义，开发人员可以通过它在网页上完成绘图相关的工作。HTML 5 的 canvas 元素使用 JavaScript 在网页上实时生成图像，并可操作图像内容。它使用基于矢量的编程方法，来创建图形、渐变以及其他图形特效。有经验的 Web 开发人员可以用它来增强网站的视觉效果，甚至是开发出一个功能全面的应用。目前市面上绝大部分较新的 PC 端和移动端浏览器都支持 Canvas API。

6.1.1 Canvas 标签使用

文件名：<canvas>标签使用.html

```
<!DOCTYPE HTML>
<html lang="en-US">
<head>
    <meta charset="UTF-8">
    <title></title>
</head>
<body>
    <canvas id="myCanvas" width="500" height="300" style="border:2px solid black;"></canvas>
    <script>
        var canvas = document.getElementById("myCanvas");
        var context = canvas.getContext("2d");
    </script>
</body>
</html>
```

在<body>标签范围内插入<canvas>标签。一般<canvas>标签包含 3 个属性，分别是 id、width 和 height。其中，id 是 canvas 元素唯一指定的名字。通过命名，JavaScript 脚本便可以使用

id 来找到所要操作的"画布"。width 和 height 这两个属性分别指定这个"画布"的宽度和高度，单位是像素。一般建议在<canvas>标签内指定这两个属性，如不设定，其默认的宽度是 300 像素，高度是 150 像素。虽然开发者可以通过 CSS 指定"画布"大小，但是宽高的改变影响的只是<canvas>标签在 HTML 布局的大小，如果 CSS 设定的尺寸与<canvas>标签内设定的宽高属性不符，则可能会出现使所绘图形变形失真的问题。

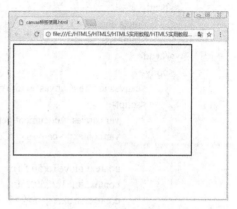

默认情况下，<canvas>标签在页面上显示为一块空白且无边框的矩形。为了能够看到这块画布，需要给这块"画布"添加边框。在<canvas>内继续添加属性style="border:2px solid black;"，如图 6-1 所示。

为了能够进一步的在这块"画布"上进行绘图相关的操作，必须先用 JavaScript 获取对象，并取得二维绘图上下文。为了绘制二维图像，使用"2d"来获取上下文。

图 6-1 <canvas>标签的使用

```
<script>
    var canvas = document.getElementById("myCanvas");
    var context = canvas.getContext("2d");
</script>
```

在上述代码中，通过调用 document.getElementById()方法获取了<canvas>元素，然后通过调用其 getContext()方法，获取了当前 canvas 对象的二维绘图上下文。通过二维绘图上下文，便可以完成许多绘图相关的任务，如直线曲线的绘制、文字的渲染等。

6.1.2 Canvas 坐标系统

在开始使用 Canvas API 之前，首先需要知道关于 Canvas 坐标的基本知识，其坐标系统如图 6-2 所示。

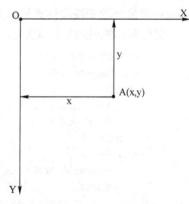

在 Canvas API 的使用过程中，经常要输入坐标参数，以确定屏幕上的某一位置。与数学中经常定义的坐标系有所不同，Canvas 坐标系的原点位于画布的左上角，其 X 轴方向水平指向屏幕的右侧，其 Y 轴方向垂直指向屏幕的下方。如图 6-2 所示，若要确定点 A(x,y)在屏幕二维空间内对应的位置，则在水平方向相对于屏幕最左侧距离 x 且垂直方向相对于屏幕最上侧距离 y 处即为这个点，其中 x 和 y 的单位是像素。

图 6-2 Canvas 坐标系统

6.1.3 线、路径与形状

在图形的构成中，线是从一点到另一点所组成的路径（path），这个线可以是直线，也可以是曲线。由多条线首尾相接就组成了一个闭合图形，该闭合图形一般称为形状（shape）。常见的形状有三角形、矩形、梯形、菱形等。除此之外，还有各种各样不规则的形状。在二维的"画布"上，所要画出的就是这些线条和形状。

1．绘制线段

下面先从简单的绘制一条线段（line）开始，绘制效果如图 6-3 所示。

文件名：绘制线段.html

```html
<!DOCTYPE HTML>
<html lang="en-US">
<head>
    <meta charset="UTF-8">
    <title></title>
</head>
<body>
    <canvas id="myCanvas" width="500" height="300"></canvas>
    <script>
        var canvas = document.getElementById("myCanvas");
        var context = canvas.getContext("2d");

        context.moveTo(50,50);              //规定起点坐标(50,50)
        context.lineTo(250,250);            //规定终点坐标(250,250)
        context.stroke();   //绘制
    </script>
</body>
</html>
```

从代码中可以看出，画线段的过程就如同在纸上用笔作画。在纸上用笔作画时，需要拿起笔移动到线段开始的位置，然后向着心中想要移动的目标位置画过去。代码中画线段的过程亦如此，先调用 context 对象下的 moveTo(x,y)方法将"笔"移动到开始坐标，然后调用 lineTo(x,y)确定"笔"将要运动到的目的坐标，最后调用 stroke()方法进行绘制。

当然，画一条线段肯定不止一种画法，在实际下笔画（stroke）之前，可以换不同粗细的笔、不同颜色的笔来绘制。若要在"画布"上实现这一功能，只需要在 stroke()方法前，调用 context 对象下改变线段样式的相关方法。

文件名：线段添加样式.html

```html
<!DOCTYPE HTML>
<html lang="en-US">
<head>
    <meta charset="UTF-8">
    <title></title>
</head>
<body>
    <canvas id="myCanvas" width="500" height="300"></canvas>
    <script>
        var canvas = document.getElementById("myCanvas");
        var context = canvas.getContext("2d");

        context.moveTo(50,50);
        context.lineTo(250,250);

        //添加改变样式的方法
        context.lineWidth = 10;                 //线段的宽度，单位像素
        context.strokeStyle = "#1874CD";        //选择颜色，一种蓝色

        context.stroke();
    </script>
```

```
        </body>
        </html>
```

在"下笔"之前添加样式，就有了如图 6-4 所示的效果。其中，lineWidth 用来改变线条的
粗细，单位默认为像素。strokeStyle 用来改变线条的颜色，颜色可以用 16 进制颜色代码来表
示，如"#1874CD"，或者使用 RGB 颜色代码值，如"rgb(24,116,205)"。

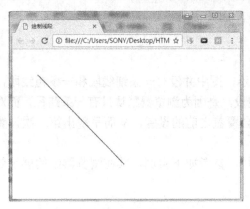

图 6-3　绘制线段

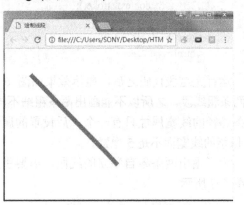

图 6-4　线段添加样式

除了上述改变，应用中也经常需要改变"笔头"形状。"笔头"可变形状如图 6-5 所示。

使用 lineCap 可以设置线段两端的形状，即
"笔头"形状。默认值是中间的 butt，即方头。除此
之外，还可以设置为 round（圆头）或 square（加长
方头）。从图 6-5 可以观察到，在设置成这两种形式
后，线段的两端会在默认长度的基础上延长一小
段，延长的距离就是一半线宽的长度。

context.lineCap="round";

context.lineCap="butt";

context.lineCap="square";

图 6-5　线段两端形状

2．绘制路径

在绘制线段时，有时不会只画一种线段，一个
图形中可能出现多种形式的线段。那么，通过什么来区分各自独立的许多线段呢？答案就是路径
（path）。

请读者自行运行如下代码，看一下是否能画出两条粗细不同的线段。

文件名：试图绘制出粗细不同的线段.html

```
<!DOCTYPE HTML>
<html lang="en-US">
<head>
    <meta charset="UTF-8">
    <title></title>
</head>
<body>
    <canvas id="myCanvas" width="500" height="300"></canvas>
    <script>
        var canvas = document.getElementById("myCanvas");
        var context = canvas.getContext("2d");

        context.moveTo(50,50);
        context.lineTo(250,250);
```

```
                    context.lineWidth = 5; //将线段粗细设置为 5 像素
                    context.stroke();

                    context.moveTo(100,50);
                    context.lineTo(300,250);
                    context.lineWidth = 20; //将线段粗细设置为 20 像素
                    context.stroke();
                </script>
            </body>
        </html>
```

运行完这段代码之后，显示效果如图 6-6 所示，图中并没有一条细线段和一条粗线段，而是两条粗线段。之所以不能画出两条粗细不同的线段，是因为浏览器默认只有一条路径，而对于这条路径的线宽属性只有一个，后设置的属性将会覆盖之前的设置，从而呈现出第二次设置的 20 像素的线宽而不是 5 像素。

为了画出两条各自独立的线段，需要引入路径，参考如下实例，其在浏览器中的展示效果如图 6-7 所示。

图 6-6　不使用路径　　　　　　　　　　　　　图 6-7　使用路径

文件名：使用路径.html

```
            <!DOCTYPE HTML>
            <html lang="en-US">
            <head>
                <meta charset="UTF-8">
                <title></title>
            </head>
            <body>
                <canvas id="myCanvas" width="500" height="300"></canvas>
                <script>
                    var canvas = document.getElementById("myCanvas");
                    var context = canvas.getContext("2d");

                    context.beginPath(); //开始一段路径
                    context.moveTo(50,50);
                    context.lineTo(250,250);
                    context.lineWidth = 5; //将线段粗细设置为 5 像素
                    context.stroke();
```

```
            context.beginPath(); //再次开始一段新路径
            context.moveTo(100,50);
            context.lineTo(300,250);
            context.lineWidth = 20; //将线段粗细设置为 20 像素
            context.stroke();
        </script>
    </body>
</html>
```

通过调用 beginPath()方法，将两条线段独立开来，就可以分别定义属性了。所谓路径（path），具体来说就是由直线或曲线连接平面上若干点所形成的。路径有时只是线段或曲线，但有时也可以组成各种图形，接下来的内容会逐步加深读者对路径的理解。

3．绘制形状

引入了路径之后，便可以更准确地定义图形。接下来画一个闭合图形——三角形，并给其填充颜色，其在浏览器中的显示效果如图 6-8 所示。

文件名：绘制三角形.html

```
<!DOCTYPE HTML>
<html lang="en-US">
<head>
    <meta charset="UTF-8">
    <title></title>
</head>
<body>
    <canvas id="myCanvas" width="500" height="300"></canvas>
    <script>
        var canvas = document.getElementById("myCanvas");
        var context = canvas.getContext("2d");

        context.beginPath();          //开始一段路径
        context.moveTo(50,50);
        context.lineTo(250,250);
        context.lineTo(400,50);
        context.closePath();          //闭合路径

        context.fillStyle = "blue";   //将闭合路径内填充方式设置为蓝色
        context.fill(); //进行填充
        context.stroke();
    </script>
</body>
</html>
```

在这段代码中，先画了一个闭合路径，通过 closePath()方法，将最后所移动到的点与出发点连接起来构成了一个闭合三角形，closePath()的作用是补充路径并使其闭合。然后，通过 fillStyle 确定所要填充的颜色 "blue"，也就是蓝色，当然这里亦可使用类似于 "rgb(24,116,205)" 或 "#030303" 这样的颜色代码来确定颜色。通过颜色代码确定颜色的方法是通用的，而且更为具体，而使用诸如 "blue" 这样的语义来确定颜色的方式是有所局限的，这样的颜色在不同浏览器中所呈现的具体效果会有细微的差别，请读者在开发过程中选择性使用。

这里值得注意的是，填充这一动作能够成功实现的前提是路径要构成封闭图形，否则将不会有任何填充效果而仅仅是线段。所以只有两个点的路径，不能填充出任何效果。同时，这个"能够构成闭合图形"的条件也有些微妙，填充的动作之前可以不使用 closePath() 来闭合图形，也可以形成多个闭合图形再进行填充。由于闭合情况种类繁多，不便一一展开，现给出一种情况，请结合如下实例（在此会把线段的粗细进行调整，以放大显示效果），运行代码并自行观察体会，思考一下为何会出现这种情况，结果如图 6-9 所示。有兴趣的朋友，可以进一步修改代码，看看是不是自己预想的结果。

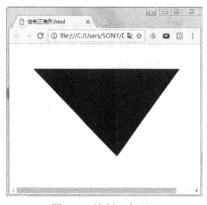

图 6-8　绘制三角形

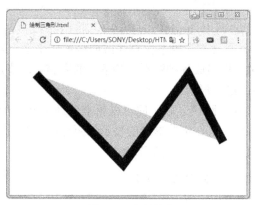

图 6-9　路径填充

文件名：路径填充.html

```
<!DOCTYPE HTML>
<html lang="en-US">
<head>
    <meta charset="UTF-8">
    <title></title>
</head>
<body>
    <canvas id="myCanvas" width="500" height="300"></canvas>
    <script>
        var canvas = document.getElementById("myCanvas");
        var context = canvas.getContext("2d");

        context.beginPath(); //开始一段路径
        context.moveTo(50,50);
        context.lineTo(250,250);
        context.lineTo(400,50);
        context.lineTo(480,200);

        context.lineWidth = 20;

        context.fillStyle = "#7CFC00"; //设置填充颜色
        context.fill(); //进行填充
        context.stroke();
    </script>
</body>
</html>
```

通过使用路径构成封闭图形的方式，可以画出各式各样的形状，也可以写成函数以便复用。在这些图形中，有一个例外，读者不用自己再去写这个函数，那就是矩形。可以通过 strokeRect() 方法绘制一个矩形框，或者使用 fillRect() 方法直接填充一个矩形框。请看如下实例，其在浏览器中的显示效果如图 6-10 所示。

文件名：矩形框.html

```html
<!DOCTYPE HTML>
<html lang="en-US">
<head>
    <meta charset="UTF-8">
    <title></title>
</head>
<body>
    <canvas id="myCanvas" width="500" height="300"></canvas>
    <script>
        var canvas = document.getElementById("myCanvas");
        var context = canvas.getContext("2d");

        context.strokeRect(10,10,150,100);   //绘制一个空心矩形框

        context.fillStyle = "#4682B4";
        context.fillRect(180,10,150,100);     //填充一个蓝色矩形
    </script>
</body>
</html>
```

通过运行这段代码，可在"画布"上绘制了一个空心矩形，并填充出了另一个蓝色矩形。使用 strokeRect()方法来绘制空心矩形，这个方法需要 4 个参数，前两个参数是矩形的左上角在屏幕二维空间内的坐标 x 和 y，用来确定这个矩形的位置，后两个参数是矩形的长度和宽度。语句"context.strokeRect(10,10,150,100);"的意思便是在屏幕上画一个长为 150 像素、宽为 100 像素，且矩形左上角顶点坐标是(10,10)的矩形。类似地，为 fillRect()方法指定这 4 个参数，在屏幕二维空间内便唯一确定了要填充的矩形（大小和位置）。如果没有明确要填充的颜色，一般浏览器填充默认颜色为黑色。另外，在改变颜色时，要考虑"填充（fill）"和"线条绘制（stroke）"的不同，使用"fillStyle"属性来改变"填充"绘制时要使用的颜色，使用"strokeStyle"来改变"线条绘制"时要使用的颜色。

4．绘制曲线

学习了如何绘制线段以及由多条线段所组成的图形后，下面来学习如何绘制曲线以及由曲线所组成的图形。首先来认识一下弧线（arc）。请看如下绘制弧线的实例，其在浏览器中的显示效果如图 6-11 所示。

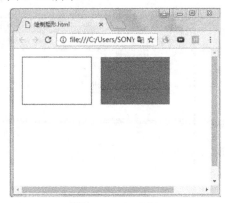

图 6-10　矩形框

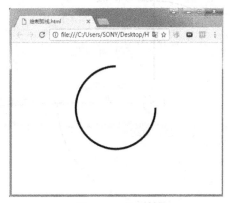

图 6-11　绘制弧线

文件名：弧线.html

```
<!DOCTYPE HTML>
<html lang="en-US">
<head>
    <meta charset="UTF-8">
    <title></title>
</head>
<body>
    <canvas id="myCanvas" width="500" height="300"></canvas>
    <script>
        var canvas = document.getElementById("myCanvas");
        var context = canvas.getContext("2d");

        context.beginPath();
        context.lineWidth = 5;
        context.arc(250,150,100,(Math.PI/180)*0,(Math.PI/180)*270,false); //绘制弧线
        context.stroke();
    </script>
</body>
</html>
```

在这段代码中使用了 arc()方法绘制了一段曲线，这个方法需要 6 个参数；结合图 6-12，可以方便读者可以更好地理解 arc()方法。弧线由一个圆上指定两点间的部分构成，arc()方法本质上就是使用这种方式，前两个参数用来确定所绘圆弧所在圆的圆心位置坐标，第三个参数用来指定这个圆的半径；接下来的 3 个参数是用来指定弧线来自哪两点间的部分，分别是开始弧度与终结弧度，以及顺逆时针方向。注意，0 rad 位于从圆心出发向 x 轴正方向延伸的方向上，开始弧度与结束弧度都相对于此定义。为了方便读者理解，将弧度值转化为了角度值。"弧线"代码绘制了一个从 0°～270°的一段圆弧，也就是从 0～3π/2。从开始到结束的方向则通过最后一个参数确定，最后一个参数代表是否为逆时针，即"true"代表逆时针方向，"false"代表顺时针方向。

在掌握如何画弧度后，也就掌握了如何绘制圆形、扇形。在这里不详细展开，请读者自行编写代码进行尝试。

5．绘制文本

除了绘制图形之外，可能还需要书写文字来表达更多的含义。这时，不需要每一个字都通过路径来绘制出来。Canvas 画布支持文本的绘制，并且还可以改变文本的位置、字体、样式、大小等。下面的实例绘制了简单的文本，其在浏览器中的显示效果如图 6-13 所示。

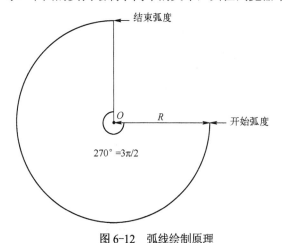

图 6-12　弧线绘制原理

图 6-13　绘制文本

文件名：文本绘制.html

```
<!DOCTYPE HTML>
<html lang="en-US">
<head>
    <meta charset="UTF-8">
    <title></title>
</head>
<body>
    <canvas id="myCanvas" width="500" height="300"></canvas>
    <script>
        var canvas = document.getElementById("myCanvas");
        var context = canvas.getContext("2d");

        context.font = "Bold 40px KaiTi";          //使用中文楷体
        context.fillStyle = "#4682B4";             //将字体颜色设置为蓝色
        context.fillText("你好，世界！",20,50);      //填充文本

        //context.textAlign = "left";

        context.font = "Bold 40px Helvetica";      //使用字体 Helvetica
        context.strokeStyle = "#CC0000";           //将线条绘制颜色设置为红色
        context.strokeText("Hello World!",20,100); //线条绘制文本
    </script>
</body>
</html>
```

以上代码分别绘制了"你好，世界！"文本与"Hello World!"文本，分别采用"填充"方式 fillText()，以及"线条绘制"方式 strokeText()。这两个方法的参数使用一致，第一个参数是所要绘制的文本内容，后两个参数是这个文本所在的二维空间横纵坐标。注意，中间有一行注释的代码，"context.textAlign = "left";"的作用是指定文本的对齐方式，是左对齐还是右对齐，反映到文本绘制上就是，fillText()和 strokeText()方法中的坐标表示什么。默认情况为"left"左对齐，即后两个参数所表示的横纵坐标指定文本左下角的位置。若需要采用另一种方式描述，即需要将注释中代码的对齐属性改为"right"右对齐，坐标参数指定的即是文本右下角的位置。另外，在绘制文本之前，可以先通过 font 属性来确定文本字体的相关特征。这里的 font 属性类似于 CSS 中的字体风格设定。在实际应用中，对于字体的设置，还应基于跨平台的考虑，请开发者尽量使用各种操作系统常用的字体库。对于字体设置的细节，请读者自行搜索 CSS 的 font 用法或者网络安全字体（web safe font）相关信息。

6.1.4　图像处理

1．绘制图像

在很多应用场景中，开发人员需要在画布上添加已经存在的图片资源，如用户的头像、游戏的道具、应用的背景等。这时，需要使用 Canvas 画布中绘制图像的相关技术。接下来的实例介绍了如何在 Canvas 画布中绘制图像，其在浏览器中的显示效果如图 6-14 所示。

图 6-14　绘制图像

文件名：绘制图像.html

```html
<!DOCTYPE HTML>
<html lang="en-US">
<head>
    <meta charset="UTF-8">
    <title></title>
</head>
<body>
    <canvas id="myCanvas" width="500" height="300"></canvas>
    <script>
        var canvas = document.getElementById("myCanvas");
        var context = canvas.getContext("2d");

        var img = new Image(); //声明一个 Image 对象

        img.onload = function(){        //使用 onload 事件
            context.drawImage(img,0,0);
        };
        img.src = "dog.jpg";        //通过 url 加载图片资源
    </script>
</body>
</html>
```

以上代码实现了在画布中添加一张现有图片的功能。首先，初始化一个 Image 对象，并用变量"img"来指代这个对象。Image 对象里封装了绘制一个图像所必须的一些属性和方法。"img.src"用来指定所要使用的图片资源，这里使用统一资源定位符来指明图片资源的位置，以供浏览器选取。"context.drawImage(img,0,0);"这条语句进行绘制动作，其中调用了 drawImage() 的绘图方法，第一个参数是要添加的图片对象，即最开始声明并指定了图片资源的"img"变量；之后的两个参数用来确定图片在画布上的相对位置，这两个参数指图片左上角在画布二维空间内的坐标位置。在"绘制图像"例子中，图片的左上角位于(0,0)即画布的左上角。当图片的尺寸大于画布时，图片在画布上只显示出部分图像，并且图片比例不会有任何变化。

相信很多读者对于<script>中的这段代码有些疑问，为什么不能按照如下代码来书写，即先确定资源再进行图像的绘制。

```html
<script>
    var canvas = document.getElementById("myCanvas");
    var context = canvas.getContext("2d");

    var img = new Image();
    img.src = "dog.jpg";
    context.drawImage(img,0,0);
</script>
```

如果按照以上代码来写的话，浏览器并不能加载出图片。这是因为图片的加载需要时间，直接这样书写，不能保证 drawImage()在图片加载之后执行，大多数情况下图片还未加载出来，就已经执行到了 drawImage()，而此时的 Image 对象并未完全定义。为了避免这样的情况，需要像第一段代码那样使用 onload 事件，在页面加载完所有内容后（包括图像、脚本文件、CSS 文件等），执行 onload 事件处理函数。在本例中先调用 drawImage()方法，这样所要添加的图像资源才能够正常地在画布上绘制。

2. 图像缩放与裁剪

在绘制图像时，一般不会将一张图片按照原尺寸直接显示在某个网页上，因为这样会使一些较为清晰的图片占据页面过大的空间，所以需要对所绘制的图像进行缩放或裁剪，依然使用 drawImage()方法，不同的是参数的个数有所改变。下面的实例实现了图片的缩放，其在浏览器中的显示效果如图 6-15 所示。

文件名：图像的缩放.html

```
<!DOCTYPE HTML>
<html lang="en-US">
<head>
    <meta charset="UTF-8">
    <title></title>
</head>
<body>
    <canvas id="myCanvas" width="500" height="300"></canvas>
    <script>
        var canvas = document.getElementById("myCanvas");
        var context = canvas.getContext("2d");

        var img = new Image(); //声明一个 Image 对象

        img.onload = function(){        //使用 onload 事件
            context.drawImage(img,0,0,100,400);
    //参数：图像对象，图像 x 坐标，图像 y 坐标，图像宽度，图像高度
        };
        img.src = "dog.jpg";        //通过 url 加载图片资源
    </script>
</body>
</html>
```

这样便绘制了一张宽度为 100 像素、高度为 400 像素的图像，由于长宽比与原图片不一致，导致所绘制图像相比于原图好像拉长了。在接下来的实例中，继续改变 drawImage()方法的参数设置，来实现图像裁剪的效果。该实例在浏览器中的显示效果如图 6-16 所示。

图 6-15　图像的缩放　　　　　　　　图 6-16　　图像的裁剪

文件名：图像的裁剪.html

```
<!DOCTYPE HTML>
<html lang="en-US">
<head>
    <meta charset="UTF-8">
    <title></title>
</head>
<body>
    <canvas id="myCanvas" width="500" height="300"></canvas>
    <script>
        var canvas = document.getElementById("myCanvas");
        var context = canvas.getContext("2d");

        var img = new Image(); //声明一个 Image 对象

        img.onload = function(){        //使用 onload 事件
            context.drawImage(img,25,30,183,200,0,0,183,200);
        //参数：图像对象，裁剪开始 x 坐标，裁剪开始 y 坐标，裁剪宽度，裁剪高度，图像 x 坐标，
图像 y 坐标，图像宽度，图像高度
        };
        img.src = "dog.jpg";        //通过 url 加载图片资源
    </script>
</body>
</html>
```

图像裁剪时使用的 drawImage()方法的参数设置与之前有较大区别，即在之前的基础上又多出 4 个参数。裁剪的过程，简单来说，就是先从原图片上选择一个起始坐标作为裁剪区域的左上角，再通过宽度和高度来确定裁剪区域，然后确定新图像在画布上的坐标和宽高。这样就不难理解裁剪方法的参数组成了，第一个参数为原图像对象，之后 4 个参数用来确定裁剪区域，分别是裁剪开始的 x 坐标与 y 坐标，以及裁剪区域的宽度与高度；再之后的 4 个参数则是用来描述裁剪出来的新图像在画布上的表现，分别是新图像的 x 坐标与 y 坐标，以及新图像的宽度与高度。通过上述代码，即为图片中的狗狗裁剪出来了一个"证件照"。

3. 像素处理

像素（pixel）是屏幕上由数字序列表示的图像中的最小单位。可能很多人都试图放大过图像，在不断放大图像的过程中，放大到一定程度就会发现图片并不能无限放大；当大到一定程度后，图片就会明显失真，并且在边缘处出现参差不齐的色块，这一个个小的色块就是一个基本的像素点，长宽均为一像素。在屏幕上见到的所有图像都是由一个个像这样的单一颜色的像素点组成的。HTML 5 Canvas 支持像素操作，可是出于安全考虑，像素操作只能在服务器环境下执行，截至目前 Canvas 画布不支持在本地的 HTML 文件内调用相关方法。

现实生活中，在使用相机时可以添加各式各样的滤镜效果，使拍出的照片不单单是眼前所见之景的复制，而是加以不同的特殊效果，其背后运用的就是对图像的像素点颜色进行某种算法。下面以灰度效果和反转效果为例进行介绍，有兴趣的读者可以在互联网上搜索更高级的算法，为图像添加更丰富的效果。

首先来看灰度效果实例，即是将彩色图片变为黑白图片。为了达到这个效果，代码中将添加按钮以及单击事件来触发像素操作的相关函数，该实例在浏览器中的显示效果如图 6-17所示。

文件名：灰度效果.html

```
<!DOCTYPE HTML>
<html lang="en-US">
<head>
    <meta charset="UTF-8">
    <title></title>
</head>
<body>
    <canvas id="myCanvas" width="500" height="300"></canvas>
    <br />
    <input type="button" value="grayscale" id="grayscale"/>
<script>
    var img = new Image();          //声明一个 Image 对象
    img.src = "dog.jpg";            //通过 url 加载图片资源
    img.onload = function(){        //使用 onload 事件
        draw(this);
    };
    function draw(img){
        var canvas = document.getElementById("myCanvas");
        var context = canvas.getContext("2d");
        context.drawImage(img,0,0);
        img.style.display = 'none';
        var imageData = context.getImageData(0,0,img.width,img.height);
        var data = imageData.data;
        var grayscale = function() {
        for (var i = 0; i < data.length; i += 4) {
            var avg = (data[i] + data[i + 1] + data[i + 2]) / 3;
            data[i]     = avg; // red
            data[i + 1] = avg; // green
            data[i + 2] = avg; // blue
        }
        context.putImageData(imageData, 0, 0);
        };

        var grayscalebtn = document.getElementById('grayscale');
        grayscalebtn.addEventListener('click',grayscale);
    }
</script>
</body>
</html>
```

  上述实例在 HTML 页面中添加了一个按钮，并通过按钮触发了一个已定义的灰度效果函数。像素操作的基础是能够访问到 Canvas 中的像素点，可通过 getImageData() 方法来选取并访问到所要进行操作的像素点对象。其中 4 个参数分别是选取像素处理区域的开始点的 x 坐标和 y 坐标，以及选取的宽度和长度。有了这些像素点对象后，再通过其属性访问像素点背后的数据。代码中定义了一个 data 变量，并指向了像素点对象的 data 子对象，data 子对象由一段序列组成描述了选取部分图像的像素构成，每 4 个为一组，定义了每个像素的 R、G、B 以及 alpha 通道。接下来便是灰度函数 grayscale()。所谓灰度效果处理就是将 R、G、B 三个值求平均，不操作 alpha 值，在 for 循环中便是这样进行的处理。最后，将操作完成的对象通过 putImageData() 传回给原画布，putImageData() 内的 3 个参数便是要传入的图像对象，以及所传入图像的左上角在画布中的初始坐标位置。在服务器环境下运行之后，单击页面中的按钮触发函数，画布上的图像便会产生相应的效果。

下面介绍另一个像素操作——反转操作。该操作的代码写法与灰度操作代码整体相似，所不同的是具体对像素点的运算方式。反转效果通过取每个像素点 R、G、B 的反（255-原值）来实现相应效果。下面的这个实例实现了图像的反转效果，其在浏览器中的显示效果如图 6-18 所示。

图 6-17　灰度效果

图 6-18　反转效果

文件名：反转效果.html

```html
<!DOCTYPE HTML>
<html lang="en-US">
<head>
    <meta charset="UTF-8">
    <title></title>
</head>
<body>
    <canvas id="myCanvas" width="500" height="300"></canvas>
    <br />
    <input type="button" value="reverse" id="reverse"/>
    <script>
        var img = new Image();          //声明一个 Image 对象
        img.src = "dog.jpg";            //通过 url 加载图片资源
        img.onload = function(){        //使用 onload 事件
            draw(this);
        };
        function draw(img){
            var canvas = document.getElementById("myCanvas");
            var context = canvas.getContext("2d");
            context.drawImage(img,0,0);
            img.style.display = 'none';
            var imageData = context.getImageData(0,0,img.width,img.height);
            var data = imageData.data;
            var reverse = function() {
            for (var i = 0; i < data.length; i += 4) {
                data[i]     = 255 - data[i]; // red
                data[i + 1] = 255 - data[i+1]; // green
                data[i + 2] = 255 - data[i+2]; // blue
            }
            context.putImageData(imageData, 0, 0);
        };
```

```
                    var reversebtn = document.getElementById('reverse');
                    reversebtn.addEventListener('click',reverse);
                }
            </script>
        </body>
    </html>
```

单击按钮后，浏览器便会将画布上已选取的部分像素做取反处理，该效果类似于胶卷上的底片效果。

4. 阴影

阴影效果是图形相关应用中最为常用的效果之一，在实体的旁边添加一个模糊的影子常常能给观察者带来视觉上的立体感，仿佛图形飘浮于平面之上。带有阴影的图形，可以使图形更加富有表现力，更为立体。下面来学习如何为图形添加阴影。

下面的实例实现了为一个矩形图形添加阴影，其在浏览器中的显示效果如图 6-19 所示。

文件名：为图形添加阴影.html

```
<!DOCTYPE HTML>
<html lang="en-US">
<head>
    <meta charset="UTF-8">
    <title></title>
</head>
<body>
    <canvas id="myCanvas" width="500" height="300"></canvas>
    <script>
        var canvas = document.getElementById("myCanvas");
        var context = canvas.getContext("2d");

        context.rect(40,40,100,100);
        context.fillStyle = "#00688B";

        context.shadowColor = "#121212";        //设置阴影颜色
        context.shadowBlur = 20;                //设置阴影的模糊程度
        context.shadowOffsetX = 15;             //设置阴影的 x 方向偏移量
        context.shadowOffsetY = 15;             //设置阴影的 y 方向偏移量

        context.fill();
    </script>
</body>
</html>
```

默认情况下，在画布上绘制的图形不具有阴影效果。在添加阴影时，需要为阴影确定的属性分别是 shadowColor 阴影的颜色、shadowBlur 阴影的模糊程度以及阴影在 x 轴和 y 轴上的偏移量 shadowOffsetX 和 shadowOffsetY。在确定了这些属性后，方可正确添加阴影。读者可以通过调整这些属性的值来体会 Canvas 构造阴影的过程。所谓阴影，从现实生活角度去理解，就是来自某一方向上的光照到一个物体上，物体会遮挡一部分的光，并在光照方向上留下一个相对模糊的影子。Canvas 也是在模仿这一过程。通过上述实例，可以看出 Canvas 画布所绘制的阴影其实就是偏离原图形的一个模糊的副本，因此在绘制阴影前需要确定以上的这些属性。

当然，在设置了阴影后，不仅仅是图形会出现阴影，在画布上绘制的文字、图片都会带有相应的阴影效果。下面的实例展示了文字的阴影效果，其在浏览器中的显示效果如图 6-20 所示。

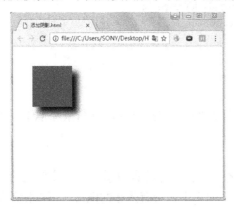

图 6-19　为图形添加阴影

图 6-20　为文字添加阴影

文件名：为文字添加阴影.html

```
<!DOCTYPE HTML>
<html lang="en-US">
<head>
    <meta charset="UTF-8">
    <title></title>
</head>
<body>
    <canvas id="myCanvas" width="500" height="300"></canvas>
    <script>
        var canvas = document.getElementById("myCanvas");
        var context = canvas.getContext("2d");

        context.font = "Bold 30px Arial";

        context.fillStyle = "#00688B";
        context.shadowColor = "#121212";
        context.shadowBlur = 15;
        context.shadowOffsetX = 15;
        context.shadowOffsetY = 15;
        context.fillText("大海啊都是水",30,50);

        context.fillStyle = "#FAFAFA";        //将填充颜色变为白色
        context.shadowColor = "#191970";
        context.shadowBlur = 20;
        context.shadowOffsetX = 0;
        context.shadowOffsetY = 0;
        context.fillText("骏马啊四条腿",30,200);
    </script>
</body>
</html>
```

5. 填充

在之前讲解图形的绘制时，就已通过填充闭合图形认识了 fillStyle 这个属性。当时将这个属性设置为一个特定的颜色代码，然后便可以将指定的颜色填充到闭合图形内。除了填充纯颜色或带有透明度的颜色之外，Canvas 画布也支持填充图案和渐变效果。

（1）填充图案

填充图案有着很多的应用场景，例如，要给某个区域添加一张木质图案，使其拥有木质的纹理；绘制墙纸时，使一张图案反复出现构成了一张墙纸；想让某些图案反复出现。下面就以重复出现为实例进行讲解，其在浏览器中的显示效果如图 6-21 所示。

文件名：填充图案.html

```
<!DOCTYPE HTML>
<html lang="en-US">
<head>
        <meta charset="UTF-8">
        <title></title>
</head>
<body>
        <canvas id="myCanvas" width="500" height="300"></canvas>
        <script>
            var canvas = document.getElementById("myCanvas");
            var context = canvas.getContext("2d");

            var img = new Image(); //声明一个 Image 对象
            img.src = "doge.jpg";   //通过 url 加载图片资源

            img.onload = function(){      //使用 onload 事件
                var pattern = context.createPattern(img,"repeat");      //创建一个图案
                context.fillStyle = pattern;      //将填充样式指定为我们的图案
                context.rect(0,0,canvas.width,canvas.height);      //绘制一个画布大小的矩形
                context.fill();
            };
        </script>
</body>
</html>
```

在这个实例中，先通过 img 变量加载一个本地的图片资源，使用 onload 事件在图片加载后进行下一步的操作。然后，在 onload 事件内创建图案，其中使用 createPattern()方法创建图案，该方法需要传入两个参数，第一个参数是图片对象，第二个参数是指定的重复方式，实例中选择的是"repeat"，即全方向平铺。除此之外，还可以通过传入"repeat-x""repeat-y"或"no-repeat"来指定是只在 X 方向重复或只在 Y 方向上重复，还是不重复（仅仅作为图片填充进去）。最后绘制一个与画布等大的矩形作为填充区域并填充图案。注意，所填充图案的尺寸选择，当需要重复效果时，所填充的图形大小一般应为较小的图片，并且需要将 createPattern()传入的重复方式参数设置为"repeat"相关设定，从而可以实现图案的重复出现。而当仅仅想填充一个图片进入指定区域时，则需要选择合适的图片尺寸并向 createPattern()传入"no-repeat"，或者仅仅是像之前绘制图像那样进行绘制。

（2）填充渐变

填充渐变（gradient）的过程与填充图案的过程十分相似，都是需要先通过 Canvas 的方法构造所要填充的样式，并将 fillStyle 属性设置为自定义的样式，然后进行填充。所谓渐变颜色，即是从一种颜色沿某个方向过渡到另一种颜色。Canvas 画布支持两种渐变模式，一种是线性渐变（linear gradient），另一种是径向渐变（radial gradient）。

下面通过一个实例来认识一下线性渐变，其在浏览器中的显示效果如图 6-22 所示。

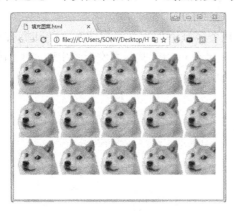 

图 6-21　填充图案　　　　　　　　　　　　图 6-22　绘制线性渐变

文件名：绘制线性渐变.html

```
<!DOCTYPE HTML>
<html lang="en-US">
<head>
        <meta charset="UTF-8">
        <title></title>
</head>
<body>
        <canvas id="myCanvas" width="500" height="300"></canvas>
        <script>
                var canvas = document.getElementById("myCanvas");
                var context = canvas.getContext("2d");

                var gradient = context.createLinearGradient(0,0,200,0);        //创建线性渐变

                gradient.addColorStop(0,"blue");              //指定渐变颜色
                gradient.addColorStop(1,"white");

                context.fillStyle = gradient;                    //将填充样式设置为所创建的渐变色
                context.rect(0,0,200,200);
                context.fill();
        </script>
</body>
</html>
```

在上面的实例中，给一个宽为 200 像素的正方形填充了渐变色。首先通过 Canvas 的 createLinearGradient()方法创建渐变色对象，并向这个方法传入了 4 个参数，作为渐变颜色的开始坐标和结束坐标，用来指明渐变的方向和范围。其中这两个坐标可以形象地理解为在一个崭新的画布上确定渐变色的开始坐标和结束坐标，以此确定纯颜色从哪里开始逐渐发生变化到哪里终止变成另外一种纯颜色。当在画布上的闭合路径内填充某一颜色时，需要根据闭合路径的相对位置，来确定闭合路径内到底应该是哪种颜色，如图 6-23 所示，闭合路径的具体坐标位置决定了其所填充的渐变颜色是哪一部分。

在创建渐变颜色后，还需指定具体的渐变颜色以及怎样渐变。通过渐变色对象的 addColorStop()方法来指定具体的渐变颜色和渐变方式。addColorStop()的第一个参数用来指定颜色在渐变区域

154

内的渐变范围，其取值为 0～1，用来表示渐变颜色的构成范围。该方法的第二个参数用来指定具体的颜色，实例中使用的是常用颜色的字符串表示，当然也可以用颜色代码来表示。addColorStop()是可以调用多次的，可以用来实现多颜色渐变，参考如下实例来进一步理解渐变色对象的 addColorStop()方法中的第一个参数的意义。该实例在浏览器中的显示效果如图 6-24 所示。

图 6-23　闭合路径内的渐变色填充　　　　　图 6-24　添加多种颜色渐变

文件名：添加多种颜色渐变.html

```
<!DOCTYPE HTML>
<html lang="en-US">
<head>
        <meta charset="UTF-8">
        <title></title>
</head>
<body>
        <canvas id="myCanvas" width="500" height="300"></canvas>
        <script>
            var canvas = document.getElementById("myCanvas");
            var context = canvas.getContext("2d");

            var gradient = context.createLinearGradient(0,0,200,0);

            gradient.addColorStop(0,"blue");
            gradient.addColorStop(0.25,"green");
            gradient.addColorStop(0.5,"gray");
            gradient.addColorStop(0.75,"red");
            gradient.addColorStop(1,"white");

            context.fillStyle = gradient;
            context.rect(0,0,200,200);
            context.fill();
        </script>
</body>
</html>
```

　　下面重点关注渐变色对象的 addColorStop()方法被多次调用时的第一个参数，这个参数指定的是各颜色的开始所在的分位点，以 0～1 的小数来指定各分位点的位置。上述实例中多次调用 addColorStop()方法的意义可以借助下面的线段图，如图 6-25 所示。

blue	green	gray	red	white
0	0.25	0.5	0.75	1

图 6-25　添加多种渐变色的分位点参数

除了线性渐变方式，Canvas 也支持径向渐变。径向渐变的构成是由一个圆向另一个圆的渐变。由于渐变方式直观上来说是由内向外的或由外向内的，所以也可以称作放射性渐变。下面的实例展示了径向渐变的基本使用，其在浏览器中的显示效果如图 6-26 所示。

文件名：添加径向渐变.html

```
<!DOCTYPE HTML>
<html lang="en-US">
<head>
        <meta charset="UTF-8">
        <title></title>
</head>
<body>
        <canvas id="myCanvas" width="500" height="300"></canvas>
        <script>
                var canvas = document.getElementById("myCanvas");
                var context = canvas.getContext("2d");

                var gradient = context.createRadialGradient(100,100,10,100,100,60);

                gradient.addColorStop(0,"white");
                gradient.addColorStop(1,"black");

                context.fillStyle = gradient;
                context.rect(0,0,200,200);
                context.fill();
        </script>
</body>
</html>
```

在添加径向渐变时，与添加线性渐变相似，需先创建一个渐变色对象，与之不同的是径向渐变使用的方法是 createRadialGradient()。该方法需要 6 个参数，每 3 个一组，分别用来确定开始渐变的圆和结束渐变的圆。前 3 个参数为开始渐变圆的圆心 x 坐标与 y 坐标，以及圆的半径。后 3 个参数则为外圆的相应数据。然后同添加线性渐变的方法一样，调用 addColorStop() 来指定渐变的颜色。注意，createRadialGradient()方法的 6 个参数用来确定开始渐变圆和结束渐变圆。尽管可以随意指定圆的位置和大小，但为了正确地绘制径向渐变颜色不出现颜色空白，应尽量保证两个圆中的一个在另一个圆内，尽量不相切或相交。否则，就会出现如图 6-27 所示的现象。下面的实例中虽然指定了黄色与黑色，但是出现了一部分空白。

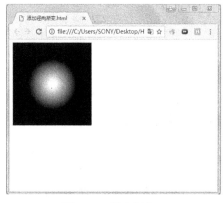

图 6-26　径向渐变

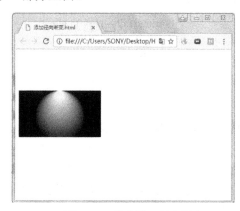

图 6-27　特殊情况径向渐变

文件名：径向渐变的特殊情况.html

```
<!DOCTYPE HTML>
<html lang="en-US">
<head>
        <meta charset="UTF-8">
        <title></title>
</head>
<body>
        <canvas id="myCanvas" width="500" height="300"></canvas>
        <script>
            var canvas = document.getElementById("myCanvas");
            var context = canvas.getContext("2d");

            var gradient = context.createRadialGradient(100,100,10,100,150,60);

            gradient.addColorStop(0,"yellow");
            gradient.addColorStop(1,"black");

            context.fillStyle = gradient;
            context.rect(0,0,200,200);
            context.fill();
        </script>
</body>
</html>
```

实例中两圆的关系如图 6-28 所示。

6. 透明度

透明度的设置能够弱化图形的遮挡关系，从完全看不见到能够
看见下方的图形，甚至是上方图形的完全消失都可以通过设置透明
度来实现。另外，很多网站为了使用户获得更为舒适的视觉体验，
也常常采用带有一定透明度的颜色，使网站配色更加柔和不突兀。
接下来学习如何设置颜色的透明度。下面的实例展现了两个等大且
填充为深紫色的圆形，一个没有透明度设置，另一个有透明度设置，其在浏览器中的显示效
果如图 6-29 所示。

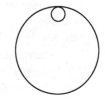

图 6-28　径向渐变特殊圆相切

文件名：透明度.html

```
<!DOCTYPE HTML>
<html lang="en-US">
<head>
        <meta charset="UTF-8">
        <title></title>
</head>
<body>
        <canvas id="myCanvas" width="500" height="300"></canvas>
        <script>
            var canvas = document.getElementById("myCanvas");
            var context = canvas.getContext("2d");

            context.arc(100,100,50,0,2*Math.PI);
```

```
                context.fillStyle = "rgb(32,18,77)";          //将颜色设置为深紫色，无透明参数
                context.fill();

                context.beginPath();
                context.arc(250,100,50,0,2*Math.PI);
                context.fillStyle = "rgba(32,18,77,0.5)";    //同样的颜色，增加透明参数
                context.fill();
            </script>
        </body>
    </html>
```

注意，在改变填充颜色时，相比于普通的"rgb(32,18,77)"，第二个圆使用了不同的颜色设置方式"rgba(32,18,77,0.5)"。其中，带有透明度的颜色设置方式"rgba"组合中，除了前 3 个参数代表红（red）、绿（green）、蓝（blue）外，多了一个参数"a（alpha）"。参数"a"用来表示透明的程度，取值范围为 0～1，0 代表完全透明乃至没有颜色，1 代表完全不透明。在不设置透明度的情况下，颜色的设置默认为完全不透明。这就解释了第一个圆相比于第二个圆颜色更深的原因。当然，对于颜色透明度也可以单独设置，并使用 16 进制颜色代码。下面的实例的运行效果与"透明度"实例相同，但设置方式不同。

文件名：透明度单独设置.html

```
    <!DOCTYPE HTML>
    <html lang="en-US">
    <head>
        <meta charset="UTF-8">
        <title></title>
    </head>
    <body>
        <canvas id="myCanvas" width="500" height="300"></canvas>
        <script>
            var canvas = document.getElementById("myCanvas");
            var context = canvas.getContext("2d");

            context.arc(100,100,50,0,2*Math.PI);
            context.fillStyle = "#20124d";          //将颜色设置为深紫色，无透明参数设置
            context.fill();

            context.beginPath();
            context.arc(250,100,50,0,2*Math.PI);
            context.fillStyle = "#20124d";          //同样的颜色
            context.globalAlpha = 0.5;
            context.fill();
        </script>
    </body>
    </html>
```

在图形相互交叠出现组合图形时，设置过透明度的颜色在重叠区域与重叠部分图形颜色共同作用会形成新的颜色。下面的实例展示了 3 个填充为带有透明度颜色的圆形，其在浏览器中的运行效果如图 6-30 所示。请读者观察体会重叠区域与其他部分的颜色对比。

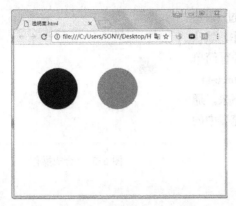

图 6-29 透明度

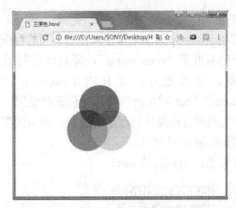

图 6-30 带有透明度颜色交叠

文件名：带有透明度颜色交叠.html

```
<!DOCTYPE HTML>
<html lang="en-US">
<head>
    <meta charset="UTF-8">
    <title></title>
</head>
<body>
    <canvas id="myCanvas" width="500" height="300"></canvas>
    <script>
        var canvas = document.getElementById("myCanvas");
        var context = canvas.getContext("2d");

        context.arc(170,200,50,0,2*Math.PI);
        context.fillStyle = "rgba(255,0,0,0.6)";
        context.fill();

        context.beginPath();
        context.arc(230,200,50,0,2*Math.PI);
        context.fillStyle = "rgba(0,255,0,0.6)";
        context.fill();

        context.beginPath();
        context.arc(200,140,50,0,2*Math.PI);
        context.fillStyle = "rgba(0,0,255,0.6)";
        context.fill();
    </script>
</body>
</html>
```

7. 合成操作

在绘制多个图形时，会遇到图形交叠的情况。大多数情况下，希望新绘制的图形覆盖到已有的图形上，遮挡住相互重叠的一部分，同时对于已有的图形，未遮挡的部分不受影响。这个过程与现实中在画布上粘贴图案的过程类似，Canvas 的默认情况也是如此。但是，Canvas 同时也支持更为复杂的合成方式，以满足更加具体的需求。

在使用 Canvas 绘制图形时，可以通过设置
globalCompositeOperation 属性来使用不同的合成操作。默认
情况下的属性是"source-over"，即对已有的图形进行简单
的遮盖。除此之外，还有"source-atop""source-in"
"source-out""xor""copy"等，可供选择设置。接下来，通
过一个实例对合成操作进行基本讲解，该实例在浏览器中的
显示效果如图 6-31 所示。

文件名：合成操作.html

图 6-31　合成操作

```html
<!DOCTYPE HTML>
<html lang="en-US">
<head>
    <meta charset="UTF-8">
    <title></title>
</head>
<body>
    <canvas id="myCanvas" width="500" height="300"></canvas>
    <script>
        var canvas = document.getElementById("myCanvas");
        var context = canvas.getContext("2d");

        context.globalCompositeOperation="destination-over";
        context.fillStyle="#FFEC8B";
        context.fillRect(30,20,50,50); //先绘制的图形
        context.fillStyle="#8B0A50";
        context.fillRect(60,50,50,50); //后绘制的图形
    </script>
</body>
</html>
```

通过改变 globalCompositeOperation 属性，重新定义了新绘制图形与后绘制图形的交叠关
系，上述实例则是将图形合成规则变为新图形绘制到旧图形的下方。当读者注释掉这行代码重新
运行就会更明显地发现其与默认合成方式的区别。除此之外，Canvas 画布还支持其他的合成方
式，下面即是不同合成方式的效果图，如图 6-32～图 6-42 所示，具体意义与使用请读者自行搜
索网络进行学习。

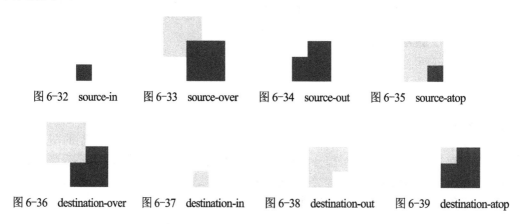

图 6-32　source-in　　图 6-33　source-over　　图 6-34　source-out　　图 6-35　source-atop

图 6-36　destination-over　　图 6-37　destination-in　　图 6-38　destination-out　　图 6-39　destination-atop

图 6-40 lighter   图 6-41 copy   图 6-42 xor

8. 裁剪

下面来认识一个合成操作的特殊情况——裁剪（clip）。这个方法的主要作用是在一个已有的图形或图像上，通过绘制闭合路径，保留路径内部的内容并将其余部分变为透明。这个过程类似于将 globalCompositeOperation 属性设置为"destination-in"，即在旧图形的基础上绘制图形，并只显示旧图形与新图形重叠的旧图形部分。这么说，可能有些抽象，难以理解。以剪照片为例，裁剪的过程就像是从一张照片上，裁剪下来自己想要的部分，裁剪的过程即是用剪刀在照片上"绘制路径"并裁剪下来。下面通过一个简单的例子和一个更为具体的实例来进行讲解。

先看一个裁剪过程的简单实例，其在浏览器中的显示效果如图 6-43 所示。

文件名：裁剪简单实例.html

```
<!DOCTYPE HTML>
<html lang="en-US">
<head>
        <meta charset="UTF-8">
        <title></title>
</head>
<body>
        <canvas id="myCanvas" width="500" height="300"></canvas>
        <script>
                var canvas = document.getElementById("myCanvas");
                var context = canvas.getContext("2d");

                context.beginPath();                    //绘制裁剪路径
                context.moveTo(40,40);
                context.lineTo(40,160);
                context.lineTo(250,160);
                context.closePath();                    //闭合路径
                context.stroke();
                context.clip();                         //裁剪

                context.fillStyle = "#FFD39B";          //绘制一个浅色矩形
                context.fillRect(0,0,400,400);
        </script>
</body>
</html>
```

在这个实例中，首先在画布上绘制了一个所要裁剪的闭合路径，这部分即，作为画布上的可见部分。然后，在画布上绘制一个边长为 400 像素的浅色正方形。通过观察运行效果，可以看出上述裁剪过程实际上是在浅色正方形的基础上划定一块直角三角形区域来进行选择性显示，其余不在闭合路径内的图形变为了透明。

裁剪的灵活之处在于其路径的灵活，可以绘制任何想要保留的闭合路径。在下面的实例中将使用裁剪方法制作一个圆形大头贴，该实例在浏览器中的显示效果如图 6-44 所示。

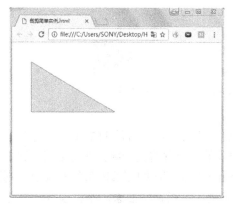
图 6-43 裁剪简单实例

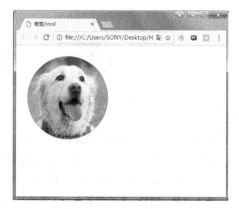
图 6-44 裁剪大头贴

文件名：裁剪.html

```html
<!DOCTYPE HTML>
<html lang="en-US">
<head>
    <meta charset="UTF-8">
    <title></title>
</head>
<body>
    <canvas id="myCanvas" width="500" height="300"></canvas>
    <script>
        var canvas = document.getElementById("myCanvas");
        var context = canvas.getContext("2d");

        context.beginPath();
        context.arc(120,120,100,(Math.PI/180)*0,(Math.PI/180)*360,false);
        context.stroke();
        context.clip();

        var img = new Image();          //声明一个 Image 对象
        img.onload = function(){        //使用 onload 事件
            context.drawImage(img,0,0);
        };
        img.src = "dog.jpg";            //通过 url 加载图片资源
    </script>
</body>
</html>
```

在上面的实例中，首先使用绘制弧线的方法绘制了一个圆形作为所要裁剪的区域，然后加载出图片，这样一个常见的大头贴就做好了。注意，在使用裁剪方法时，应该先确定裁剪路线，再绘制图形或图像，否则并不能产生相应的效果。可能有读者会尝试将大头贴这个实例代码中的绘制路径裁剪部分代码放到图片加载代码的后面，即"先画图后裁剪"，发现也能正常显示。这是因为 onload 事件的存在，尽管看上去是先完成了图像的绘制，后进行裁剪。实则不然，代码中的 onload 事件在页面图片资源加载后执行，即绘制图像最后进行。图像的加载不同于图形的绘制，它需要从硬盘空间获取图片，这一过程要比直接通过代码绘制要慢得多，所以需要使用 onload 事件。当加载完页面所有资源后再进行图像绘制，否则代码将迅速逐行执行，执行到通过变量获取图片时，图片并没有加载进来，造成图片绘制失败。

9．坐标变换

坐标变换是 Canvas 动画中最为常用的技巧之一，其主要目的是将绘图工作简单化。例如，当重复画一个物体时，物体是相同的物体，但位置会不一样。这时，如果没有类似坐标变化的平移方法的话，只能通过调用相同函数并改变 x、y 坐标参数来实现位置的不同。而移动坐标系则大大简化了工作，只需改变坐标系位置就可以实现画布上某一物体的平移、旋转及缩放，免去了对物体坐标的很多更为复杂的计算。坐标的具体变换方式有以下几种：平移（translating）、旋转（rotating）、缩放（scaling）以及变形（transform）。

（1）平移

在屏幕二维空间内，默认初始的坐标位置在页面画布标签的左上角。当进行坐标的平移变换时，相当于将坐标系的原点进行 X 轴方向和 Y 轴方向的平移，并保持原 X 轴与 Y 轴方向不变。如图 6-45 所示，经过 X 轴正方向 x 像素的平移和 Y 轴正方向 y 像素的平移，原 X-O-Y 坐标系移动到了 X'-O'-Y'坐标系。

相应地，对于同一个函数构造出来的图像，尽管传入的参数没有变，但由于坐标系的改变，图像发生了相对移动。如下面的实例，使用传入相同参数的同一方法构造了 3 个矩形，经过坐标变换后，矩形的位置发生了改变。为了便于观察，将 3 个矩形填充不同的颜色。该实例在浏览器中的显示效果如图 6-46 所示。

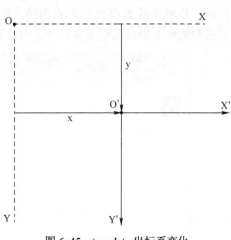

图 6-45　translate 坐标系变化

文件名：坐标变换之 translate.html

```
<!DOCTYPE HTML>
<html lang="en-US">
<head>
    <meta charset="UTF-8">
    <title></title>
</head>
<body>
    <canvas id="myCanvas" width="500" height="300"></canvas>
    <script>
        var canvas = document.getElementById("myCanvas");
        var context = canvas.getContext("2d");

        context.fillRect(10,10,50,50);        //第一个矩形，填充为默认黑色
        context.translate(50,50);

        context.fillStyle = "#FFAEB9";        //改变颜色填充
        context.fillRect(10,10,50,50);        //第二个矩形
        context.translate(50,50);

        context.fillStyle = "#F0F0F0";        //再次改变颜色填充
        context.fillRect(10,10,50,50);        //第三个矩形
    </script>
</body>
</html>
```

在这个实例中，使用的是同一个填充矩形方法且传入了相同的参数，fillRect(10,10,50,50)。在坐标(10,10)的地方填充一个长为 50 像素、宽为 50 像素的矩形。之后调用 translate()方法，进行平移，其传入的坐标很好理解，即相对于现坐标方向下的 X 轴正方向与 Y 轴正方向的平移距离，实例中 translate(50,50)即表示坐标系向 X 轴正方向平移 50 个像素，向 Y 轴正方向平移 50 个像素。之所以强调相对于现坐标方向，是因为下面的旋转变换，可能会改变 X 轴正方向与 Y 轴正方向。

（2）旋转

旋转（rotate）是另一种坐标变换，不同于平移变换在固定的 X 轴和 Y 轴正方向进行平移，旋转变换固定屏幕二维坐标空间的原点，将 X 轴和 Y 轴向顺时针方向旋转一定的角度。如图 6-47 所示，原坐标系 X-O-Y 以原点为轴，向顺时针方向旋转α度角，成为新坐标系 X'-O'-Y'，新的绘制函数的参考坐标系则变为旋转之后的坐标系。

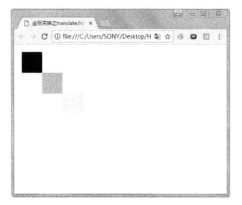

图 6-46　translate 坐标变换

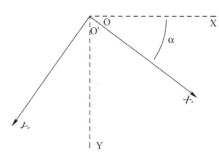

图 6-47　rotate 坐标系变化

在下面的实例中，先后在原坐标系和旋转变换之后的坐标系上填充一个矩形，为了便于观察出其不同，采用了不同的填充颜色。该实例在浏览器中的显示效果如图 6-48 所示。

文件名：坐标变换之 rotate.html

```
<!DOCTYPE HTML>
<html lang="en-US">
<head>
    <meta charset="UTF-8">
    <title></title>
</head>
<body>
    <canvas id="myCanvas" width="500" height="300"></canvas>
    <script>
        var canvas = document.getElementById("myCanvas");
        var context = canvas.getContext("2d");

        context.fillStyle = "#F0F0F0";        //设置未变换坐标前填充颜色
        context.fillRect(150,50,100,100);     //填充第一个矩形

        context.rotate(1/5*Math.PI);          //进行坐标旋转变换

        context.fillStyle = "#FFAEB9";        //设置改变坐标后的填充颜色
        context.fillRect(150,50,100,100);     //填充新的矩形
    </script>
```

```
        </body>
        </html>
```

　　在该实例中，先后使用同一个方法，传入相同的参数绘制了两个位置不同的矩形。通过rotate()方法实现了坐标系的旋转，rotate()方法所需要传入的参数即是顺时针旋转的角度，采用弧度单位制。在实例中，传入的参数是"1/5*Math.PI"，即将坐标系以原点为轴顺时针旋转π/5角度。

　　掌握了坐标系的旋转变换后，绘制旋转图形就变得更加容易了。下面利用旋转变换绘制一个小风车，体会一下旋转变换的便利性。该实例在浏览器中的显示效果如图 6-49 所示。

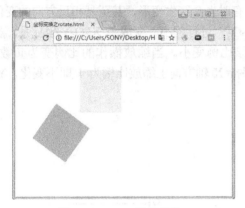 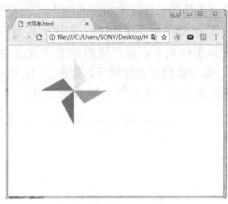

图 6-48　rotate 坐标变换　　　　　　　　　　　图 6-49　小风车

文件名：小风车.html

```
<!DOCTYPE HTML>
<html lang="en-US">
<head>
        <meta charset="UTF-8">
        <title></title>
</head>
<body>
        <canvas id="myCanvas" width="500" height="300"></canvas>
        <script>
                var canvas = document.getElementById("myCanvas");
                var context = canvas.getContext("2d");

                var color = new Array("#C1FFC1","#8DB6CD","#FF6A6A","#8470FF");    //保存 4 个要填充的颜色

                context.translate(150,100);           //通过平移变换，将坐标系平移至靠近中央的位置
                for (var i=0;i<5;i++){
                        context.beginPath();
                        context.fillStyle = color[i];
                        context.rotate(i*Math.PI/2);  //旋转坐标系
                        context.moveTo(0,0);          //开始画风车扇叶
                        context.lineTo(0,-80);
                        context.lineTo(30,-25);
                        context.closePath();          //结束一个扇叶绘制
                        context.fill();               //填充
                }
        </script>
```

```
        </body>
        </html>
```

这个实例便是坐标变换的简单应用，利用平移变换移动了坐标原点，并以新的坐标系为基准在画布上绘制图像"扇叶"，之后再使用坐标的旋转变换实现了同一图像的重复绘制。使用 for 循环让绘制风车扇叶的代码执行 4 次，每次将坐标系旋转 90°即π/2，然后绘制扇叶路径并填充。简单的坐标变换，省去了计算每个扇叶路径相关坐标的步骤，轻易地绘制出了风车的图案。

（3）缩放

缩放（scale）变换的效果是将坐标系的尺度伸长或缩小。对画布上的图像而言，坐标系的缩放会使图像的长宽发生相应的缩小或放大变化，有时也会产生变形，甚至是相反方向的变化。

在图 6-50 中，我们按照一定比例将坐标系 X-O-Y 进行缩小，变成了 X'-O-Y'坐标系，相应地，在原坐标系下表现出来的长度和宽度会按照该比例变小。当缩放操作的比例变为负数时，"缩放"操作会向反方向展开。如图 6-51 所示，保持 X 轴方向上缩放比例为 1 即不变化，Y 轴上缩放比例为-1，就会使 Y 轴改变方向。

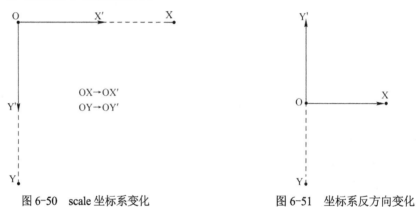

图 6-50　scale 坐标系变化　　　　　　图 6-51　坐标系反方向变化

下面通过实例来体会坐标的缩放变换，该实例在浏览器中的显示效果如图 6-52 所示。

文件名：坐标变换之 scale.html

```
<!DOCTYPE HTML>
<html lang="en-US">
<head>
        <meta charset="UTF-8">
        <title></title>
</head>
<body>
        <canvas id="myCanvas" width="500" height="300"></canvas>
        <script>
                var canvas = document.getElementById("myCanvas");
                var context = canvas.getContext("2d");

                context.strokeRect(0,0,50,50);          //绘制第一个矩形
                context.scale(2,2);                     //横纵坐标扩大为原来的两倍
                context.strokeRect(0,0,50,50);          //使用同样的函数绘制第二个矩形
        </script>
</body>
</html>
```

在上述实例中，先后两次调用相同的 strokeRect()函数，传入相同的参数来绘制矩形框。所不同的是，在第二次调用函数之前，进行了坐标的缩放变换，将原画布上的尺寸放大了两倍，绘制出了图 6-52 中的外框。注意，随着坐标的缩放，矩形框的粗细也会随之发生变化。通过scale()方法进行坐标系的缩放变换，其中所需的参数分别为，原 X 轴方向和原 Y 轴方向所要缩放的比例，即新的坐标系长度与原坐标系长度之比。当该比例小于 1 并大于 0 时，坐标系长度缩小；当该比例大于 1 时，坐标系长度放大；当该比例小于 0 时，坐标系开始反向进行缩小和放大。上面的实例中向 scale()方法中传入了两个相同的参数，相同的绘制函数在新的画布坐标系下仅发生了大小的变化。当 scale()传入的两个参数不相同时，相同的绘制函数可能会绘制出变形图案。参考绘制椭圆的实例，为了便于比较可在同一位置绘制一个圆，该实例在浏览器中的显示效果如图 6-53 所示。

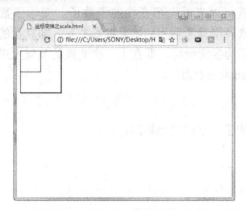

图 6-52　scale 坐标变换

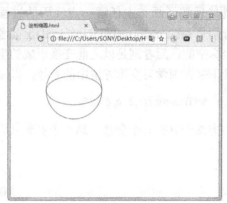

图 6-53　椭圆绘制

文件名：绘制椭圆.html

```html
<!DOCTYPE HTML>
<html lang="en-US">
<head>
    <meta charset="UTF-8">
    <title></title>
</head>
<body>
    <canvas id="myCanvas" width="500" height="300"></canvas>
    <script>
        var canvas = document.getElementById("myCanvas");
        var context = canvas.getContext("2d");

        context.translate(150,100);
        context.arc(0, 0, 70, 0, Math.PI*2, true);
        context.scale(1,0.5);        //将 y 轴方向长度缩小为原来的一半
        context.arc(0, 0, 70, 0, Math.PI*2, true);
        context.stroke();
    </script>
</body>
</html>
```

在这个实例中，首先进行了坐标的平移变换，将坐标原点移至中央位置，再以坐标原点为圆心绘制圆形，然后进行缩放。调用 scale()方法并分别传入 1 和 0.5，这样就保持了 X 轴方向尺度不变，Y 轴方向长度缩小为原来的一半。在坐标变换前后，所调用的相同圆形绘制方法便先后

绘制出了圆与椭圆。

（4）变形

其实，坐标系的平移、旋转和缩放已经全部概括了坐标系可以进行的变换。而接下来要讨论的变形变换则是上述 3 种方法的统一，可以用一个方法来"代表"所有涉及的变换方式。接下来的内容涉及一些简单的数学概念，请读者耐心体会。

要理解本节内容，就需换个角度理解坐标变换。之前的坐标变换都是通过直观的图像将坐标变换的最后效果显示出来。效果上来看，坐标变换就是换了个参考系。而实际上背后经过的过程则是对画布上每一个点的重新计算。即画布上的任意一点，假定为 P(X,Y)，经过坐标变换后，映射到了 P'(X',Y')。其中映射方式为 X'=f(X), Y'=f(Y)。换个角度也可以理解为，原来的坐标系并未改变，只是人为地对每个点进行运算，最后效果好像发生了坐标系的平移、旋转和缩放。

既然理解了画布上任意一点经历的过程，就可以来看变形变换的函数了。变形函数有两种，分别是 setTransform() 和 transform()。前者每次调用参考系为初始坐标参考系，即默认的屏幕二维坐标空间。后者则是以之前变换形成的坐标系为参考坐标，即在上一次变换的基础上进行变换。接下来详细学习变形方法中的参数，以 setTransform() 为例。

setTransform(a, b, c, d, e, f)

该方法一共有 6 个参数，这 6 个参数共同构成了如下的变形矩阵：

$$\begin{pmatrix} a & c & e \\ b & d & f \\ 0 & 0 & 1 \end{pmatrix}$$

下面用这个变形矩阵来进行原坐标系到新坐标系映射方式的定义 X' = f(X), Y'=f(Y)。

$$\begin{pmatrix} X' \\ Y' \\ 1 \end{pmatrix} = \begin{pmatrix} a & c & e \\ b & d & f \\ 0 & 0 & 1 \end{pmatrix} \cdot \begin{pmatrix} X \\ Y \\ 1 \end{pmatrix}$$，转化为方程组即为 $\begin{cases} X' = aX + cY + e \\ Y' = bX + dY + f \\ 1 = 0 \cdot X + 0 \cdot Y + 1 \end{cases}$，整理一下就是

$\begin{cases} X' = aX + cY + e \\ Y' = bX + dY + f \end{cases}$，这一方程组即为旧坐标系到新坐标系的计算公式。那么，就可以很直接地定义平移与缩放两种变换方式。

平移，setTransform(1, 0, 0, 1, e, f)，其中 e 和 f 分别为在 X 轴与 Y 轴方向的平移长度。

$$\begin{cases} X' = X + e \\ Y' = Y + f \end{cases}$$

缩放，setTransform(a, 0, 0, d, 0, 0)，其中 a 和 d 分别为坐标系在 X 轴与 Y 轴方向上的缩放大小，等价于 scale(a, d)。

$$\begin{cases} X' = aX \\ Y' = dY \end{cases}$$

至于旋转变换，需要一些三角函数知识来推导。参考图 6-54 进行理解，其中点 P 为原坐标系上一点，点 P′为新坐标系上一点。点 P 与 P′距离原点 O 均为 r，OP 与原 X 轴成的夹角为θ，OP 到 OP′的旋转角度为α。

由图 6-54 可知，对于 P'(x',y')，$\begin{cases} x' = r \cdot \cos(\alpha + \theta) \\ y' = r \cdot \sin(\alpha + \theta) \end{cases}$，根据

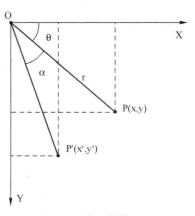

图 6-54 变形变换 rotate

三角函数公式 $\cos(\alpha+\beta)=\cos\alpha\cdot\cos\beta-\sin\alpha\cdot\sin\beta$ 和 $\sin(\alpha+\beta)=\sin\alpha\cdot\cos\beta+\cos\alpha\cdot\sin\beta$，并且 $\begin{cases} x=r\cdot\cos\theta \\ y=r\cdot\sin\theta \end{cases}$。化简上式得 $\begin{cases} x'=x\cdot\cos\alpha-y\cdot\sin\alpha \\ y'=x\cdot\sin\alpha+y\cdot\cos\alpha \end{cases}$。对应到矩阵中即为 $\begin{pmatrix} \cos\alpha & -\sin\alpha & 0 \\ \sin\alpha & \cos\alpha & 0 \\ 0 & 0 & 1 \end{pmatrix}$。当

要将坐标系顺时针旋转 α 度时，需要调用函数 setTransform($\cos\alpha,\sin\alpha,-\sin\alpha,\cos\alpha$)。

下面通过具体例子来体会变形坐标变换的使用，其在浏览器中的显示效果如图 6-55 所示。变形坐标变换方法也可以理解为坐标系的平移、旋转和缩放的集成方法。可以通过传入一组参数，同时实现其中的所有坐标变换方式。

文件名：坐标变换之 transform.html

```
<!DOCTYPE HTML>
<html lang="en-US">
<head>
    <meta charset="UTF-8">
    <title></title>
</head>
<body>
    <canvas id="myCanvas" width="500" height="300"></canvas>
    <script>
        var canvas = document.getElementById("myCanvas");
        var context = canvas.getContext("2d");

        context.strokeRect(0,0,50,50);              //绘制第一个矩形
        context.setTransform(2,0,0,2,50,50);        //设置变形矩阵
        context.strokeRect(0,0,50,50);              //使用同样的函数绘制第二个矩形
    </script>
</body>
</html>
```

与之前的实例相似，在不同的坐标系下，调用相同的绘制函数。不同的是使用了一个 setTransform()方法，传入一组参数实现了向 X 轴与 Y 轴正方向平移 50 像素，以及 X 轴与 Y 轴正方向 2 倍的放大。相比于单独使用 translate()与 scale()，setTransform()能够一次性完成复杂的坐标变换。再看一个加入旋转的坐标变换实例，其在浏览器中的显示效果如图 6-56 所示。

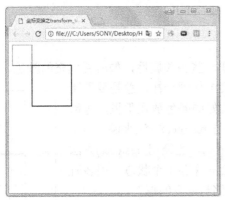

图 6-55　变形变换

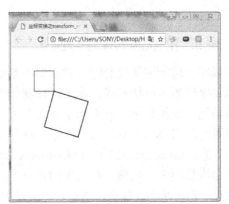

图 6-56　带有旋转的变形操作

文件名：带有旋转的变形操作.html

```
<!DOCTYPE HTML>
<html lang="en-US">
<head>
        <meta charset="UTF-8">
        <title></title>
</head>
<body>
        <canvas id="myCanvas" width="500" height="300"></canvas>
        <script>
                var canvas = document.getElementById("myCanvas");
                var context = canvas.getContext("2d");

                context.translate(50,50);
                context.strokeRect(0,0,50,50);//绘制第一个矩形
                context.setTransform(2*(Math.sqrt(3)/2),1/2,-1/2,2*(Math.sqrt(3)/2),100,100);
                context.strokeRect(0,0,50,50);//使用同样的函数绘制第二个矩形
        </script>
</body>
</html>
```

在上面的这段代码中，首先进行了一次坐标平移变换将绘制的图形呈现在中央。尽管，第一眼看上去 setTransform() 内传入的参数有些复杂，但可以分别来理解。先看函数中的最后两个参数，根据之前对矩阵操作方程组的理解，最后两个参数独立地发生作用，使坐标系发生平移，与 scale() 传入的两个参数意义相同。然后来关注其他参数，该实例在坐标平移的基础上还进行了旋转与缩放变换。在实例中，将坐标轴向顺时针方向上旋转了 30° 即 $\pi/6$。根据之前的推导，旋转 30° 则前 4 个参数为 $(\cos\frac{\pi}{6}, \sin\frac{\pi}{6}, -\sin\frac{\pi}{6}, \cos\frac{\pi}{6})$，在本例中，又将其中的第一个与第 4 个参数乘以系数 2，并在此基础上将 X 轴和 Y 轴在正方向上扩大了 2 倍，最后完成了这个变换。可能有些读者不明白，为什么变形函数中分别向 X 轴与 Y 轴正方向平移了 100 个像素，而依然与进行了坐标系平移后且绘制的边长为 50 个像素的正方形相接触。这是因为调用的 setTransform() 方法的原坐标系并不是进行了平移之后的坐标系，而是初始的屏幕二维坐标系。读者可以试着将 setTransform() 方法改为 transform() 方法并传入相同的参数，这时会发现新绘制的矩形与原来的矩形分开了。

6.1.5　画布当前状态的保存与恢复

在画布上进行图像绘制时，常常要不断地改变一些相关属性，如所要填充的颜色、线条的粗细以及坐标系当前状态等。这个过程就如同现实中作画一样，总是要不断地变换画笔、变换颜色。但不同于现实中可以把调好的颜色放在那里，等需要了再用，在 HTML 5 的画布上，需要使用 save() 与 restore() 方法来保存与恢复画布状态。save() 方法会将当前画布的状态保存下来，当调用 restore() 方法时，又会恢复回来。当然，在应用的开发中，不会只保存一个状态，很多时候会保存一系列状态。那么，这些状态又是如何存储与恢复的呢？

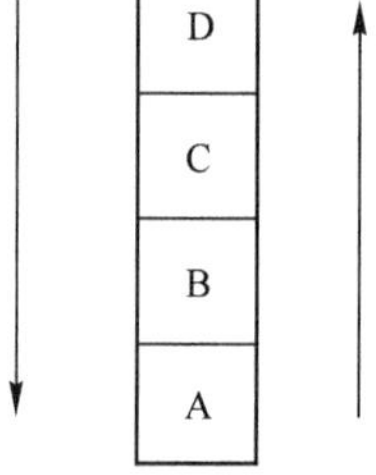

答案就是利用栈。如图 6-57 所示，每次调用 save() 时，会将一个状态入栈，例如，先后保存状态 "A" "B" "C" 和 "D"，这些状态会依次入栈。栈

图 6-57　栈原理

这个数据结构的数据存取与往箱子里放东西相似，先放进去的存在最下面，等往外拿时，就需要从最上面取出，即"后进先出"。所以，在存入这些状态后，当不断调用 restore()方法时，就会以"D""C""B"和"A"的顺序恢复。

接下来，通过一个实例来体会 save()方法和 restore()方法，及其背后的栈的工作原理。该实例在浏览器中的显示效果如图 6-58 所示。

文件名：保存和恢复画布状态.html

```html
<!DOCTYPE HTML>
<html lang="en-US">
<head>
    <meta charset="UTF-8">
    <title></title>
</head>
<body>
    <canvas id="myCanvas" width="500" height="300"></canvas>
    <script>
        var canvas = document.getElementById("myCanvas");
        var context = canvas.getContext("2d");
        var color = new Array("#AB82FF","#CAFF70","#5CACEE","#030303");        //将 4 个不同颜色存入数组

        for (var i=0;i<4;i++){          //for 循环从上到下填充 4 个颜色不同的矩形
            context.fillStyle = color[i];
            context.fillRect(0,i*50,50,50);
            context.save();             //每次循环，保存当前状态存储了当前填充颜色
        }

        for (var i=0;i<4;i++){          //再以此恢复状态，用相似地方式填充矩形
            context.restore();
            context.fillRect(60,i*50,50,50);
        }
    </script>
</body>
</html>
```

在这个实例中，先将 4 个颜色保存在了一个数组里，然后写了两个 for 循环。第一个 for 循环从上向下用 4 种不同的颜色填充 4 个矩形，并保存每次的画布状态。第二个 for 循环，每次先恢复画布状态，即让栈顶保存的画布状态出栈，然后用所恢复的画布状态内的填充颜色从上到下填充 4 个矩形。虽然两次 for 循环都用了相同的方法填充矩形，但所填充的颜色次序相反。这就是栈这个数据结构的工作原理——后进先出，即后保存的状态会被先恢复出来。

有些读者可能对画布状态有些疑惑，每次调用 save()方法时，都保存了画布的哪些信息？画布当前状态的信息，包括当前填充颜色、线条宽度等。简单来说，大部分没有通过方法直接改变的二维绘图上下文，即 context 属性都是画布当前状态的一部分。当然其中的例外有画布坐标状态，画布坐标状态是通过调用一些方法来改变的。接下来，通过一个例子来体会坐标系的保存，该实例在浏览器中的显示效果如图 6-59 所示。

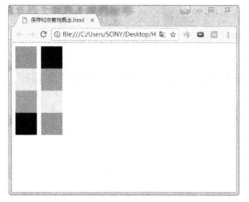

图 6-58 保存与恢复颜色   图 6-59 旋转 45 度之乖巧

文件名：坐标系状态保存.html

```html
<!DOCTYPE HTML>
<html lang="en-US">
<head>
    <meta charset="UTF-8">
    <title></title>
</head>
<body>
    <canvas id="myCanvas" width="500" height="300"></canvas>
    <script>
        var canvas = document.getElementById("myCanvas");
        var context = canvas.getContext("2d");

        context.save();

        var img = new Image();
        img.src = "乖巧.jpg"; //图片资源请读者自选
        img.onload = function(){
            context.translate(120,0);
            context.rotate(Math.PI/4);
            context.drawImage(img,0,0);
            context.restore();
            context.font = "Bold 30px Arial";
            context.textAlign = "left";
            context.fillStyle = "#030303";
            context.fillText("旋转 45 度之乖巧",20,250);
        };
    </script>
</body>
</html>
```

在这个实例中，制作了一个简易的表情——"旋转 45 度之乖巧"，使用的方法就是之前所讲的坐标系的旋转与绘制文字。将图片进行了旋转，但是并没有旋转文字，并且还想用初始的屏幕二维坐标空间来定位，这样更方便一些。这时就用到了 save()方法和 restore()方法。在绘制之前保存初始默认的屏幕二维坐标空间，然后在图片绘制完成后恢复原来的坐标系，最后绘制文字。注意，实例中将很多代码写在了 onload 事件中，请读者试着将一部分代码写在这个事件的外部，并比较执行效果。

6.1.6　画布的保存

6.1.5 节制作了一个简单的表情，那如何将这个表情以文件的形式保存到本地以做进一步的使用呢？接下来以讲解如何保存画布内容。

画布保存为本地文件，最简单的方式可能就是运行代码后直接在浏览器中进行保存。如图 6-60 所示，将鼠标指针移至画布位置并右击，在弹出的快捷菜单中选择"图片另存为"命令，然后就可以进行"下载"，并保存到本地。

打开保存到本地的图片，与浏览器中的显示效果不太一样，如图 6-61 所示。表情所在位置和图片的大小有些不协调，还有周围存在许多方格。之所以出现这种情况，是因为画布本身的大小有局限。在 HTML 代码中，在定义<canvas>标签时，同时就定义了画布的大小；而在画布的保存中，保存的是完整的画布，因此就保存了很多空白区域。若要将图片变得协调一些，只需要在标签里改变画布的大小，调整 width 和 height 的属性值即可。

图 6-60　画布的直接保存

图 6-61　图片保存后查看效果

至于在查看图片时发现其背景有方格，这是因为在画布上，这些部分没有被绘制图像，呈"透明"状态。在大部分情况下是看不出来这种效果的，因为大部分应用背景都成白色，或设置为透明。改变画布大小后，在实际应用中这个表情如图 6-62 所示。

图 6-62　表情保存最终效果

在调节画布尺寸大小时，可以在<canvas>标签内如下面这段代码一样给画布添加边框，这样就可以直接看到透明的画布的大小，同时在保存图片时，所添加的边框又不是画布的一部分，保存在本地的图片也没有边框效果。

```
<canvas id="myCanvas" width="270" height="270" style="border:1px dotted #d3d3d3;"></canvas>
```

另外一种获取画布内容的方式是使用数据 URL，这种方法将画布转换为图像文件，然后将图像数据转换为字符序列并编码为 URL 形式。既可以用这种方法进行当前页面内画布内容的获取，也可以用来将画布内容保存到服务器上。与之前所讲的像素操作类似，出于安全考虑，这种方法需要在服务器环境下运行。

6.1.7 Canvas 画布使用实例

在下面的实例中，在\<body\>标签内添加一个\<img\>标签，并将\<img\>的资源设置为画布内容，实现了画布数据 URL 的获取。该实例在浏览器中的显示效果如图 6-63 所示。

图 6-63　数据 URL 获取

文件名：图像的保存.html

```html
<!DOCTYPE HTML>
<html lang="en-US">
<head>
    <meta charset="UTF-8">
    <title></title>
</head>
<body>
    <canvas id="myCanvas" width="270" height="270" style="border:1px dotted #d3d3d3;"></canvas>
    <img id="newImage" />
    <script>
        var canvas = document.getElementById("myCanvas");
        var context = canvas.getContext("2d");

        context.save();

        var img = new Image();
        img.src = "乖巧.jpg";                    //图片资源请读者自选
        img.onload = function(){
            context.translate(120,0);
            context.rotate(Math.PI/4);
            context.drawImage(img,0,0);
            context.restore();
            context.font = "Bold 30px Arial";
            context.textAlign = "left";
            context.fillStyle = "#030303";
            context.fillText("旋转 45 度之乖巧",20,250);

            var newImg = document.getElementById("newImage");
            newImg.src = canvas.toDataURL();
        };
    </script>
```

```
        </body>
    </html>
```

在这个实例中，借用的是之前绘制"旋转 45 度之乖巧"的代码，不同的是在原来代码的基础上，在\<body\>标签内又添加了没有指定资源的\<img\>标签。在图像绘制完成后，使用一个变量存储新添加的\<img\>标签对象，并改变该\<img\>标签的 src 属性，来指定一个图片资源。在等号右边的即是所要指定的图片资源，这里使用二维绘图上下文 context 的方法，而是调用\<canvas\>对象的 toDataURL()方法来获取画布的数据 URL（即画布内容）。该方法也可以传入参数，当没有参数传入时，获取的将是一个 PNG 格式的图片；也可以传入相应的 MIME 类型，如"image/jpeg"等来获取其他格式的图片；将新添加的\<img\>标签的资源指向画布的数据 URL时，可以看到这个\<img\>标签也进行了图像的显示，与一个\<img\>标签直接指定一个图片资源的效果一样。类似的原理，利用 toDataURL()方法获取图像的数据 URL，应用到服务器端便能够完成图像在服务器端的保存。

接下来学习一下贝塞尔曲线（Bézier curve）的绘制。贝塞尔曲线是应用于二维图形应用程序的数学曲线，法国数学家 Pierre Bézier 第一个研究了这种矢量绘制曲线的方法，给出了详细的计算公式。最后以这位数学家的名字命名了该计算公式。贝塞尔曲线的绘制原理涉及了很多的数学知识，有兴趣的读者可以自行去研究理解，本书将不详细讲解。此处只提供一个直观的图形以便理解，如图 6-64 所示。

直观上来说，Canvas 画布中绘制贝塞尔曲线的方法是由起点经过曲线路径到达终点，通过从起点、终点分别引出两个控制点来对曲线的弯曲程度进行控制。曲线的起点切线连接第一个控制点，终点切线连接第二个控制点。曲线的曲率，即是弯曲程度，与两控制点到起点终点的距离成正比。距离越远，弯曲程度越大。请看如下绘制贝塞尔曲线的实例，其在浏览器中的显示效果如图 6-65 所示。

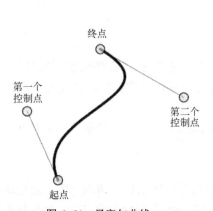

图 6-64　贝塞尔曲线

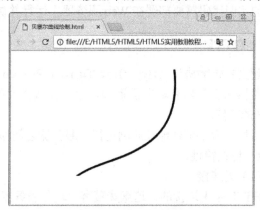

图 6-65　绘制贝塞尔曲线

文件名：贝塞尔曲线绘制.html

```
<!DOCTYPE HTML>
<html lang="en-US">
<head>
    <meta charset="UTF-8">
    <title></title>
</head>
<body>
    <canvas id="myCanvas" width="500" height="300"></canvas>
    <script>
        var canvas = document.getElementById("myCanvas");
```

```
                var context = canvas.getContext("2d");

                context.beginPath();
                context.moveTo(112, 366);              //起始点
                context.bezierCurveTo(85, 228, 375, 320, 347, 76);          //绘制贝塞尔曲线
                context.lineWidth = 4;                 //将线条宽度调整为 4，便于展示
                context.stroke();
            </script>
        </body>
    </html>
```

上面这段代码，首先确定起始点，然后调用了 bezierCurveTo()方法来绘制贝塞尔曲线。这个方法中的 6 个参数是 3 组坐标，前 4 个参数分别是起点切线控制点二维坐标和终点切线控制点二维坐标，最后两个参数是终点坐标。除了使用两个控制点完成贝塞尔曲线的绘制外，Canvas 画布还支持使用一个控制点实现贝塞尔曲线绘制的 quadraticCurveTo()方法，有兴趣的读者可以研究两种方法背后的数学原理，在此不进行展开。

6.2 通信

Web 应用的构建不仅仅需要前端丰富的展示界面，还需要实现浏览器客户端与服务器的通信，方可实现 Web 应用本身的业务逻辑。客户端浏览器需要通过 HTTP 向服务器请求资源来实现网页的浏览。在本节将更加深入地对 HTTP 的通信过程进行学习。同时，还将具体学习几种客户端浏览器和服务器的通信方式，分别是表单的发送、AJAX、服务器发送事件、WebSocket 以及 Fetch API。需要注意的是，由于本节涉及客户端浏览器和 Web 服务器之间的通信，所以本章内的实例代码需要部署在 Web 服务器上运行并访问。

6.2.1 HTTP

超文本传输协议（HyperText Transfer Protocol，HTTP）是 Web 实现数据通信的基础。客户端浏览器从服务器获取所需资源，服务器接受并处理从客户端传来的数据，如此等等都离不开HTTP 的支持。

所以，为了更好地理解浏览器与服务器之间通信的相关知识，有必要简要了解 HTTP。

1．协议特性

（1）无连接

HTTP 是无连接的，这意味着客户端与服务器建立连接并发送 HTTP 请求之后，连接即刻关闭。之后，客户端便等待来自服务器的响应。当服务器准备向客户端发送响应时，会重新与客户端建立连接，并将响应发送给客户端。互联网协议中其他的一些有连接协议，如 FTP 等，在服务器与浏览器建立连接之后，会保持一段时间的连接状态，在这期间服务器与客户端会知晓彼此的基本信息，而不像 HTTP 这样，每次通信客户端与服务器端都形同陌路，都需要说出自己的基本信息。相比于有连接，无连接特性大大简化了 HTTP 通信的过程。早期 HTTP 只是为传输HTML 文档而设计的，并未针对如今广为流行的视频、购物等应用。

（2）无状态

HTTP 之所以是无连接的，这是因为 HTTP 本身的无状态性，客户端与服务器端只在发送HTTP 报文的过程中建立连接，发送完毕便断开，在这过程中并不保存对方的基本信息。换句话说，客户端与服务器端每次发送与接收 HTTP 报文都如同第一次通信一样，互不相识。

（3）可以传输任意类型的数据

尽管 HTTP 早期的设计初衷只是传输 HTML 文档，并不支持其他的数据类型。而随着时代的发展，尤其是互联网的迅猛发展，HTTP 支持任何数据类型的传输，前提只需客户端与服务器端彼此知晓如何处理这些不同类型的数据。因此，需要客户端和服务器端指定以 MIME 类型定义的内容类型（content type）。

2. 通信过程

HTTP 的通信过程大致如图 6-66 所示。由于 HTTP 是应用层协议，所以抽象来看，通信的双方分别是客户端应用程序（通常是浏览器）与服务器端应用程序，即所谓的服务器后端处理程序。

客户端与服务器端在通信之前都需要接入因特网。通常，用户通过客户端主机的浏览器应用程序输入 URL 或打开一个指向某一特定 URL 的超级链接，然后浏览器应用程序与服务器端程序建立连接，并将用户所请求的 URL 变为一个 HTTP 请求发送至服务器端，向服务器请求特定资源。随后断开连接，等待之后来自服务器端的 HTTP 响应。

当服务器端对客户端所发送的 HTTP 请求进行处理之后，若存在请求的资源，服务器将会把资源通过 HTTP 报文传送给用户。同样，服务器端需要与客户端浏览器建立连接，随后发送相应的 HTTP 响应，发送完毕后断开连接。

3. HTTP 报文结构

如图 6-67 所示，HTTP 报文一般由三部分组成，分别是开始行（Start line）、首部行（Headers）和实体主体（Body）。这三部分通常以文本的形式构成，有时实体主体内可能包括二进制数据。具体到每一个 HTTP 报文，HTTP 请求报文与 HTTP 响应报文有所不同。

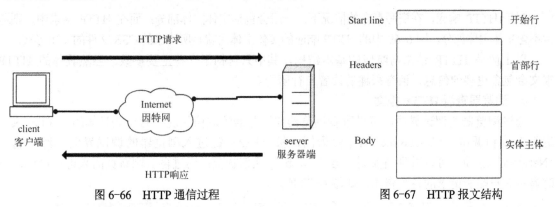

图 6-66　HTTP 通信过程　　　　　图 6-67　HTTP 报文结构

（1）HTTP 请求（Request）

如图 6-68 所示，在一个 HTTP 请求的开始行中，通常会包括请求方法、统一资源标识符（Uniform Resource Identifier，URI）以及 HTTP 版本。其中，请求方法会指示服务器端接下来要做哪一种操作，常用的有以下 4 种。

- GET 获取资源。
- POST 传输实体主体。
- PUT 传输文件。
- DELETE 删除资源。

统一资源标识符（URI）是用于标识某一互联网资源名称的字符串，该种标识允许用户对网络中的资源通过特定的协议进行交互操作。

在 HTTP 请求的首部行中，一般都会包括请求的主机（Host）、接受的文件格式（Accept）以及接受语言（Accept-language）。在图 6-68 中可以看出，该 HTTP 请求的主机是 localhost:8088，所接受的文本将被作为 CSS 文件格式进行处理，所接受语言为中文。

（2）HTTP 响应（Response）

在一个 HTTP 响应中，可以看到其中的开始行与 HTTP 请求有一些区别，如图 6-69 所示。开始行中除了 HTTP 版本之外，还包括一个状态码（status-code），用来反应 HTTP 响应的具体状态：用户请求的资源成功传回，还是根本找不到。常见的状态码 200:OK，表示成功定位资源并返回给用户；而 404:Not Found，则表示资源并不存在。对于首部行内容而言，则一般会包含一些内容格式（Content-type）、时间日期，以及服务器环境相关信息等。

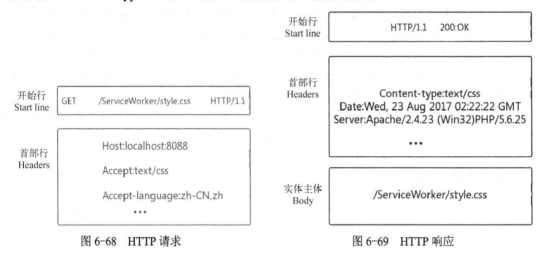

图 6-68　HTTP 请求	图 6-69　HTTP 响应

对于 HTTP 响应，在资源存在的情况下，一般会包括实体主体部分；而在 HTTP 请求中，则通常不含实体主体部分。图 6-69 中的 HTTP 响应的实体主体内就是所请求的 CSS 文件的文本形式。

以上便是 HTTP 请求与响应的基本结构，其中只包括了一些主要参数，当然具体的 HTTP 报文会包含更多的信息，请有兴趣的读者自行研习。

4. 浏览器查看 HTTP 报文

通过浏览器的调试界面，可以查看浏览器与服务器的通信状况，对一些具体的 HTTP 报文进行查询和调试。以 Chrome 浏览器为例，按〈F12〉键进入浏览器的调试界面，然后选择 "Network" 选项，可以看到当前浏览器与 Web 的通信状况；通过再次刷新页面来进行调试，同时显示客户端所请求的各个资源，如图 6-70 所示。

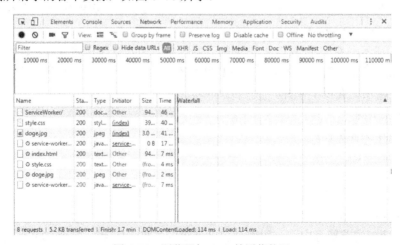

图 6-70　浏览器与 Web 的通信状况

单击单个资源，便可以查看该资源所对应的 HTTP 报文与具体信息，如图 6-71 所示。

图 6-71　浏览器查看 HTTP 报文与具体信息

5．HTTPS

超文本传输安全协议（HyperText Transfer Protocol Secure，HTTPS）是一种通过计算机网络进行安全通信的传输协议。HTTPS 经由HTTP进行通信，但利用SSL/TLS来加密数据包。它具有以下特点。

● 内容加密：建立安全的信道，保证信息的安全。
● 身份验证：确认通信双方身份的真实与可靠性。
● 数据完整性：防止通信内容被中间人进行篡改。

6．发送表单信息

<form>元素定义了一个 HTML 文档页面内的表单。在许多应用场景中，都需要用户进行表单的填写，如填写个人基本信息、发送邮件、填写订单、登录账户等，都有填写表单这一环节。表单的填写与发送，是一种十分重要的客户端与服务器端的通信方式。客户端将数据通过表单的形式传给服务器端程序，然后服务器根据所传数据进行处理和响应，由此客户端与服务器端得以进行通信，进而服务器端可以为用户提供各种各样的服务。

下面通过一个简单的实例来了解一下表单的提交过程。实例分别用 POST 和 GET 两种方式来提交表单。实例代码为 PHP 文件，需要部署于服务器环境运行。两个实例的展示效果分别如图 6-72 和图 6-73 所示。

文件名：echoDataPost.php

```php
<?php
    if (isset($_POST['text']))
    {
        $message = $_POST['text'];
        echo $message;
    }
?>
<!DOCTYPE HTML>
<html lang="en-US">
<head>
```

```
            <meta charset="UTF-8">
            <title>POST 方法</title>
        </head>
        <body>
            <form action="echoDataPost.php" method="post">
                <input type="text" name="text"/>
                <button type="submit">提交</button>
            </form>
        </body>
        </html>
```

图 6-72 POST

图 6-73 GET

文件名：echoDataGet.php

```php
<?php
    if (isset($_GET['text']))
    {
        $message = $_GET['text'];
        echo $message;
    }
?>
<!DOCTYPE HTML>
<html lang="en-US">
<head>
    <meta charset="UTF-8">
    <title>GET 方法</title>
</head>
<body>
    <form action="echoDataGet.php" method="get">
        <input type="text" name="text"/>
        <button type="submit">提交</button>
    </form>
</body>
</html>
```

乍一看两个实例的运行效果可能几乎没有差别，但仔细观察，通过 POST 和 GET 方法提交表单的运行效果并不相同，在下一节中将详细介绍。

实例的代码由两部分组成，分别是 PHP 代码段与 HTML 代码段。HTML 代码段的<body>标签内包含一个<form>标签。该标签内有一个输入框以及一个提交按钮。两种提交方式的主要不同表现在<form>元素的属性上。action 属性规定在发送表单时，页面向何处发出请求。method 属性中则定义请求的方法，在这里分别使用 post 与 get 两种方式。而 PHP 文件则对应两种不同方法的不同处理并输出。注意，<form>标签内的<input>标签的 name 属性，该属性的设定会将表单中输入控件的值与以 name 属性值命名的变量绑定并进行传递。最后<form>标签内的<button>元素的 type 属性 submit 定义了这是一个提交按钮，单击它会将表单中的数据提交至 action 属性中所定义的文件进行处理。

当运行文件后，在输入框内填写"Hello World"后，单击"提交"按钮。首先，输入的字符串"Hello World"会变成"text=Hello+World"，其中 text 即为<input>标签的 name 属性值。随后"text=Hello+World"会被作为 HTTP 请求的一部分发送至服务器端程序来进行处理。服务器端的 PHP 代码会识别"text=Hello+World"，将其解析为变量名与变量值的组合，并可以获取其中的内容，然后输出。

7. POST 与 GET 比较

在"发送表单信息"的实例中，使用两种方法进行了提交表单的操作，然而两种操作的效果几乎是一样的。但其实其中有一些不同，细心的读者可能会发现，两种不同方式提交表单后，浏览器 URL 地址栏所显示的内容有所不同。当然，这只是两者的区别之一。

POST 方法的目的是将数据传递给指定的资源（即服务器端程序）进行处理。GET 方法的目的是向服务器端请求特定的资源。显然，两种方法的基本应用目的是不同的，自然两者传递数据的方式也有所不同。POST 方法中，表单数据信息会被记录在 HTTP 请求的实体主体内进行传递，而 GET 方法则是将表单数据信息写入 URL，作为 URL 的一部分进行传递，而且 GET 方法的 HTTP 请求可以不包含实体主体部分。这也就是为什么对于上述实例，提交的结果会有些许的差异。除此之外 POST 方法与 GET 方法还有如下的不同。

- POST 请求不能被缓存，故不会保存在浏览器的历史记录中，同时也不能被浏览器添加书签进行快速访问。
- POST 请求没有数据长度限制。
- GET 请求会被缓存，并被保存在浏览器的历史记录，浏览器可以对其添加书签。
- GET 请求会将所传递的数据暴露在 URL 中，在涉及敏感数据的传递时，如用户名、密码等，不要使用 GET 方法。
- GET 请求有 URL 长度限制。
- GET 请求最好只应用于获取资源，如访问第几页的商品目录、检索特定的内容等。

8. Post/Redirect/Get 设计模式

在运行、测试之前的实例时，每提交一次表格，页面好像都会迅速刷新一次。在现实中进行网上购物或网站注册时，也会遇到类似的状况。由于在与 Web 上其他应用通信时有一定的延时，不像本地测试一样即点即开，在提交表单之后，都可以观察到网页有一小段时间处于正在刷新状态，完成之后便跳转到一个新的页面或者在当前页面显示成功信息。

之所以在每次提交表单之后都会有类似这样的一个所谓刷新或者跳转的过程，是因为存在 Post/Redirect/Get（PRG）这一 Web 设计模式。该设计模式主要的目的是避免表单的重复提交，其原理如图 6-74 所示。

当用户填写完表单并提交时，客户端会向服务器端发送一个 POST 请求，传递一些数据给服务器端。然而，由于网络上的通信不可能永远通畅，在网络不畅时或者数据需要服务器处理一段时间的情况下，客户端可能不会马上得到所需的响应，而处于等待中的用户可能在此时刷新页面，便会重新发送与之前相同的 POST 请求，由此会造成相同表单的重复提交。在实际应用中，这样的重复可能会导致数据的不一致，造成不必要的损失。

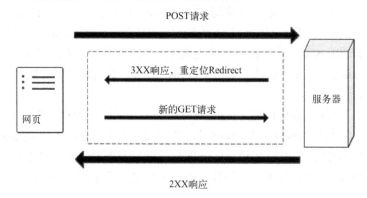

图 6-74 Post/Redirect/Get

为了解决这一问题，就有了 Post/Redirect/Get 模式，这一模式在网页发出了一个 POST 请求后，马上会给用户一个响应，状态码为 3XX（如 302 等），意味着这是一个重定向响应，相当于服务器为客户端指定了一个新 URL，指示客户端浏览器先访问这个 URL，争取不让客户端有机会再次发送重复的 POST 请求。于是，在收到状态码为 3XX 的 HTTP 响应后，用户会马上发出一个新的 GET 请求，请求一个新的页面，然后等服务器处理完所上传的数据后，给用户返回相应的 HTTP 响应，状态码为 2XX（如 200 等）。

如今大部分浏览器与服务器都默认采用这样的模式进行表单的提交，图 6-74 中虚线内的过程会被浏览器与服务器自动完成。这样，在每次提交表单时，页面都会进行一次所谓的"刷新"，准确地说是重定位。

6.2.2 AJAX

在表单提交的过程中，常常会不可避免地进行重定向，这样的效果让用户使用浏览器的实时性大打折扣。每当要查询什么的时候整个页面都需要刷新，尤其是在网站注册一个账户时，每次都要等表单上传之后才能知道这次填写是否合格（用户名是否有人注册，密码是否符合规矩等）；填写合格注册成功还好，若是填写存在问题，那就前功尽弃了，还需重填一遍，再进行提交操作。这就希望在同一个页面完成客户端与服务器端的信息交换，于是 AJAX 技术应运而生。

所谓 AJAX，是 Asynchronous JavaScript And XML 即异步的 JavaScript 和 XML 的缩写。它并不是一种单独的编程语言，也不是一个新的函数库。它是由浏览器支持的 XMLHttpRequest 对象、HTML 文档和 JavaScript 共同组成的一种编程模式，使浏览器页面与服务器端的信息异步传输成为可能，让浏览器后台完成数据的传输与获取，从而能够部分地更新 HTML 页面，而不是重新载入一个新的文档。

1. XML

AJAX 中的最后一个单词是 XML。XML 是可扩展标记语言（eXtensible Markup Language），被用于标记电子文件使其具有结构性，可以用来标记数据、定义数据类型，是一种允许用户对自己的标记语言进行定义的源语言。它的设计初衷主要是用来储存和传输数据，且可以被人与机器同时识别。AJAX 命名中的 XML 有一定的误导性，其实 AJAX 并不一定以 XML 作为数据传输的格式，JSON 格式也可以在传输过程中使用，同时 AJAX 也支持二进制数据或其他格式的数据传输。

XML 虽然在许多应用场景逐渐被 JSON 有所取代，但其仍广泛应用于各式各样的 IT 系统之间，作为储存和传输数据的一种方式。同时它也被 W3C 列为推荐使用。下面来简要学习一下 XML。首先来看一个简单的 XML 文件，该实例在浏览器中的浏览效果如图 6-75 所示。

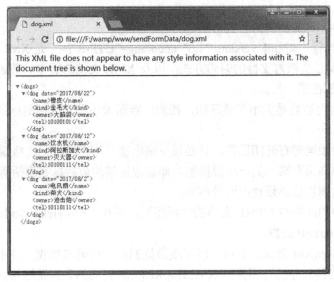

图 6-75　XML

文件名：dog.xml

```xml
<?xml version="1.0" encoding="UTF-8"?>
<dogs>
    <dog date="2017/08/22">
        <name>橡皮</name>
        <kind>金毛犬</kind>
        <owner>大脑袋</owner>
        <tel>10100101</tel>
    </dog>
    <dog date="2017/08/12">
        <name>饮水机</name>
        <kind>阿拉斯加犬</kind>
        <owner>灭火器</owner>
        <tel>10100111</tel>
    </dog>
    <dog date="2017/08/2">
        <name>电风扇</name>
        <kind>柴犬</kind>
        <owner>追击炮</owner>
        <tel>10110111</tel>
    </dog>
</dogs>
```

尽管 XML 文档仅作为数据存储与传输的媒介，不做任何事，它也可以被一些浏览器以树形结构来显示出来，如图 6-75 所示。观察代码，首先可以发现 XML 文档的结构与标签形式同 HTML 十分相似。相同的是，它们都是由开闭标签组合而成的结构化文档。不同的是，XML 并不是 HTML 的替代方案，且 XML 中标签的命名是自定义的，也可以自定义属性。

在实例代码中，自定义了一个 XML 文档，标签以英文单词定义<dogs>标签，代表宠物狗们，在该标签里可以有许多的<dog>标签，即单个的宠物狗，在每个<dog>标签里还设置了 date 属性。每个宠物狗都有各自的<name>名字标签、<kind>品种标签、<owner>主人标签、<tel>主人电话标签。

需要注意的是 XML 文档中的一些语法。

- 代码中的第一行 "<?xml version="1.0" encoding="UTF-8"?>" 是 XML 的前述（prolog）。它定义了 XML 文档内支持的编码方式，以及 XML 文档的版本。前述是可选的，如果需要定义要求放在第一行。
- XML 标签与内容均是大小写敏感的，相同内容而大小写有区别的标签将被识别为不同的标签。
- XML 标签必须同时有开闭标签，且必须正确嵌套并符合结构化文档规范。
- XML 文档中必须有唯一的一个根标签，即该根标签的前后标签囊括所有内容。
- XML 标签的属性值必须使用引号声明。
- XML 文档中的注释与 HTML 文档的注释相同，形如 "<!-- Hello World -->"。

2．XMLHttpRequest 对象

通过 XMLHttpRequest 对象，页面可以实现数据的异步传输与接收，并不对当前页面产生影响。本节将用两个实例，分别介绍借助 XMLHttpRequest 完成的数据发送与获取过程。第一个实例将包含两个文件，分别是 xhrSendData.html 和 xhrSendData.php。该实例将数据传输至服务器端的 PHP 文件，并将所传信息保存为文本文件。其在浏览器中的显示效果如图 6-76、图 6-77 和图 6-78 所示。

图 6-76　xhr 发送数据

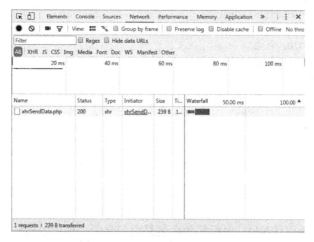

图 6-77　xhr 发送数据调试界面

图 6-78   所保存的文本

文件名：xhrSendData.html

```html
<!DOCTYPE HTML>
<html lang="en-US">
<head>
    <meta charset="UTF-8">
    <title></title>
</head>
<body>
    <div>
        <input type="text" id="text"/>
        <button onclick="sendData()">提交</button>
    </div>
    <script>
        var url = "http://localhost:8088/sendFormData/xhrSendData.php";
        function sendData(){
            var text = document.getElementById("text").value;
            var xhr = new XMLHttpRequest();
            xhr.open("POST",url,true);
            xhr.setRequestHeader("Content-type", "application/x-www-form-urlencoded");
            xhr.send("text="+text);
        }
    </script>
</body>
</html>
```

文件名：xhrSendData.php

```php
<?php
    if (isset($_POST['text'])){
        $message = $_POST['text'];
        $myfile = fopen("test.txt", "w");
        fwrite($myfile,$message);
    }
?>
```

在 xhrSendData.html 中，有一个输入框和提交按钮，单击"提交"按钮将会触发单击事件处理函数 sendData()。在该函数中，首先获取输入框内容，创建一个 XMLHttpRequest 对象实例 xhr。然后调用 XMLHttpRequest 对象的 open()方法，输入参数分别是，POST（指定该次异步传输的 HTTP 报文所采用的方法为 POST），url 为报文接收方即服务器端的处理程序的 URL，最后一个参数可选，指定该发送报文是否为异步操作，默认为"true"。

由于传输数据需要将变量以某种形式添加到 HTTP 请求中。为了让客户端与服务器端都能够对数据进行正确解析，通过 XMLHttpRequest 对象的 setRequestHeader()方法设置首部行。传入的两个参数的作用是将 HTTP 报文中的"Content-type"设置为"application/x-www-form-urlencoded"，于是才能够以键值对的形式发送数据。最后调用 send()方法，传入键值对作为参数进行数据传输。

在 xhrSendData.php 中，获取接收的报文键值对，并调用 PHP 中的文件相关方法，将所接收的数据写入文本中。注意，fopen()方法输入的第二个参数为"w"，这样设置后，每次调用都会重新写入文件。每次发送完数据后，文本中保存的都为最近一次所收到的数据。

在服务器端部署文件后访问，在输入框中输入数据并单击"提交"按钮，可以发现不同于表单的在提交页面后进行重定位，这时页面几乎没有明显变化。而打开相应目录后，则可以看见保存为文本形式的传送数据。在打开调试界面的 Network 选项时，每次提交都会看到一个 HTTP 请求，类型显示为 xhr，即 XMLHttpRequest 的缩写形式。

在 xhrSendData.html 文档的基础上稍作修改，通过 XMLHttpRequest 对象实现对之前所保存的文本文件内容的提取。该实例在浏览器中的显示效果如图 6-79 和图 6-80 所示。

图 6-79　获取数据

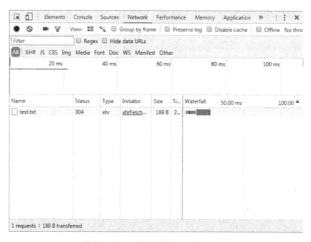

图 6-80　获取数据调试界面

文件名：xhrFetchData.html

```html
<!DOCTYPE HTML>
<html lang="en-US">
<head>
    <meta charset="UTF-8">
    <title></title>
</head>
<body>
    <div>
        <input type="text" id="text"/>
        <button onclick="sendData()">提交</button>
    </div>
    <div>
        <button onclick="fetchData()">获取</button>
        <div id="displayArea">
        </div>
    </div>
    <script>
        var url = "http://localhost:8088/sendFormData/xhrSendData.php";
        var getxhr = new XMLHttpRequest();
        function sendData(){
            var text = document.getElementById("text").value;
            var xhr = new XMLHttpRequest();
            xhr.open("POST",url,true);
            xhr.setRequestHeader("Content-type", "application/x-www-form-urlencoded");
            xhr.send("text="+text);
        }
        function fetchData(){
            var fetchurl = "http://localhost:8088/sendFormData/test.txt";
            getxhr.onreadystatechange = stateChange;
            getxhr.open("GET",fetchurl,true);
            getxhr.send();
        }
        function stateChange(){

            if (getxhr.readyState == 4){
                if (getxhr.status == 200){
                    var displayArea = document.getElementById("displayArea");
                    displayArea.innerHTML = getxhr.responseText;
                }
            }
        }
    </script>
</body>
</html>
```

在这个实例中，添加了一个<div>标签，该标签内包括一个"获取"按钮，以及另一个<div>标签，为"获取"按钮指定一个单击事件处理函数 fetchData()。

在 xhrSendData.html 文档的基础上，在 JavaScript 代码中创建一个 XMLHttpRequest 对象实例 getxhr 作为全局变量。因为需要为该 XMLHttpRequest 对象实例添加事件监听，所以将其声明为全局变量。

在 fetchData()函数中，声明了一个变量来存放将要获取的文本文件的 URL。然后为XMLHttpRequest 对象添加 onreadystatechange 事件监听，以及相应的处理函数 stateChange()（在该 XMLHttpRequest 对象的 readyState 属性发生变化后触发），而 readyState 属性则返回当前

XMLHttpRequest 对象所处状态。

在 stateChange()中，先进行 readyState 属性的判断。如果为 4，即服务器端回传返回报文且相应内容下载完成后进行 status 状态码的判断；如果为 200，即为正确返回报文，则通过 XMLHttpRequest 对象的 responseText 属性返回报文内容，所要获取的文本内容显示到相应区域。由此，使用 AJAX 就可以自由地通过后台进行数据的获取与响应，而不必每次都刷新页面。

3．AJAX 轮询

比较 AJAX 与表单的提交，可以发现 AJAX 具有一个显著的优势，即异步性。相比于需要整个页面完成重定位的表单提交，AJAX 将数据的传输与获取放到了浏览器后台执行，而并不影响当前页面的显示。

为了使 Web 应用获得更好的实时性，一般可以采用 AJAX 轮询（polling）来实现。所谓轮询，即是当前应用每隔一段时间反复地向服务器端发送请求，更新当前数据，由此可以实现实时性。结合之前的实例内容，通过 AJAX 轮询来实现一个简单的聊天页面。该实例包含两个文件，分别是 chat.html 和 chat.php。这个聊天程序通过将聊天内容储存至文本文件中，然后使用 AJAX 轮询反复访问这个文本文件来获取最新的聊天内容。该实例在浏览器中的显示效果如图 6-81 所示，打开调试界面可以看到该应用的轮询通信情况如图 6-82 所示。

图 6-81　AJAX 轮询

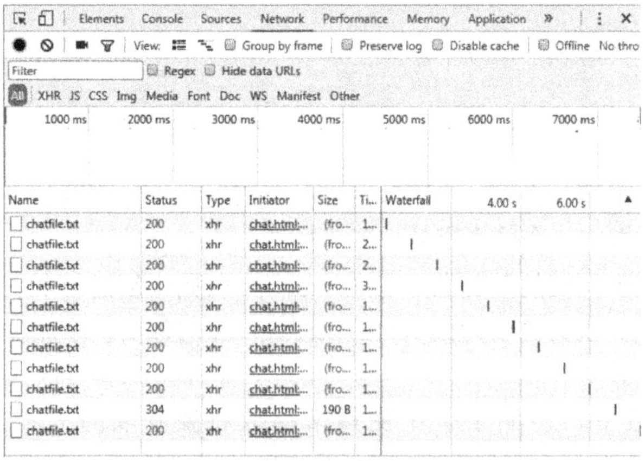

图 6-82　AJAX 轮询调试界面

文件名：chat.html

```html
<!DOCTYPE HTML>
<html lang="en-US">
<head>
    <meta charset="UTF-8">
    <title></title>
    <style>
        #displayArea{
            width:400px;
            height:300px;
            border:2px solid black;
            overflow-y:scroll;
        }
        #inputContent{
            width:400px;
            border:2px solid black;
        }
        #name{
            margin:10px 10px 10px 10px;
        }
        #content{
            margin:10px 10px 10px 10px;
        }
    </style>
</head>
<body>
    <div id="displayArea">
    </div>
    <div id="inputContent">
        <div id="name">

            聊天昵称：
            <input type="text" id="myName" />
        </div>
        <div id="content">
            聊天内容：
            <textarea name="myWords" id="myWords" cols="50" rows="2"></textarea>
            <button onclick="sendMessage()">发送</button>
        </div>
    </div>
    <script>
        var getxhr = new XMLHttpRequest();
        var t = setInterval(getMessage,750);
        function getDateTime(){
            var date = new Date();
            var year = date.getFullYear();
            var month = date.getMonth();
            var day = date.getDate();
            var hour = date.getHours();
            var minute = date.getMinutes();
            var second = date.getSeconds();
            var datestring = year + "-" + month + "-" + day + " " + hour + ":" + minute + ":" + second;
```

```javascript
                return datestring;

            }
            function sendMessage(){
                var chatName = document.getElementById("myName").value;
                var chatContent = document.getElementById("myWords").value;
                var url = "http://localhost:8088/chatboxPolling/chat.php";
                var date = getDateTime();
                var myMessage = {
                    name:chatName,
                    content:chatContent,
                    datetime:date
                };
                myMessage = JSON.stringify(myMessage);
                var postxhr = new XMLHttpRequest();
                postxhr.open("POST",url,true);
                postxhr.setRequestHeader("Content-type", "application/x-www-form-urlencoded");
                postxhr.send("messageString=" + myMessage);
            }

            function getMessage(){
                var url = "http://localhost:8088/chatboxPolling/chatfile.txt";
                getxhr.onreadystatechange = stateChange;
                getxhr.open("GET",url,true);
                getxhr.send();
            }
            function stateChange(){
                if (getxhr.readyState == 4){
                    if (getxhr.status == 200){
                        var displayArea = document.getElementById("displayArea");
                        displayArea.innerHTML = getxhr.responseText;

                        displayArea.scrollTop = displayArea.scrollHeight;
                    }
                }
            }
        </script>
    </body>
</html>
```

文件名：chat.php

```php
<?php
    if (isset($_POST['messageString'])){
        //获取传入 JSON 数据
        $rawJSON = $_POST['messageString'];
        //解析数据
        $obj = json_decode($rawJSON);
        //写入文件
        $myfile = fopen("chatfile.txt", "a");
        $message = $obj->name."          ".$obj->datetime."<br />".$obj->content."<br /><br />";
        fwrite($myfile,$message);
    }
?>
```

在示例代码中，chat.html 由一个显示区域和发送区域组成，页面中的<style>定义了页面的风格样式。在 JavaScript 代码段中，通过 setInterval()方法，每隔一段时间进行数据的获取，并更新显示区域。而对于发送消息区域则包含两个输入框，在每次单击后，将发送者昵称、消息内容以及当前时间（通过自行编写的 getDateTime()函数获取）组成一个 JavaScript 对象并将其转换为JSON 字符串进行传输。

在 chat.php 文件中，则将传入的 JSON 字符串进行解析，并以特定格式写入文本文件进行保存。注意，与之前实例中的 PHP 文件操作所不同的是，在调用 fopen()方法时，第二个参数传入"a"，从而能够不断地写入同一个文本。

简单来说，上述聊天实例是由本节前两个实例的功能组合而成的，输入当前聊天的昵称与聊天内容，单击"发送"按钮，就可以看到显示区域的内容了。打开调试界面的 Network 选项，便可以看到每隔一段时间不断发送的 xhr 类型的 HTTP 请求，如图 6-82 所示。由此，通过AJAX 轮询的方式，可以让页面具有一定的实时性。

4．服务器发送事件（Server-Sent Events）

通过 AJAX 轮询可以使页面具有实时性，但是这种方法有一个弊端，那就是浏览器需要不断地发送 HTTP 请求。然而，对于移动设备来说，不断地发送 HTTP 请求可能会消耗许多额外的电能。为了更有效地传递信息，HTML 5 支持了服务器发送事件（Server-Sent Events，SSE）。

由于 HTTP 本身的无连接性，服务器无法做到主动向页面推送消息，只能由页面主动去询问服务器是否有新的数据。然而，SSE 方法通过发送流（streaming）信息的方式，让服务器不断地向客户端发送数据，从而保持了连接。这种方式使得服务器能够实时地向客户端发送信息。

下面通过一个简单的实例来学习服务器发送事件。该实例由两个文件组成，分别是 sse.html 和 sse.php，它们实现了向页面不断推送当前时间信息的功能。其在浏览器中的显示效果如图 6-83 所示，服务器发送事件的网络传输情况可以通过查看调试界面来观察，如图 6-84 所示。

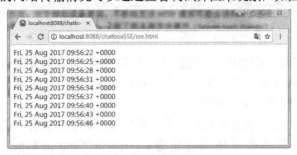

图 6-83　SSE 简单实例

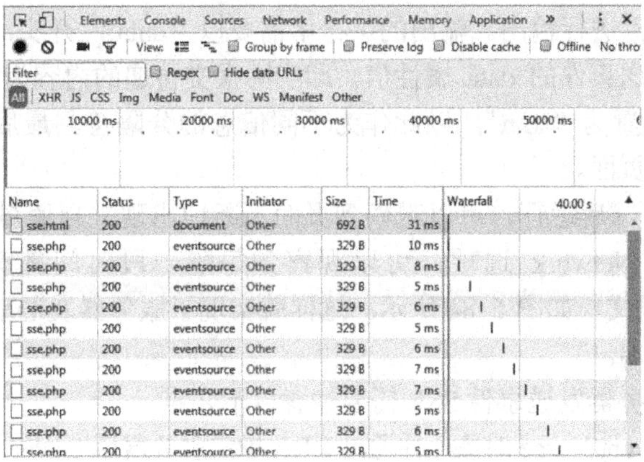

图 6-84　SSE 调试界面

文件名：sse.html

```html
<!DOCTYPE HTML>
<html lang="en-US">
<head>
    <meta charset="UTF-8">
    <title></title>
</head>
<body>
    <div id="displayArea">
    </div>
    <script>
        var source = new EventSource("http://localhost:8088/chatboxSSE/sse.php");
        source.onmessage = function(e){
            var displayArea = document.getElementById("displayArea");
            displayArea.innerHTML += e.data + "<br />";
        };
    </script>
</body>
</html>
```

文件名：sse.php

```php
<?php
    header('Content-Type: text/event-stream');
    header('Cache-Control: no-cache');

    $datetime = date("r");
    echo "data: {$datetime}\n\n";
    flush();
?>
```

在这个实例的 HTML 文档中，首先创建一个 EventSource 对象实例，并输入发送端服务器的 URL。随后为该 EventSource 对象实例添加 onmessage 事件监听处理函数，每当页面接收到来自服务器端的信息时，则进行显示并换行。

在 PHP 文档中，有些内容需要特别注意。首先是设置返回报文的首部，来告诉页面当前发送的信息是流信息，并不要使用缓存信息；"header('Content-Type: text/event-stream');"和 "header('Cache-Control: no-cache');"完成的就是这个任务。然后调用 PHP 的 date()方法来获取当前日期时间，通过 echo 进行输出。输出的字符串需要以"data:"开头，相当于将"data:"之后的信息，作为服务器发送事件的 data 属性值，即实际报文传递的内容为 data 键值对。同时需要将输出字符串的结尾设置为"\n\n"，以此作为不同信息的分隔符。最后调用 PHP 的 flush()方法，将输出内容传递给页面。

将代码部署到服务器后运行，可以观察到页面不断地出现来自服务器传入的时间信息。单击浏览器调试页面的 Network 选项，可以观察到每隔一段时间都有来自服务器、类型为 EventSource 的 HTTP 报文，如图 6-84 所示。这样就实现了服务器发送事件，从而将数据作为流信息不断地传递给客户端。

总结一下，使用服务器发送事件 SSE 需要注意以下几点。

● 前端页面声明 EventSource 对象，并通过 URL 指定服务器后端程序为发送事件的发送者。

● 为新创建的 EventSource 对象设置 onmessage 事件监听。

- 后端设置 HTTP 报文首部信息类型为流信息，并不使用缓存。
- 通过 "data:" 发送消息，以 "\n\n" 为结尾分隔不同信息。
- 后端将输出内容发送至前端页面。

6.2.3　WebSocket

为了具有更好的实时性，之前已经介绍了在 HTTP 基础上的方案，分别是轮询与服务器发送事件。然而受限于 HTTP 通信方式的无状态、无连接性，开发者难以高效地建立一个实时对等的通信，因此 HTML 5 推广了 WebSocket。它是一种在单个 TCP 连接上进行的全双工通信协议。浏览器通过 JavaScript 与服务器建立 WebSocket 连接之后便可以自由地与服务器交换数据。

1．全双工通信

WebSocket 是一个全双工（full-duplex，或 double-duplex）通信协议。

双工（duplex），即在两个通信设备之间可以有双向的数据传输。全双工是相对于半双工而言的。半双工（half-duplex）是两台通信设备可以进行双向的数据传送，但是一次通信过程只能是一台通信设备向另一台发送数据，两台设备之间不能同时互相传输和接收数据。对讲机的通信机制是典型的半双工通信，通信时只能有一方进行讲话，其他设备负责收听。类似的，如今的许多语音消息交流也是半双工通信机制。HTTP 请求响应间的通信也是半双工的，虽然客户端与服务器都可以向对方发送 HTTP 报文，但是请求一般只能由客户端发起，随后等待服务器的响应。

全双工通信是两台通信设备可以同时进行双向的数据传输，互不影响。在生活中，电话的通信方式即是全双工的，通信双方可以同时讲话，进行数据传输。WebSocket 协议是不同于 HTTP 的全双工通信协议，通信双方不再遵循一方请求然后等待对方响应的模式，而是进行对等的通信，服务器与客户端在建立连接后能够保持连接，并都可以自由地向对方发送数据进行通信。

半双工和全双工的通信过程简图如图 6-85 和图 6-86 所示。

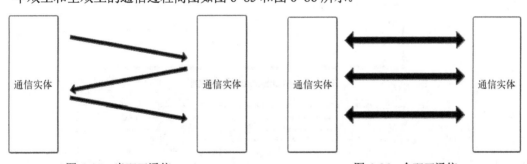

　　　　图 6-85　半双工通信　　　　　　　　　　　　　图 6-86　全双工通信

WebSocket 实现了客户端与服务器端的高效通信。相比基于 HTTP 的轮询和服务器发送事件，WebSocket 协议在首部内容大小上有着绝对的优势，一个 HTTP 请求的首部一般高于 100 字节而 WebSocket 协议的首部只需要 2 字节。在通信过程中，WebSocket 协议将可以省去大量的网络传输与延迟。同时，正是因为全双工通信机制，通信的双方不必由客户端不断请求服务器端进行数据的更新（轮询），或服务器端不断地告知客户端新的数据更新（服务器发送事件），而是即时地将信息反馈到双方，WebSocket 的信息传输具有主动性。借助 WebSocket，开发者便可以实现一些实时性更强的应用，如在线聊天室、多人游戏对战等。

2．通信过程

WebSocket 连接的建立首先需要向服务器发送一个 HTTP 请求，该 HTTP 报文请求服务器将协议由 HTTP 升级为 WebSocket。随后，服务器向客户端返回确认信息将协议升级为 WebSocket协议。该 HTTP 响应传回后，客户端与服务器端由此建立了全双工的 WebSocket 连接，并实现对等通信。最后，当使用 WebSocket 的通信任务结束后，客户端与服务器各自关闭 WebSocket连接。使用 WebSocket 协议通信的过程如图 6-87 所示。

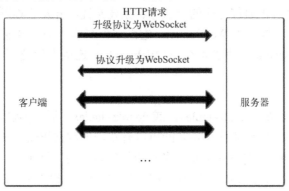

图 6-87　WebSocket 通信过程

由于 WebSocket 的通信过程在应用过程中需要许多复杂的服务器后端代码的支持，而这些内容超出了本书的范围，请有兴趣的读者选择一个后端环境后自行搜索 WebSocket 相关库，来实现一个及时通信应用。本节的实例将使用 websocket.org 所提供的 echo 服务实现前端WebSocket 的连接建立、断开以及信息的发送。实例代码如下，其在浏览器中的显示效果如图 6-88 所示，打开浏览器的调试界面可以观察到通信的具体报文，如图 6-89 所示。

图 6-88　WebSocket 简单实例

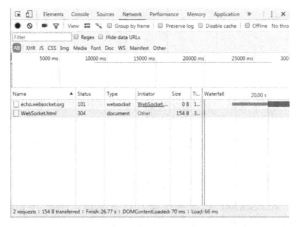

图 6-89　WebSocket 建立连接调试界面

文件名：WebSocket.html

```html
<!DOCTYPE HTML>
<html lang="en-US">
<head>
    <meta charset="UTF-8">
    <title></title>
</head>
<body>
    <button onclick="openConnection()">打开连接</button>
    <button onclick="closeConnection()">断开连接</button>
    <br /><br />
    <input id="message" type="text" /><button onclick="sendMessage()">发送</button>
    <div id="displayArea">
    </div>
    <script>
        var ws;
        function openConnection(){
            ws = new WebSocket("wss://echo.websocket.org");
            var displayArea = document.getElementById("displayArea");
            ws.onopen = function(e){
                displayArea.innerHTML += "连接建立。。。" + "<br />";
            }
            ws.onmessage = function(e){
                displayArea.innerHTML += e.data + "<br \>";
            }
            ws.onclose = function(e){
                displayArea.innerHTML += "连接断开。。。" + "<br />";
            }
        }
        function closeConnection(){
            ws.close();
        }
        function sendMessage(){
            var msg = document.getElementById("message").value;
            ws.send(msg);
        }

    </script>
</body>
</html>
```

实例的页面内包括两个按钮作为 WebSocket 连接打开与关闭的控制，一个输入框与发送按钮组合来进行信息发送，一个<div>标签来显示 WebSocket 连接状态以及服务器所返回的信息。由于所指定的 WebSocket 服务只为 echo，即输出传入信息，所以在运行该实例时，每次通过输入框发送信息后，都会看到来自服务器的反馈。

在代码中，通过创建一个 WebSocket 对象实例来实现 WebSocket 连接的建立。在创建的过程中，需要指定 WebSocket 服务，传入形如"ws://echo.websocket.org"的字符串。其中"ws://"代表通信的协议为 WebSocket，"wss://"则为在 WebSocket 基础上的加密安全协议。每次 WebSocket 连接的建立都会向服务器端发送 HTTP 请求升级协议，然后服务器端返回升级协议的响应。onopen 事件在每次收到来自服务器端的协议升级确认后被触发，在实例中，指定该事件的处理函数输出显示当前 WebSocket 连接已建立。打开浏览器的调试界面的 Network 选项后，进行 WebSocket 的连接测试，便可以看到升级协议的 HTTP 报文，单击可查看报文详情。

当在输入框内输入信息后，单击"发送"按钮触发 sendMessage()函数。在这个函数中，通过所创建的 WebSocket 对象实例的 send()方法进行数据的发送，并将所发送的信息作为参数传入。在发送数据后，服务器端将会把所传送的数据返回来，所以需要添加一个 onmessage 事件来对消息传入进行监听。onmessage 事件在每次新的数据传入后被触发，在实例中，将传入的消息输出至显示区<div>。

当结束 WebSocket 通信时，只需调用 WebSocket 对象实例的 close()方法，即可实现 WebSocket 连接的关闭。与连接的打开类似，连接的关闭也可以设置事件监听，onclose 监听 WebSocket 连接的关闭。在实例中的 onclose 事件处理函数中，在<div>显示区输出连接已断开的消息。

3．Fetch

之前介绍了 AJAX 用来解决异步数据传输的问题。然而如果没有相关的库函数，使用 XMLHttpRequest 仍然是一件十分费力的工作，事件驱动与回调函数也会降低代码的可读性。Fetch API 可以说是 XMLHttpRequest 的替代品，其接口简洁易懂，同时以 Promise 对象为基础，让获取网络资源的异步操作代码同步化。

4．发起 fetch 请求

相比于 XMLHttpRequest 对象，发起 fetch 请求的操作十分简便。下面通过一个简单的实例来进行 JSON 数据和图像数据的抓取。该实例涉及 3 个文件，分别是主页面 fetch.html、所要获取的资源 dogInfo.json 和 dog.jpg。页面中有两个按钮，单击后触发相应的获取 JSON 数据与获取图片资源的处理函数。该实例在浏览器中的显示效果如图 6-90 和图 6-91 所示。

图 6-90　fetch 图片

图 6-91　fetch 简介

文件名：fetch.html

```
<!DOCTYPE HTML>
<html lang="en-US">
<head>
    <meta charset="UTF-8">
    <title></title>
</head>
```

```html
<body>
    <h1>抓取一个狗子图片和简介</h1>
    <button onclick="getImg()">获取图片</button>
    <button onclick="getInfo()">获取简介</button>
    <br /><br />
    <div id="displayArea"></div>
    <script>
        var displayArea = document.getElementById("displayArea");
        function getInfo(){
            var url = "http://localhost:8088/fetch/dogInfo.json";
            fetch(url)
            .then(function(response){
                if (response.ok){
                    response.json().then(function(data){
                        displayArea.innerHTML += "<br />" + data.petName + "<br />";
                        displayArea.innerHTML += data.petKind + "<br />";
                        displayArea.innerHTML += data.petOwner + "<br />";
                        displayArea.innerHTML += data.tel + "<br />";
                    });
                }else{
                    displayArea.innerHTML = "不好意思，没有狗子的信息";
                }
            }).catch(function(error){
                console.log(error);
            });
        }
        function getImg(){
            var url = "http://localhost:8088/fetch/dog.jpg";
            var img = document.createElement("img");
            fetch(url)
            .then(function(response){
                return response.blob();
            })
            .then(function(blob){
                var imgURL = URL.createObjectURL(blob);
                img.src = imgURL;
            })
            .catch(function(error){
                console.log(error);
            });
            displayArea.appendChild(img);
        }
    </script>
</body>
</html>
```

文件名：dogInfo.json

{"petName":"橡皮","petKind":"金毛犬","petOwner":"饮水机","tel":"1010101010101010"}

在这个实例中，当单击"获取简介"按钮时触发 getInfo()函数，在该函数中执行 fetch 请求。观察代码，可以发现 fetch 的使用十分简单。只需一个所要获取资源的 URL 即可，然后

fetch 方法会返回一个 Promise 对象，并将 fetch 执行后的 Response 对象返回，在 then 语句中便可以获取到这个 Response 对象。需要注意的是，fetch()方法执行后返回的 Promise 对象不会拒绝 HTTP 的错误状态，即都会返回一个状态为 resolved 的 Promise 对象。在判断 fetch 执行结果时，只需判断 Response 对象的状态即可，其中 Response 对象的 OK 作为只读属性，表明了 fetch()方法执行后是否收到正确的 HTTP 响应。对返回的 Response 对象进行状态判断后，若响应正确则调用 json()方法，将 Response 对象的内容解析为 JSON 并返回。在下一个 then 语句中，便可以对这个 JavaScript 对象进行输出显示。

可以看到使用基于 Promise 对象的 fetch()方法，可以链式地返回 Promise 对象来实现异步操作的同步化代码编写。类似的，当使用 fetch()方法获取图像时，返回的 Response 对象包含这个图片的流信息。接着，调用 blob()方法将 Response 对象的 body 部分，即所要获取的图片信息转化为 blob 对象，然后返回。在下一个 then 语句中，将这个 blob 对象转换为 URL 格式，然后对应到新创建的<img>标签的 url，进而将新创建的<img>标签添加到<div>显示区，由此完成了图片的获取并显示。

可以看出，相比于使用 XMLHttpRequest 对象，使用 fetch()方法可以顺序地进行代码逻辑的编写，而不是设置事件监听来监测返回报文。并且 Fetch API 的使用十分简便，不依赖库函数，依然可以轻松地实现以前 XMLHttpRequest 对象的相关功能。另外，fetch()方法的错误处理也十分方便，只需在最后添加 catch 语句并对抛出的错误进行捕获即可进行错误处理。

5. 自定义请求参数

使用 fetch()方法直接传入 url，会构造一个简单使用 GET 方法的 HTTP 报文，通过所指定的 URL 获取资源。由于 fetch()方法的本质与 XMLHttpRequest 对象相同，都是构造一个 HTTP 报文在后台进行数据的传输，来实现异步。至于 HTTP 报文的具体细节，可以通过 fetch()方法的备选 init 对象来进行设置。下面以获取图片的 getImg()函数为例学习如何自定义 fetch()方法的请求参数。

```javascript
function getImg(){
    var url = "http://localhost:8088/fetch/dog.jpg";
    var img = document.createElement("img");

    var myInit ={
        method:'GET',
        mode:'same-origin',
        credentials: 'same-origin'
    };
    fetch(url,myInit)
    .then(function(response){
        return response.blob();
    })
    .then(function(blob){
        var imgURL = URL.createObjectURL(blob);
        img.src = imgURL;
    })
    .catch(function(error){
        console.log(error);
    });
    displayArea.appendChild(img);
}
```

在代码中，创建了一个 myInit 对象实例，设置了其中一些可选的属性，并将该对象作为参数与 URL 一起传入了 fetch()方法。在上面的实例中，选择了一些属性做了自定义的设置。其中 method 属性作为设置 HTTP 请求的使用方法，默认使用 GET 方法。mode 属性定义了请求的模式，它可以是跨域的"cors"，也可以是同源的"same-origin"。在这里由于图片资源位于同域，故使用"same-origin"。

在设置 fetch()方法传入参数时，尤其需要注意的是，使用 fetch()方法发送的 HTTP 请求默认是不包括 cookie 的。即在自定义的属性中，credentials 属性默认是"omit"。如果需要发送 cookie，必须设置 credentials 属性，除"omit"之外的可选参数是"include"和"same-origin"。在执行跨域请求时，需将其设置为"include"，如果只涉及同域资源只需设置为"same-origin"。

除了为 fetch()方法设置自定义参数外，还可以通过自定义 Request 对象传入 fetch()方法，来实现自定义 HTTP 报文相关参数的功能。

```
function getImg(){
    var img = document.createElement("img");

    var url = "http://localhost:8088/fetch/dog.jpg";
    var myInit ={
        method:'GET',
        mode:'same-origin',
        credentials: 'same-origin'
    };

    var myRequest = new Request(url,myInit);

    fetch(myRequest)
    .then(function(response){
        return response.blob();
    })
    .then(function(blob){
        var imgURL = URL.createObjectURL(blob);
        img.src = imgURL;
    })
    .catch(function(error){
        console.log(error);
    });
    displayArea.appendChild(img);
}
```

上述代码通过构造 Request 对象，并传入与之前相同的参数，包括所要获取资源的 URL 以及 HTTP 具体细节设置相关的 init 对象，类似地，init 对象为可选参数，然后在调用 fetch()方法时传入所构造的 Request 对象即可。这种方式与之前调用 fetch()方法并传入 URL 和 init 对象的方式最后的实现效果相同。

6. 发送数据

除了使用 GET 方法向服务器端请求资源外，还可以通过 Fetch API 进行数据的异步发送。下面的实例将介绍如何自定义 fetch()方法异步地向服务器发送数据。实例共包括两个文件，分别是 sendData.html 和 sendData.php。实例页面中有一个输入框和"提交"按钮，单击"提交"按钮后，数据将交由 PHP 文件处理。PHP 文件会把数据保存为文本文件。该实例在浏览器中的显示效果如图 6-92 所示。打开浏览器的调试界面可以观察到使用 fetch()方法发送数据时的报文通信情况，如图 6-93 所示。

图 6-92　fetch 发送数据

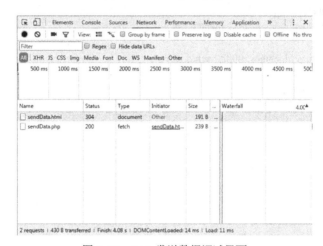

图 6-93　fetch 发送数据调试界面

文件名：sendData.html

```
<!DOCTYPE HTML>
<html lang="en-US">
<head>
    <meta charset="UTF-8">
    <title></title>
</head>
<body>
    <div>
        <input id="message" type="text" name="message"/>
        <button onclick="sendFormData()">提交</button>
    </div>
    <script>
    function sendFormData(){
        var url = "http://localhost:8088/fetch/sendData.php";
        var textInput = document.getElementById("message").value;
        var myHeaders = new Headers();
        myHeaders.append('Content-Type','application/x-www-form-urlencoded');
        var myInit = {
            method:'POST',
```

```
                        headers: myHeaders,
                        body:'message='+ textInput
                }
                fetch(url,myInit);
            }
        </script>
    </body>

    </html>
```

文件名：sendData.php

```php
<?php
    if (isset($_POST['message'])){
        $myfile = fopen("test.txt", "w");
        $message = $_POST['message'];
        fwrite($myfile,$message);
    }
?>
```

　　将代码部署于服务器后，运行实例。在输入框内输入"Hello World"后，单击"提交"按钮。然后，在同目录下找到新创建的 test.txt 文件，打开即可看见之前所发送的信息，如图 6-94所示。单击浏览器调试界面的 Network 选项，再次测试发送数据即可看到浏览器发送的类型为fetch 的 HTTP 报文，查看详情可以看到所传输的数据键值对。

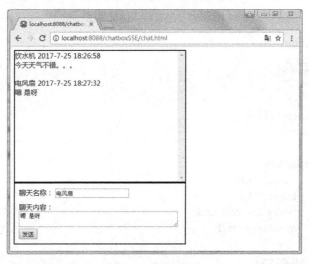

图 6-94　SSE 聊天

　　在实例代码中，使用自定义的 fetch()方法，进行数据的发送。与之前不同的是，这次创建了一个 Headers 对象。Fetch API 除了提供 Request 对象外，还提供了 Headers 对象的相关接口，可以通过调用该对象下的 append()方法，传入所要设置的属性和属性值。将 HTTP 报文的"Content-Type"属性设置为"application/x-www-form-urlencoded"，即表明这个报文要向服务器发送表单数据。为实现数据的传输，还需在输入 fetch()方法的 init 对象中，将 method 设置为 POST 方法，并将所要发送的数据以"'message='+ textInput"键值对的形式写入 body 属性。这样数据才能被添加到自定义的报文中，调用 fetch()方法传入参数即可完成数据的异步传输。

　　当然，Fetch 不止可以发送表单数据，也可以传送 blob 对象、ArrayBuffer 对象等其他形式的数据，其中还需要对 HTTP 报文中的属性细节进行相应的调整，请有兴趣的读者自行搜索学习。

6.2.4　通信协议使用实例

本节将介绍如何利用 SSE 改进 6.2.2 节中的聊天室实例。

使用 SSE 原理，可以对之前使用 AJAX 轮询实现的聊天室进行改进，采用服务器发送事件的方式，将信息传递给客户端。同样的，该实例中包含两个文件，分别是 chatSSE.html 与 chatSSE.php，其在浏览器中的显示效果如图 6-94 所示；打开浏览器的调试界面可以看到当前实例的网络通信状况，如图 6-95 所示。

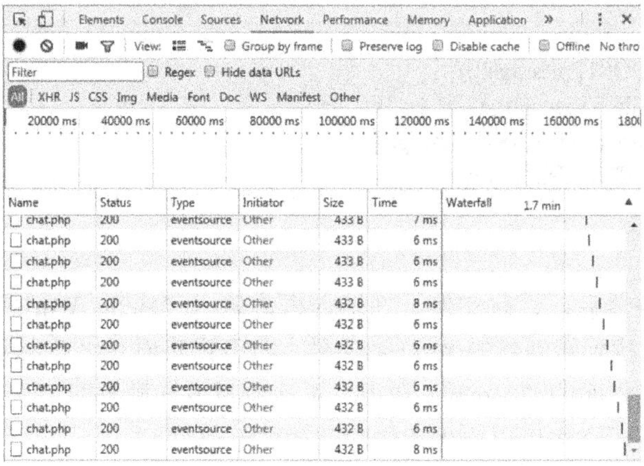

图 6-95　SSE 聊天调试界面

文件名：chatSSE.html

```
<!DOCTYPE HTML>
<html lang="en-US">
<head>
    <meta charset="UTF-8">
    <title></title>
    <style>
        #displayArea{
            width:400px;
            height:300px;
            border:2px solid black;
            overflow-y:scroll;
        }
        #inputContent{
            width:400px;
            border:2px solid black;
        }
        #name{
            margin:10px 10px 10px 10px;
        }
        #content{
            margin:10px 10px 10px 10px;
        }
    </style>
</head>
<body>
```

```
<div id="displayArea">

</div>

<div id="inputContent">
    <div id="name">
        聊天名称:
        <input type="text" id="myName" />
    </div>
    <div id="content">
        聊天内容:
        <textarea name="myWords" id="myWords" cols="50" rows="2"></textarea>
        <button onclick="sendMessage()">发送</button>
    </div>
</div>
<script>
    var getxhr = new XMLHttpRequest();
    var source = new EventSource("http://localhost:8088/chatboxSSE/chatSSE.php");
    source.onmessage = function(e){
        var displayArea = document.getElementById("displayArea");
        displayArea.innerHTML = e.data;
        displayArea.scrollTop = displayArea.scrollHeight;

    }
    function getDateTime(){
        var date = new Date();
        var year = date.getFullYear();
        var month = date.getMonth();
        var day = date.getDate();
        var hour = date.getHours();
        var minute = date.getMinutes();
        var second = date.getSeconds();
        var datestring = year + "-" + month + "-" + day + " " + hour + ":" + minute + ":" + second;
        return datestring;

    }
    function sendMessage(){
        var chatName = document.getElementById("myName").value;
        var chatContent = document.getElementById("myWords").value;
        var url = "http://localhost:8088/chatboxSSE/chatSSE.php";
        var date = getDateTime();
        var myMessage = {
            name:chatName,
            content:chatContent,
            datetime:date
        };
        myMessage = JSON.stringify(myMessage);
        var postxhr = new XMLHttpRequest();
        postxhr.open("POST",url,true);
        postxhr.setRequestHeader("Content-type", "application/x-www-form-urlencoded");
        postxhr.send("messageString=" + myMessage);
    }
```

```
                </script>
        </body>
        </html>
```

文件名：chatSSE.php

```php
<?php
        header('Content-Type: text/event-stream');
        header('Cache-Control: no-cache');


        $chat = file_get_contents("chatfile.txt");

        if (isset($_POST['messageString'])){
            $rawJSON = $_POST['messageString'];
            $obj = json_decode($rawJSON);
            $myfile = fopen("chatfile.txt", "a");
            $message = $obj->name."          ".$obj->datetime."<br />".$obj->content."<br /><br />";
            fwrite($myfile,$message);
        }

        echo "data: {$chat}\n\n";
        flush();
?>
```

将代码部署至服务器后访问 HTML 文档，便得到了与之前类似的聊天应用。所不同的是，单击浏览器调试界面的 Network 选项，可以看到使用 SSE 的聊天应用是由服务器端不断向页面发送数据，类型为 eventsource。

6.3 Web Worker 线程

现代的计算机操作系统支持了多进程与多线程，大大地提高了 CPU 的利用率，同时也大大提升了使用者的便利，让使用者可以一边听音乐，一边操作文档，同时还有程序监听着此时是否有邮件传入等。操作系统所支持的 CPU 调度（CPU scheduling）让多个进程或线程共享着CPU，而不是每个进程或线程逐个来占领 CPU 直到运行结束离开，这样就不能同时让计算机做很多事情了。相信很多读者都遇到过页面阻塞的情况，此时，无论鼠标在页面上怎么单击都没有反应，这就是因为 CPU 资源被其他进程或线程占用，而无法处理 UI 交互。

为了让用户在使用浏览器访问页面时能够顺畅地运行，不出现上述的画面阻滞的情况，HTML 5 提供了 Web Worker 工作线程这一解决方案，让开发者能够实现 JavaScript 的多线程编程，将一些较耗费资源的计算放到后台运行，页面也就可以照常显示并对各种 UI 交互产生响应；相比于阻塞等待，这样的用户体验显然更好。

在正式学习 Web Worker 之前，先来看一下如果没有 Web Worker 页面会是怎样的。Web Worker 的主要用途是将一些费时的任务作为一个单独的线程放到后台去执行，而页面内则照常运行不受影响。等到在另一个线程里运行的费时任务结束返回结果后，再通过特定的方法返还给页面。

现在来构造一个费时的任务而不使用 Web Worker，来模拟现实应用中如果缺少多线程机制将要面临的窘境。在大的范围内寻找素数、递归构造斐波那契数列、汉诺塔等都可以是备选的费时任务。在下面的实例中，将把在大范围内寻找素数作为一个费时的任务。

　　文件名：不使用 Web Worker.html

```html
<!DOCTYPE HTML>
<html lang="en-US">
<head>
        <meta charset="UTF-8">
        <title>不使用 Web Worker</title>
        <style>
                #searchResult{
                        height:300px;
                        width:500px;
                        overflow:scroll;
                        overflow-x:hidden;
                        border:solid 1px black;
                        margin-top:10px;
                }
        </style>
</head>
<body>
        <h2>素数搜索</h2>
        <p>搜索范围：<input type="text" id="from" value="0"/> 到 <input type="text" id="to" value=
"1000000"/></p>
        <button onclick="doSearch()">开始搜索</button>
        <div id="searchResult">
        </div>
        <script>
                function doSearch(fromNum, toNum){
                        //获取输入框内所填写的范围，默认的从 1～100000
                        var fromNum = document.getElementById("from").value;
                        var toNum = document.getElementById("to").value;
                        var primes = findPrimes(fromNum,toNum);
                        var primeList = "";
                        for (var i=0; i<primes.length; i++) {
                                primeList += primes[i];
                                if (i != primes.length-1) primeList += ", ";        //此处逗号后有空格
                        }
                        var displayList = document.getElementById("searchResult");
                        displayList.innerHTML = primeList;
                }
                //素数搜索函数，返回所选范围素数数组
                function findPrimes(fromNum,toNum){
                        var list = [];
                        for (var i=fromNum; i<=toNum; i++){
                        if (i>1) list.push(i);
                        }
                        var maxDiv = Math.round(Math.sqrt(toNum));
                        var primes = [];

                        for (var i=0; i<list.length; i++) {
                                var failed = false;
                                for (var j=2; j<=maxDiv; j++) {
```

```
                                    if ((list[i] != j) && (list[i] % j == 0)) {
                                        failed = true;
                                    } else if ((j==maxDiv) && (failed == false)) {
                                        primes.push(list[i]);
                                    }
                                }
                            }
                        }
                        return primes;
                    }
                </script>
            </body>
        </html>
```

在上面的实例中,有两个输入框作为素数搜索范围的选择,由于是示例代码,并没有做前后大小的检查。下面的\<div\>元素用来显示输出的素数列表,并在\<style\>标签内对其设置了样式。在单击"开始搜索"按钮后,页面下方的\<div\>框内应当显示输入范围内的素数,默认填写的范围是0~100万。但是,在单击"开始搜索"按钮后,页面如图6-96所示。

页面上的按钮有按下去的效果,但是仿佛画面定格在了这里,此时页面中再去单击输入框也没有任何反应。过了几秒钟之后,按钮才被弹起,页面下方的\<div\>元素内才显示出了选中范围的素数列表,如图6-97所示。这时才可以去修改输入框内的搜索范围,并进行页面交互。

图 6-96　不使用 Web Worker

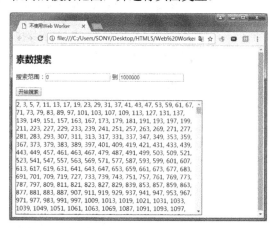

图 6-97　经过一段时间页面阻滞后显示出结果

之所以这样,是因为搜索 100 万以内的质数是一个十分耗费时间的工作,即便计算机 CPU 处理速度飞快,进行这样的计算还是需要耗费几秒。由于 JavaScript 编程语言主要用来应对 Web 应用中页面交互上的一些场景,它本身并不支持多线程,是单线程的,只有一个线程在操作页面中的 DOM 元素。因此,在上面的实例中,在单击"开始搜索"按钮后,浏览器 JavaScript 引擎中仅有的线程被用来做搜索 100 万以内素数这个工作,也就没有其他线程去处理页面上的输入框等元素的交互了,进而造成了页面的阻塞。显然,这样的阻塞对浏览器的使用者来说是极其不好的体验,仿佛页面死机一般,不能对页面进行其他的操作。为了避免这样的情况,HTML 5 为开发者提供了 Web Worker 作为解决方案。

6.3.1　Web Worker 的创建和使用

为了解决上述页面阻塞的情况,Web Worker 定义了一个新的 Worker 对象。在进行一些需要在后台运行的程序时,如加载一些较大的文件或处理一个比较耗时的计算,就可以创建一个

Worker 对象，传入待处理数据，将这些任务交给它来运行，而不是在仅有的单线程前端运行。下面的实例就创建并使用了 Web Worker 来实现搜索素数的计算。注意，Web Worker 需要在服务器环境下测试运行。该实例在浏览器中的运行效果如图 6-98 和图 6-99 所示。

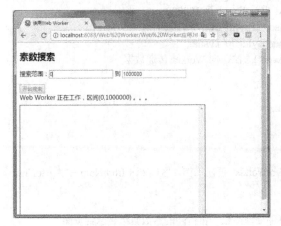

图 6-98　使用 Web Worker

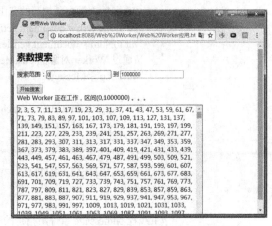

图 6-99　使用 Web Worker 后的输出结果

文件名：使用 Web Worker.html

```
<!DOCTYPE HTML>
<html lang="en-US">
<head>
    <meta charset="UTF-8">
    <title>使用 Web Worker</title>
    <style>
        #searchResult{
            height:300px;
            width:500px;
            overflow:scroll;
            overflow-x:hidden;
            border:solid 1px black;
            margin-top:10px;
        }
    </style>
</head>
<body>
    <h2>素数搜索</h2>
    <p>搜索范围：<input type="text" id="from" value="0"/> 到 <input type="text" id="to" value="1000000"/></p>
    <button id="searchBtn" onclick="doSearch()">开始搜索</button>
    <div id="processing">
    </div>
    <div id="searchResult">
    </div>
    <script>
        var searchBtn = document.getElementById("searchBtn");
        var statusDisplay = document.getElementById("processing");
        var worker;
        function doSearch(fromNum, toNum){
            //在开始搜索后禁用按钮
```

```
                searchBtn.disabled = true;
                //创建 Worker 对象，并为 Worker 对象的 onmessage 事件指定事件处理函数
                worker = new Worker("findPrimes.js");
                worker.onmessage = receivedWorkerMessage;
                //获取输入框内所填写的范围，默认的从 1 到 100000
                var fromNum = document.getElementById("from").value;
                var toNum = document.getElementById("to").value;
                //通过 Worker 对象的 postMessage()方法，向 Worker 传递数据
                worker.postMessage(
                        {
                                fromNum: fromNum,
                                toNum:toNum
                        }
                );
                statusDisplay.innerHTML = "Web Worker 正在工作，区间\(" + fromNum + "," + toNum
+"\)。。。";
            }
            //主线程 onmessage 事件所指定的事件处理函数，将传回的素数数组显示到页面
            function receivedWorkerMessage(event){
                //获取 Worker 对象传来的素数数组
                var primes = event.data;
                var primeList = "";
                //将素数数据变为有分隔符的字符串
                for(var i=0; i<primes.length; i++){
                        primeList += primes[i];
                        if (i != primes.length-1){
                                primeList += ", ";
                        }
                }
                //将结果显示在页面指定区域
                var displayList = document.getElementById("searchResult");
                displayList.innerHTML = primeList;
                //启用 button
                searchBtn.disabled    = false;
            }
        </script>
    </body>
</html>
```

文件名：findPrimes.js

```
//Worker 的 onmessage 事件处理函数，收到来自主线程的 postMessage()方法传来的数据
onmessage = function(event){
    //获取传来的数据
    var fromNum = event.data.fromNum;
    var toNum = event.data.toNum;
    //调用搜索素数的函数
    var primes = findPrimes(fromNum,toNum);
    //使用 postMessage()方法将结果回传给主线程
    postMessage(primes);
}
//素数搜索函数，返回所选范围素数数组
function findPrimes(fromNum,toNum){
```

```
    var list = [];
    for (var i=fromNum; i<=toNum; i++){
    if (i>1) list.push(i);
    }
    var maxDiv = Math.round(Math.sqrt(toNum));
    var primes = [];

    for (var i=0; i<list.length; i++) {
        var failed = false;
        for (var j=2; j<=maxDiv; j++) {
          if ((list[i] != j) && (list[i] % j == 0)) {
             failed = true;
          } else if ((j==maxDiv) && (failed == false)) {
             primes.push(list[i]);
          }
        }
    }
    return primes;
}
```

在服务器环境下运行上述实例后,可以观察到使用了 Web Worker,单击"开始搜索"按钮后,页面不会出现阻塞,继续对用户操作进行响应。费时的素数搜索工作被放到了后台运行,并在运行结束后返回结果,然后输出到页面上。在详细分析代码之前,先了解这个过程主要发生了什么。

网页与 Worker 对象分属不同的线程,它们通过 postMessage()方法与各自的 onmessage 事件响应来进行通信。网页主线程将需要处理的数据通过所创建 Worker 对象的 postMessage()方法传递给指定的 Worker 对象实例,当信息发送过去之后,就触发了这个 Worker 实例的 onmessage 响应事件,即收到了信息需要处理。此时,作为主线程的网页与 Worker 同时运行,网页继续对使用者的操作进行响应,而 Worker 实例则运行着这个比较费时的任务。当任务运行完毕之后,得到了计算结果,支线程 Worker 调用 postMessage()传入相应的结果,这样就将结果传递回了主页面。这时,页面的 onmessage 事件被触发,调用相应的事件处理函数,就可以将 Worker 的计算结果取出来,Web Worker 由此在不影响主页面的情况下完成了任务,原理如图 6-100 所示。

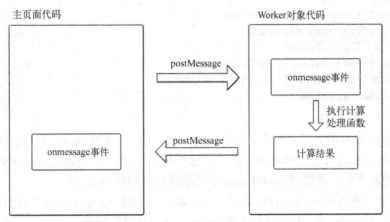

图 6-100 Web Worker 与主页面的通信过程

下面来仔细分析代码。

```
function doSearch(fromNum, toNum){
    //在开始搜索后禁用按钮
    searchBtn.disabled = true;
    //创建 Worker 对象，并为 Worker 对象的 onmessage 事件指定事件处理函数
    worker = new Worker("findPrimes.js");
    worker.onmessage = receivedWorkerMessage;
    //获取输入框内所填写的范围，默认的从 1 到 100000
    var fromNum = document.getElementById("from").value;
    var toNum = document.getElementById("to").value;
    //通过 Worker 对象的 postMessage()方法，向 Worker 传递数据
    worker.postMessage(
        {
            fromNum: fromNum,
            toNum:toNum
        }
    );
    statusDisplay.innerHTML = "Web Worker 正在工作，区间\(" + fromNum + "," + toNum +"\) . . . ";
}
```

当用户输入指定的搜索区间后，单击"开始搜索"按钮即开始一次素数搜索行为。当用户单击"开始搜索"按钮后触发函数 doSearch()。在该函数内，先将按钮禁用，一次搜索完成后再进行下一次搜索，否则在实际中会出现不一致的现象。然后创建了一个 Worker 对象，并传入需要 Web Worker 执行的代码文件的 URL。注意，Worker 对象所运行的 JavaScript 代码需要放置在一个单独的文件中。这样设计的目的是将 Web Worker 线程与页面分离，Worker 对象不能访问到 DOM 节点、全局变量或全局函数等，防止与主页面出现冲突。然后指定主页面 onmessage 事件的处理函数为 receivedWorkerMessage()，读取页面上所输入的搜索区间数值；通过 Worker 对象的 postMessage()方法，将数据传递给指定的 Worker 实例。最后具体的搜索任务就交给了新创建的 Worker 对象，主页面继续运行并对用户的操作进行响应。

下面来看 Worker 对象实例的代码，在主页面将数据发送出去时，这个 Worker 对象实例的 onmessage 事件被触发。

```
//Worker 的 onmessage 事件处理函数，收到来自主线程的 postMessage()方法传来的数据
onmessage = function(event){
    //获取传来的数据
    var fromNum = event.data.fromNum;
    var toNum = event.data.toNum;
    //调用搜索素数的函数
    var primes = findPrimes(fromNum,toNum);
    //使用 postMessage()方法将结果回传给主线程
    postMessage(primes);
}
```

在 onmessage 事件的处理函数中，先通过传入的 event 对象获取主页面所传递的数据，然后将其作为参数传入 findPrimes()函数进行运算，这个函数与之前的 findPrimes()函数的基本内容一致。在得到计算结果后，再通过 postMessage()方法将结果回传给主页面。

Worker 对象实例中的代码运行结束后，就会将数据通过 postMessage()方法传回主页面。下面就回到了主页面 JavaScript 代码中主页面 onmessage 事件处理函数 received WorkerMessage()。

```
//主线程 onmessage 事件所指定的事件处理函数，将传回的素数数组显示到页面
```

```
function receivedWorkerMessage(event){
    //获取 Worker 对象传来的素数数组
    var primes = event.data;
    var primeList = "";
    //将素数数据变为有分隔符的字符串
    for(var i=0; i<primes.length; i++){
        primeList += primes[i];
        if (i != primes.length-1){
            primeList += ", ";
        }
    }
    //将结果显示在页面指定区域
    var displayList = document.getElementById("searchResult");
    displayList.innerHTML = primeList;
    //启用 button
    searchBtn.disabled    = false;
}
```

　　与 Worker 对象实例中获取传入数据的方法类似，可通过传入的 event 对象来读取计算结果；然后将数组形式的计算结果转换为有分隔符的字符串，并将其显示到页面上；最后启用按钮。由此就完成了一次 Web Worker 的简单应用过程。

6.3.2　Web Worker 的错误处理

　　Web Worker 与页面主线程的通信，除了通过 postMessage()和 onmessage 事件机制外，还有一种就是错误处理。当 Web Worker 的代码运行出现错误后，需要通过错误处理将错误信息传回到页面主线程中。此时通过 Worker 的 onerror 事件来对 Web Worker 运行错误做出反应。在上述代码段的 doSearch()函数中指定 onerror 事件处理函数。

```
worker.onerror = workerError;
```

　　为 Worker 对象实例指定 workerError()函数作为 onerror 事件处理函数。

```
function workerError(error){
    statusDisplay.innerHTML = error.message;
}
```

　　向 workerError()方法内传入 event 对象，并用 error 来命名这个 event 对象，将 HTML 页面中的状态显示内容变为 event 对象的 message，来读取错误信息，反馈到主页面。
　　由于错误有不同情况，无法一一列举。下面简单测试一下错误处理。由于 Web Worker 不同于主页面，不能访问页面中的 DOM 元素，也不能调用一些主页面的全局变量或全局函数。如果强行调用的话，就会产生错误，产生错误后就会触发 onerror 事件并执行相应的处理函数。下面在之前 Worker 对象实例中做如下修改，在 onmessage 事件处理函数中使用 Worker 对象所不能使用的 alert 函数。

```
onmessage = function(event){
    //Worker 不能调用 alert 这样的全局函数
    alert("Hello World!");
    //获取传来的数据
    var fromNum = event.data.fromNum;
    var toNum = event.data.toNum;
```

```
        //调用搜索素数的函数
        var primes = findPrimes(fromNum,toNum);
        //使用 postMessage()方法将结果回传给主线程
        postMessage(primes);
    }
```

在服务器环境运行主页面，单击"开始搜索"按钮，显示的错误信息如图 6-101 所示。

图 6-101　错误处理

这时主页面中"开始搜索"按钮的下方显示错误，由于 Worker 对象实例不能调用像 alert() 这样的全局函数，于是就会传回错误信息，并触发主页面中的 onerror 事件，显示"alert is not defined"。

6.3.3　Web Worker 的终止线程

对于每一个创建的 Worker 对象实例，开发者可以通过 terminate()或 close()方法来终止这个线程。调用过 terminate()方法后，就不能再使用这个实例了，如果继续通过这个实例调用 Worker 对象的方法就会抛出错误。

在 HTML 页面中新添加一个按钮，并指定单击事件的触发函数。

```
<button id="stopBtn" onclick="cancelSearch()">终止搜索</button>
```

然后在<script>标签内编写 cancelSearch()方法。

```
function cancelSearch(){
    worker.terminate();
    statusDisplay.innerHTML = "";
    if (searchBtn.disabled == true){
        searchBtn.disabled = false;
    }
}
```

在服务器环境运行后，就可以通过"终止搜索"按钮来结束本次正在进行中的查找并取消"开始搜索"按钮的禁用。

6.3.4　Web Worker 的共享线程

在此之前已介绍了 Worker 对象的声明与应用，Worker 对象指的是专用线程（Dedicated Web

Worker），从某一页面中创建并与之通信，并可由同一个页面进行线程的终止。接下来要学习的共享线程（Shared Web Worker）与之前不同，它可由多个页面共同使用，而不专属于某一个页面。

其主要区别首先是创建对象的不同，Worker 对象为专用线程，SharedWorker 为共享线程。共享线程对象实例的 onmessage 事件与 postMessage()需要通过 port（端口）来实现。图 6-102 描述了上述实例的通信过程。

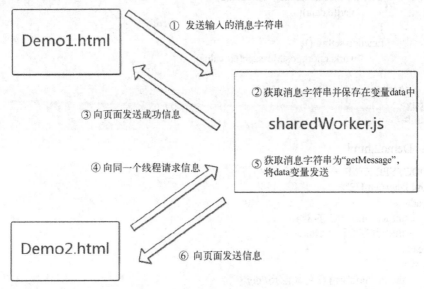

图 6-102　SharedWorker 通信过程

6.3.5　Web Worker 使用实例

下面通过一个具体的实例来讲解如何使用共享线程。在这个实例中，涉及两个 HTML 文件与一个 JavaScript 文件。其中，一个 HTML 页面内，负责向共享线程传入一个值，并指定共享线程内的变量代为保存；另一个 HTML 页面则可以通过单击获取信息按钮，从同一个共享线程内读取变量并显示；JavaScript 文件即为共享线程的代码。该实例在浏览器中的展示效果如图 6-103 和图 6-104 所示。

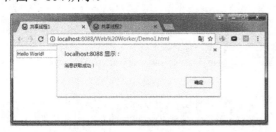

图 6-103　共享线程发送信息

图 6-104　共享线程获取信息

文件名：Demo1.html

```
<!DOCTYPE HTML>
<html lang="en-US">
<head>
    <meta charset="UTF-8">
    <title>共享线程 1</title>
</head>
```

```
<body>
    <input type="text" id="txt" />
    <button id="setInfo" onclick="setInfo()">发送</button>
    <script>
        var txt = document.getElementById("txt");
        var worker = new SharedWorker("sharedWorker.js");
        worker.port.onmessage = function(e){
            alert(e.data);
        }
        function setInfo(){
            worker.port.postMessage(txt.value);
        }
    </script>
</body>
</html>
```

文件名：Demo2.html

```
<!DOCTYPE HTML>
<html lang="en-US">
<head>
    <meta charset="UTF-8">
    <title>共享线程 2</title>
</head>
<body>
    <div id="info">消息文本显示</div>
    <button id="getInfo" onclick="getInfo()">获取</button>
    <script>
        var info = document.getElementById("info");
        var worker = new SharedWorker("sharedWorker.js");
        worker.port.onmessage = function(e){
            info.innerHTML = e.data;
            alert(e.data);
        }
        function getInfo(){
            worker.port.postMessage("getMessage");
        }
    </script>
</body>
</html>
```

文件名：sharedWorker.js

```
var data;
onconnect = function(e){
    var port = e.ports[0];
    port.onmessage = function(e){
        if (e.data == "getMessage"){
            port.postMessage(data);
        }else{
            data = e.data;
            port.postMessage("消息获取成功！");
        }
    }
}
```

在发送信息的页面内输入"Hello World!"后，单击"发送"按钮，页面向所创建的共享线程发送了信息，并收到线程给予的回复。然后在获取消息页面，单击"获取"按钮，就可以收到在上一个页面中所发送的信息。

下面来分析实例中的代码，与之前的专用线程原理一样，实例中的两个 HTML 页面与共享线程之间的通信有赖于消息的传递与接受，它们 3 个就像邮件的发送与接收过程一样，需要 postMessage()方法将消息发送出去，然后每一个"信箱"又需要时时刻刻等着是否有邮件进来，如果有的话需要做出反应，触发 onmessage 事件处理函数。

在 Demo1.html 与 Demo2.html 中，都通过如下代码对共享线程进行声明与创建，创建的对象为 SharedWorker 对象

```
var worker = new SharedWorker("sharedWorker.js");
```

在此需要为 SharedWorker 对象指定 onmessage 事件处理函数，与之前的专用线程不同，共享线程需要通过端口来指定，即 worker.port.onmessage。在上面的代码中，直接对 onmessage 事件指定匿名函数来执行处理。如果是通过函数名来调用的话，则需要提前开启端口，才能进行 onmessage 事件的处理以及 postMessage()方法的使用，即 worker.port.start()。

在 Demo1 中，通过<input>标签输入字符串，并在<script>标签的代码段中获取所输入的信息，单击"发送"按钮后执行函数 setInfo()。

```
function setInfo(){
    worker.port.postMessage(txt.value);
}
```

同样，worker 通过端口执行 postMessage()方法，并传入所获取的输入框字符串。下面来看 sharedWorker.js 文件。

```
var data;
onconnect = function(e){
    var port = e.ports[0];
    port.onmessage = function(e){
        if (e.data == "getMessage"){
            port.postMessage(data);
        }else{
            data = e.data;
            port.postMessage("消息获取成功！");
        }
    }
}
```

首先为 onconnect 事件指定事件处理函数，并获取与共享线程实例通信的端口信息，这样共享线程实例就可以确定自己在与哪一个页面进行通信，并向相应的线程发送信息。发送信息的 postMessage()方法就通过相应的端口信息进行调用，从而可以将信息传递给指定的页面，即正在与其进行连接并通信的页面。由于 Demo1 与 Demo2 功能不同，两者却与同一个共享线程实例进行通信，所以在代码中通过条件语句来区别，当传入字符串为"getMessage"时，postMessage()方法传入的参数才是之前所保留的消息字符串。Demo2 页面基本原理与 Demo1 类似，就不再赘述。

通过上述实例实现了一个简单的共享线程的创建与使用，从而让两个不同的页面能够对同一个 SharedWorker 对象实例进行通信，并共享其方法与数据。可以看到，SharedWorker 对象的使用方法与专用线程 Worker 对象方法类似，使用原则同样是不能调用页面中的 DOM 元素、全

局变量和全局函数等。共享线程的错误处理和终止线程方法同样与专用线程类似，但又有一些不同，在此不再展开，请有兴趣的读者自行搜索学习。

6.4　思考题

1. Canvas 中一共提供几种坐标变换方式？这些变换是如何作用的？
2. 简述 Canvas 的变形坐标变换原理。
3. 简述画布状态保存和恢复的过程。为什么要用到画布的保存与恢复相关方法？
4. 简述将 Canvas 画布上内容转换为图片文件的几种方法。
5. 怎样调整画布才不会对画布内容产生变形影响？
6. 在画布上分别使用哪种方法绘制空心矩形和实心矩形？
7. 画布中怎样设置颜色渐变？
8. 简述画布的变形坐标变换原理。
9. 什么是 HTTP？HTTP 报文的基本结构是什么样的？HTTP 请求报文和 HTTP 响应报文有什么区别？
10. GET 和 POST 之间有什么异同？
11. 什么是 AJAX？AJAX 有什么优点？
12. 什么是 WebSocket？WebSocket 有什么特点？
13. 什么是全双工通信？什么是半双工通信？生活中有哪些例子属于全双工通信，哪些属于半双工通信呢？
14. Web Worker 是什么？为什么要有 Web Worker？
15. Web Worker 的代码段对主页面线程的访问性如何？有哪些限制？
16. Web Worker 与页面主线程如何通信？
17. 什么是共享线程？它与 Web Worker 工作线程之间有什么区别和联系？

第7章 HTML 5 实战

本章将应用之前介绍的 HTML 5 相关知识，逐步地实现 3 个经典实例，分别为 2048 游戏、教务管理系统和贪吃蛇游戏，帮助读者更好地理解并应用 HTML 5 相关知识。

7.1 2048 游戏

7.1.1 游戏界面

本节提供一个 2048 游戏的 js（JavaScript）实现。同时提供少量 HTML 和 CSS 代码显示界面。游戏界面如图 7-1 所示。

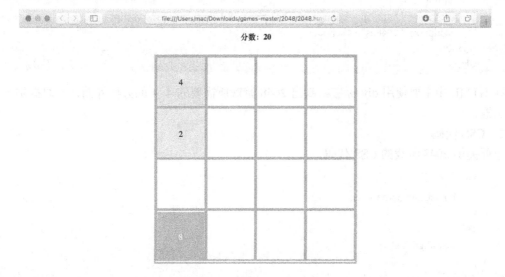

图 7-1　2048 游戏界面

7.1.2 游戏代码

1．HTML 代码

下面提供 2048 游戏的 HTML 代码。

```html
<html>

<head>
    <meta charset="utf-8">
    <title>2048 小游戏</title>
    <link   href="2048.css"   media="all" rel="stylesheet" />
</head>
```

```
<body>
    <h3 id="score">分数：0</h3>
    <div class="g2048">
        <div class="cell"></div>
        <div class="cell"></div>
        <div class="cell"></div>
        <div class="cell"></div>
        <div class="cell"></div>
        <div class="cell"></div>
        <div class="cell"></div>
        <div class="cell"></div>
        <div class="cell"></div>
        <div class="cell"></div>
        <div class="cell"></div>
        <div class="cell"></div>
        <div class="cell"></div>
        <div class="cell"></div>
        <div class="cell"></div>
        <div class="cell"></div>
    </div>
    <script src="http://apps.bdimg.com/libs/jquery/1.8.1/jquery.min.js"></script>
    <script src="2048.js"></script>
</body>
</html>
```

在 HTML 中主要使用 div 标签绘制出 2048 游戏所需要的 4×4 的方格界面，同时提供一个分数显示框。

2．CSS 代码

下面提供 2048 游戏的 CSS 代码。

```
* {
    box-sizing: border-box;
}
h3{
    text-align:center;
}
.g2048{
    border: 4px solid #bbad9e;
    width: 500px;
    height: 500px;
    margin: 30px auto;
    position: relative;
}
.cell{
    float: left;
    height: 25%;
    width: 25%;
    box-sizing:border-box;
    border: 4px solid #bbad9e;
}
.number_cell{
```

```css
        position: absolute;
        box-sizing:border-box;
        width: 25%;
        height: 25%;
        padding: 4px;
        left: 0;
        top: 0;
        transition: all 0.2s;
        color: #fff;
        font-size: 20px;
}
.number_cell_con{
        width: 100%;
        height: 100%;
        text-align: center;
        position: relative;
}
.number_cell_con span{
        position: absolute;
        top: 50%;
        margin-top: -0.5em;
        left: 0;
        right: 0;
}
/*位置*/
.p00{left:0;top:0;} .p01{left:0; top:25%; } .p02{left:0; top:50%; } .p03{left:0; top:75%; } .p10{left:25%;
top:0; } .p11{left:25%; top:25%; } .p12{left:25%; top:50%; } .p13{left:25%; top:75%; } .p20{left:50%; top:0; } .p21{left:50%;
top:25%; } .p22{left:50%; top:50%; } .p23{left:50%; top:75%; } .p30{left:75%; top:0; } .p31{left:75%; top:25%; } .p32{left:75%;
top:50%; } .p33{left:75%; top:75%; }
/*颜色*/
.n2{background: #eee4da; color: #000; } .n4{background: #ece0c8; color: #000; } .n8{background:
#f3b179; } .n16{background:#f59563; } .n32{background:#f67c5f; } .n64{background:#f65e3c; } .n128{background:
#edce71; } .n256{background:#eccb61; } .n512{background:#edc750; } .n1024{background:#edc631; } .n2048{background:
#edc12f; }
```

CSS 定义了游戏中界面元素的样式，例如：

```css
.g2048{
        border: 4px solid #bbad9e;
        width: 500px;
        height: 500px;
        margin: 30px auto;
        position: relative;
}
```

这段代码说明 g2048 类的元素（即 HTML 中的<div class="g2048">），应当显示为 4px（像素）的颜色、为#bbad9e 的描边；控件宽度和高度为 500px；上外边距和下外边距是 30px；右外边距和左外边距则根据页面缩放状态自动计算；控件的位置是相对的，因而可以适应不同的页面缩放（一直悬浮在页面中央）。

3．JavaScript 代码

下面提供 2048 游戏的 JavaScript 代码。

```
function G2048(){
    this.addEvent();
}

G2048.prototype = {
    constructor:G2048,
    init:function(){
        this.score = 0;
        this.arr = [];
        this.moveAble = false;
        $("#score").html("分数：0");
        $(".number_cell").remove();
        this.createArr();
    },
    creatArr:function(){
        /*生成原始数组，随机创建前两个格子*/
        var i,j;
        for (i = 0; i < 4; i++) {
            this.arr[i] = [];
            for (j = 0; j < 4; j++) {
                this.arr[i][j] = {};
                this.arr[i][j].value = 0;
            }
        }
        //随机生成前两个。并且不重复
        var i1,i2,j1,j2;
        do{
            i1=getRandom(3),i2=getRandom(3),j1=getRandom(3),j2=getRandom(3);
        }while(i1==i2 && j1 == j2);

        this.arrValueUpdate(2,i1,j1);
        this.arrValueUpdate(2,i2,j2);
        this.drawCell(i1,j1);
        this.drawCell(i2,j2);
    },
    drawCell:function(i,j){
        /*画一个新格子*/
        var item = '<div class="number_cell p'+i+j+'" ><div class="number_cell_con n2"><span>'
        +this.arr[i][j].value+'</span></div> </div>';
        $(".g2048").append(item);
    },
    addEvent:function(){
        //添加事件
        var that = this;
        document.onkeydown=function(event){
            var e = event || window.event || arguments.callee.caller.arguments[0];
            var direction = that.direction;
            var keyCode = e.keyCode;

            switch(keyCode){
                case 39://右
                    that.moveAble = false;
```

```javascript
                        that.moveRight();
                        that.checkLose();
                        break;
                    case 40://下
                        that.moveAble = false;
                        that.moveDown();
                        that.checkLose();
                        break;
                    case 37://左
                        that.moveAble = false;
                        that.moveLeft();
                        that.checkLose();
                        break;
                    case 38://上
                        that.moveAble = false;
                        that.moveUp();
                        that.checkLose();
                        break;
                }
        };
    },
    arrValueUpdate:function(num,i,j){
        /*更新一个数组的值。*/
        this.arr[i][j].oldValue = this.arr[i][j].value;
        this.arr[i][j].value = num;
    },
    newCell:function(){
        /*在空白处掉下来一个新的格子*/
        var i,j,len,index;
        var ableArr = [];
        if(this.moveAble != true){
            console.log('不能增加新格子，请尝试其他方向移动！');
            return;
        }
        for (i = 0; i < 4; i++) {
            for (j = 0; j < 4; j++) {
                if(this.arr[i][j].value == 0){
                    ableArr.push([i,j]);
                }
            }
        }
        len = ableArr.length;
        if(len > 0){
            index = getRandom(len);
            i = ableArr[index][0];
            j = ableArr[index][1];
            this.arrValueUpdate(2,i,j);
            this.drawCell(i,j);
        }else{
            console.log('没有空闲的格子了！');
            return;
        }
```

```
        },
        moveDown:function(){
            /*向下移动*/
            var i,j,k,n;
            for (i = 0; i < 4; i++) {
                n = 3;
                for (j = 3; j >= 0; j--) {
                    if(this.arr[i][j].value==0){
                        continue;
                    }
                    k = j+1;
                    aa:
                    while(k<=n){
                        if(this.arr[i][k].value == 0){
                            if(k == n || (this.arr[i][k+1].value!=0 && this.arr[i][k+1].value!=this.arr[i][j].value)){
                                this.moveCell(i,j,i,k);
                            }
                            k++;

                        }else{
                            if(this.arr[i][k].value == this.arr[i][j].value){
                                this.mergeCells(i,j,i,k);
                                n--;
                            }
                            break aa;
                        }

                    }
                }
            }
            this.newCell();//生成一个新格子。后面要对其做判断
        },
        moveUp:function(){
            /*向上移动*/
            var i,j,k,n;
            for (i = 0; i < 4; i++) {
                n=0;
                for (j = 0; j < 4; j++) {
                    if(this.arr[i][j].value==0){
                        continue;
                    }
                    k = j-1;
                    aa:
                    while(k>=n){
                        if(this.arr[i][k].value == 0){
                            if(k == n || (this.arr[i][k-1].value!=0 && this.arr[i][k-1].value!=this.arr[i][j].value)){
                                this.moveCell(i,j,i,k);
                            }
                            k--;
                        }else{
                            if(this.arr[i][k].value == this.arr[i][j].value){
```

```
                            this.mergeCells(i,j,i,k);
                            n++;
                        }
                        break aa;
                    }


                }
            }
        }
        this.newCell();//生成一个新格子。后面要对其做判断
    },
    moveLeft:function(){
        /*向左移动*/
        var i,j,k,n;

        for (j = 0; j < 4; j++) {
            n=0;
            for (i = 0; i < 4; i++) {
                if(this.arr[i][j].value==0){
                    continue;
                }
                k=i-1;
                aa:
                while(k>=n){
                    if(this.arr[k][j].value == 0){
                        if(k == n || (this.arr[k-1][j].value!=0 && this.arr[k-1][j].value!=this.arr[i][j].value)){
                            this.moveCell(i,j,k,j);
                        }
                        k--;
                    }else{
                        if(this.arr[k][j].value == this.arr[i][j].value){
                            this.mergeCells(i,j,k,j);
                            n++;
                        }
                        break aa;


                    }
                }
            }
        }
        this.newCell();//生成一个新格子。后面要对其做判断
    },
    moveRight:function(){
        /*向右移动*/
        var i,j,k,n;
        for (j = 0; j < 4; j++) {
            n = 3;
            for (i = 3; i >= 0; i--) {
                if(this.arr[i][j].value==0){
                    continue;
                }
                k = i+1;
```

```
                        aa:
                        while(k<=n){
                            if(this.arr[k][j].value == 0){
                                if(k == n || (this.arr[k+1][j].value!=0 && this.arr[k+1][j].value!=this.arr[i][j].value)){
                                    this.moveCell(i,j,k,j);
                                }
                                k++;

                            }else{
                                if(this.arr[k][j].value == this.arr[i][j].value){
                                    this.mergeCells(i,j,k,j);
                                    n--;
                                }
                                break aa;
                            }
                        }
                    }
                }

        this.newCell();//生成一个新格子。后面要对其做判断
    },
    mergeCells:function(i1,j1,i2,j2){
        /*移动并合并格子*/
        var temp =this.arr[i2][j2].value;
        var temp1 = temp * 2;
        this.moveAble = true;
        this.arr[i2][j2].value = temp1;
        this.arr[i1][j1].value = 0;
        $(".p"+i2+j2).addClass('toRemove');
        var theDom = $(".p"+i1+j1).removeClass("p"+i1+j1).addClass("p"+i2+j2).find('.number_cell_con');
        setTimeout(function(){
            $(".toRemove").remove();//这个写法不太好
            theDom.addClass('n'+temp1).removeClass('n'+temp).find('span').html(temp1);
        },200);//200 毫秒是移动耗时
        this.score += temp1;
        $("#score").html("分数： "+this.score);
        if(temp1 == 2048){
            alert('you win!');
            this.init();
        }
    },
    moveCell:function(i1,j1,i2,j2){
        /*移动格子*/
        this.arr[i2][j2].value = this.arr[i1][j1].value;
        this.arr[i1][j1].value = 0;
        this.moveAble = true;
        $(".p"+i1+j1).removeClass("p"+i1+j1).addClass("p"+i2+j2);
    },
    checkLose:function(){
        /*判输*/
        var i,j,temp;
```

```
                for (i = 0; i < 4; i++) {
                    for (j = 0; j < 4; j++) {
                        temp = this.arr[i][j].value;
                        if(temp == 0){
                            return false;
                        }
                        if(this.arr[i+1] && (this.arr[i+1][j].value==temp)){
                            return false;
                        }
                        if((this.arr[i][j+1]!=undefined) && (this.arr[i][j+1].value==temp)){
                            return false;
                        }
                    }
                }
            alert('you lose!');
            this.init();
            return true;
        }
    }

    //生成随机正整数在 0 到 n 之间
    function getRandom(n){
        return Math.floor(Math.random()*n)
    }

    var g = new G2048();
    g.init();
```

JavaScript 在这里主要实现了下面功能：

1）初始化的时候随机生成两个（值为 2）格子。注意处理掉两个格子生成到一个格子上的现象。

2）方块的移动和合并，方块移动的动画，根据移动后的值改变方块的颜色。注意操作的顺序。颜色主要是添加和移除 2 到 2048 所代表的颜色的 class。位置也添加和移除对应位置所代表的类。动画则是用 CSS3 进行的过渡。

3）判断某个方向上不能移动，不能出现新的格子。

4）随机在空白处出现下一块。

5）判输。需要满足条件：没有空格子；横方向上没有相邻且相等的方块；纵方向上没有相邻且相等的方块。任何一项不满足都不能判输。

6）判赢。某个格子的值达到 2048。

7）分数。任意两个格子合并的时候，分数增加，合并之后方块的值。

8）包裹 div 的大小任意设置，方块中的数字始终垂直居中。

9）核心算法是判断每个格子移动到什么位置，应不应该合并。

这里使用的方法是，循环到每一个格子。然后用这个格子的值，依次去跟它移动方向上的下一位做比较。下一位是空，可以继续跟下一位比较，直到比较到下一位不是空且跟当前比较值相等或不相等，或遇到比较的边界（之前有合并的值对应的格子或移动方向上最后一格），判断是移动并合并还是只移动，判断最终的移动方位、值。

7.2 教务管理系统

下面通过编写一个简单的教务管理系统来展示 HTML、CSS、JavaScript 的开发能力，如图 7-2 所示。

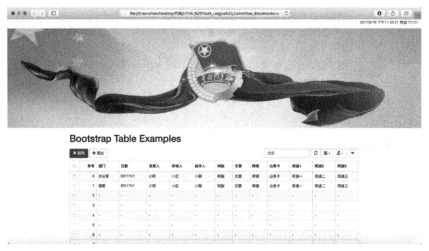

图 7-2　教务管理系统

7.2.1 类库准备

一个管理系统最重要的是显示表格内容。为了使表格显示更加清晰、漂亮，这里使用 BootStrap Table。BootStrap Table 相关使用可以参考官网。

本实例使用 jQuery、BootStrap、BootStrap Table 这 3 个类库。其中，jQuery 是 Google 公司提供的 JavaScript 第三方库；BootStrap 是最为著名的第三方 CSS 库，需要配合 jQuery 使用；BootStrap Table 则是在 jQuery 和 BootStrap 基础上编写的适合表格应用开发的第三方库。

7.2.2 主页的设计与实现

主页显示效果如图 7-3 所示。

图 7-3　首页显示效果

226

相关代码如下：

```html
<!DOCTYPE html>
<html lang="en" class="no-js">

    <head>

        <meta charset="utf-8">
        <title>Administrative System</title>
        <meta name="viewport" content="width=device-width, initial-scale=1.0">
        <meta name="description" content="">
        <meta name="author" content="">

        <!-- CSS -->
        <link rel='stylesheet' href='http://fonts.googleapis.com/css?family=PT+Sans:400,700'>
        <link rel="stylesheet" href="assets/css/reset.css">
        <link rel="stylesheet" href="assets/css/supersized.css">
        <link rel="stylesheet" href="assets/css/style.css">

        <!-- HTML 5 shim, for IE6-8 support of HTML 5 elements -->
        <!--[if lt IE 9]>
            <script src="http://HTML 5shim.googlecode.com/svn/trunk/HTML 5.js"></script>
        <![endif]-->

    </head>

    <body>

        <div class="page-container">
            <h1>登录</h1>
            <form action="" method="post">
                <input type="text" name="username" class="username" placeholder="用户名">
                <input type="password" name="password" class="password" placeholder="密码">
                <a href="switchPage.html"><button type="submit">登录</button></a>

                <div class="error"><span>+</span></div>
            </form>

        <!-- JavaScript -->
        <script src="js/jquery-1.11.3.min.js"></script>
        <script src="assets/js/supersized.3.2.7.min.js"></script>
        <script src="assets/js/supersized-init.js"></script>
        <script src="assets/js/scripts.js"></script>

    </body>

</html>
```

这里使用了一个模板主题，可以通过设置 assets/js 下面的 supersized-init 文件指定页面的切换效果。

```javascript
jQuery(function($){

    $.supersized({
```

```
                    // Functionality
                    slide_interval      : 4000,        // Length between transitions
                    transition          : 1,           // 0-None, 1-Fade, 2-Slide Top, 3-Slide Right, 4-Slide Bottom, 5-
Slide Left, 6-Carousel Right, 7-Carousel Left
                    transition_speed    : 1000,        // Speed of transition
                    performance         : 1,           // 0-Normal, 1-Hybrid speed/quality, 2-Optimizes image quality, 3-
Optimizes transition speed // (Only works for Firefox/IE, not Webkit)

                    // Size & Position
                    min_width           : 0,           // Min width allowed (in pixels)
                    min_height          : 0,           // Min height allowed (in pixels)
                    vertical_center     : 1,           // Vertically center background
                    horizontal_center   : 1,           // Horizontally center background
                    fit_always          : 0,           // Image will never exceed browser width or height (Ignores min.
dimensions)
                    fit_portrait        : 1,           // Portrait images will not exceed browser height
                    fit_landscape       : 0,           // Landscape images will not exceed browser width

                    // Components
                    slide_links         : 'blank',     // Individual links for each slide (Options: false, 'num', 'name', 'blank')
                    slides              : [            // Slideshow Images
                                          {image : 'assets/img/backgrounds/1.jpg'},
                                          {image : 'assets/img/backgrounds/2.jpg'},
                                          {image : 'assets/img/backgrounds/3.jpg'}
                                          ]
                  });

            });
```

通过设置 slides 内部的 JSON 数据包含的路径来控制使用哪几张图片作为随机背景。

7.2.3 数据展示页面

管理系统的数据展示页面如图 7-4 所示。

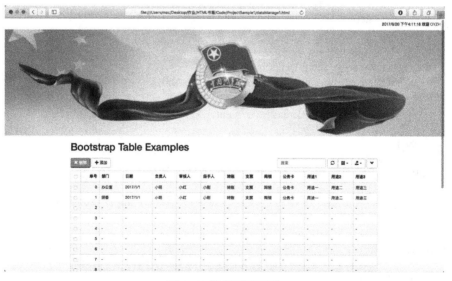

图 7-4 数据展示页面

相关代码如下：

```html
<!DOCTYPE html>
<html lang="en">
<head>
<meta charset="UTF-8">
<meta http-equiv="X-UA-Compatible" content="IE=edge">
<meta name="viewport" content="width=device-width, initial-scale=1">
<title>LGC Administrator</title>
<!-- Bootstrap -->
<link rel="stylesheet" href="css/bootstrap.css">
<link rel="stylesheet" href="css/bootstrap-table.css">
<link rel="stylesheet" href="css/customizedStyle.css">
</head>
<body >
<div class="container-fluid" >
<form class="navbar-form navbar-right">
<time></time>
<label>欢迎</label>
  <a>OYZH</a>
</form>
<!-- /.container-fluid -->
</div>

<div class="OYZHDiv">
<img src="images/bgTop.jpg">
</div>

  <div class="container">
   <h1>Bootstrap Table Examples</h1>
   <div id="toolbar">
     <button id="addBtn" class="btn btn-default"><i class="glyphicon glyphicon-plus"></i> 添加</button>
     </div>
<table
  id="table"
  data-show-export="true"
  data-click-to-select="true"
  data-toggle="table"
   data-height="600"
   data-toolbar="#toolbar"
   data-pagination="true"
   data-url="data/data1.json"
   data-search="true"
   data-id-table="advancedTable"
   data-advanced-search="true"
   data-page-list="[10, 25, 50, 100, ALL]"
   >
    <thead>
       <tr>
          <th data-field="state" data-checkbox="true"></th>
          <th data-field="id" data-align="right">单号</th>
          <th data-field="department" data-align="" >部门</th> <!--data-editable="true"-->
```

```html
            <th data-field="date" data-align="">日期</th>
            <th data-field="chargeMan" data-align="">负责人</th>
            <th data-field="checkMan" data-align="">审核人</th>
            <th data-field="transactionMan" data-align="">经手人</th>
            <th data-field="transfer" data-align="">转账</th>
            <th data-field="bill" data-align="">支票</th>
            <th data-field="internetBank" data-align="">网银</th>
            <th data-field="card" data-align="">公务卡</th>
            <th data-field="affair1" data-align="">用途 1</th>
            <th data-field="affair2" data-align="">用途 2</th>
            <th data-field="affair3" data-align="">用途 3</th>
        </tr>
      </thead>
   </table>
    </div>

<div class="OYZHDiv">
  <div style="position: relative"></div>
  <img src="images/bg-Bottom.png"></img>
</div>
<footer class="text-center">
   <div class="container">
     <div class="row">
       <div class="col-xs-12">
          <p>Copyright © HTML/CSS/JS Tutorial. All rights reserved.</p>
          </div>

       </div>
   </div>
</footer>
<!-- / FOOTER -->
<!-- jQuery (necessary for Bootstrap's JavaScript plugins) -->
<script src="js/jquery-1.11.3.min.js"></script>
<script src="js/bootstrap-table.js"></script>

<script src="js/bootstrap-table-export.js"></script>
<script src="js/bootstrap-table-toolbar.js"></script>
<script src="js/bootstrap-table-zh-CN.min.js"></script>
<script src="js/tableExport.js"></script>

<!-- Include all compiled plugins (below), or include individual files as needed -->
<script src="js/bootstrap.js"></script>
<script src="js/customizedJS.js"></script>
<script src="js/inputWindow.js"></script>
</body>
</html>
```

上述代码中值得注意的是定义 BootStrap Table 属性的代码段。

```html
        <table id="table" data-show-export="true" data-click-to-select="true" data-toggle="table" data-height="600"
data-toolbar="#toolbar"
              data-pagination="true" data-url="data/data1.json" data-search="true" data-id-table="advancedTable"
data-advanced-search="true"
```

```
                    data-page-list="[10, 25, 50, 100, ALL]">
```

当在<script>中包含了 BootStrap Table 的 JavaScript 文件以及在 CSS 中引用了 BootStrap Table 的 CSS 文件后:

```
<link rel="stylesheet" href="css/bootstrap-table.css">
…
<script src="js/bootstrap-table.js"></script>
```

id="table"的元素就会被主动地修改成 BootStrap Table 的样式,例如,在<table>标签中指定 data-show-export="true",则代表显示导出数据的功能会显示出下面的控件支持数据导出为 TXT、CSV 等文件格式,如图 7-5 所示。

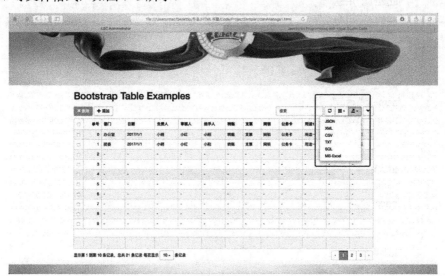

图 7-5   data-show-export 控件

例如,data-url 可以指定 table 的数据来源,其中,data-url="data/data1.json"字段表示表格数据的来源为相对网页文件为"data/data1.json"路径下的 json 文件。打开"data/data1.json"文件可以看到如下的数据内容。

```
[
    {
        "id":0,
        "department":"办公室",
        "date":"2017/1/1",
        "chargeMan":"小明",
        "checkMan":"小红",
        "transactionMan":"小刚",
        "transfer":"转账",
        "bill":"支票",
        "internetBank":"网银",
        "card":"公务卡",
        "affair1":"用途一",
        "affair2":"用途二",
        "affair3":"用途三"
    },
```

```
    {
        "id":1,
        "department":"团委",
        "date":"2017/1/1",
        "chargeMan":"小明",
        "checkMan":"小红",
        "transactionMan":"小刚",
        "transfer":"转账",
        "bill":"支票",
        "internetBank":"网银",
        "card":"公务卡",
        "affair1":"用途一",
        "affair2":"用途二",
        "affair3":"用途三"
    },
    {
        "id": 2,
        "name": "test2",
        "price": "$2"
    },
    {
        "id": 3,
        "name": "test3",
        "price": "$3"
    },
    {
        "id": 4,
        "name": "test4",
        "price": "$4"
    },
    {
        "id": 5,
        "name": "test5",
        "price": "$5"
    },
    {
        "id": 6,
        "name": "test6",
        "price": "$6"
    },
    {
        "id": 7,
        "name": "test7",
        "price": "$7"
    },
    {
        "id": 8,
        "name": "test8",
        "price": "$8"
    },
```

```json
        {
            "id": 9,
            "name": "test9",
            "price": "$9"
        },
        {
            "id": 10,
            "name": "test10",
            "price": "$10"
        },
        {
            "id": 11,
            "name": "test11",
            "price": "$11"
        },
        {
            "id": 12,
            "name": "test12",
            "price": "$12"
        },
        {
            "id": 13,
            "name": "test13",
            "price": "$13"
        },
        {
            "id": 14,
            "name": "test14",
            "price": "$14"
        },
        {
            "id": 15,
            "name": "test15",
            "price": "$15"
        },
        {
            "id": 16,
            "name": "test16",
            "price": "$16"
        },
        {
            "id": 17,
            "name": "test17",
            "price": "$17"
        },
        {
            "id": 18,
            "name": "test18",
            "price": "$18"
        },
```

```
        {
            "id": 19,
            "name": "test19",
            "price": "$19"
        },
        {

            "id": 20,
            "name": "test20",
            "price": "$20"

        }
    ]
```

以上数据是标准的 JSON 数据，即一种键值对的数据结构，可以方便地显示这类键值对相关的数据。

另外一个值得注意的是右上角的时间显示控件，这里编写了一个十分简单的 JavaScript 代码实现了时间的显示，主要利用到了 JavaScript 自带的 Date()方法。查看 js/customizedJs.js 文件，可以发现如下代码：

```
$(function(){
    setInterval(function(){
        $("time").text(new Date().toLocaleString());
    },1000);
});
```

通过使用 jQuery 选择器$选择页面上的 time 元素，再通过 text()方法设置其内部的 HTML 文字为当前时间；当前时间通过 Date().toLocalString()将时间转换为一个 String 变量来完成显示，Date().toLocalString()会根据当前浏览器语言设置来自动翻译时间，十分方便，如图 7-6 所示。

图 7-6　时间显示

7.2.4　用户管理页面

用户管理页面如图 7-7 所示。

234

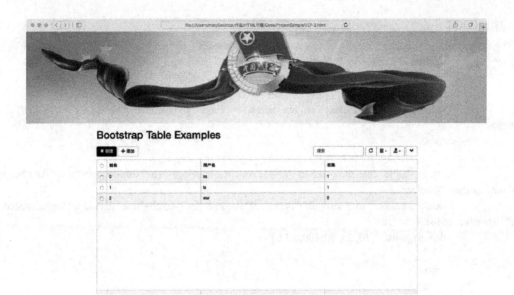

图7-7 用户管理页面

使用框架的最大好处就是可以快速搭建类似的网页。例如，使用 BootStrap Table 可以快速地建立表格页面。用户管理也可以同数据管理一样使用表格的形式展现出来。用户管理页面代码如下：

```
<!DOCTYPE html>
<html lang="en">

<head>
  <meta charset="UTF-8">
  <meta http-equiv="X-UA-Compatible" content="IE=edge">
  <meta name="viewport" content="width=device-width, initial-scale=1">
  <title>LGC Administrator</title>
  <!-- Bootstrap -->
  <link rel="stylesheet" href="css/bootstrap.css">
  <link rel="stylesheet" href="css/bootstrap-table.css">
  <link rel="stylesheet" href="css/customizedStyle.css">
</head>

<body>
  <div class="container-fluid">
    <form class="navbar-form navbar-right">
      <time></time>
      <label>欢迎</label>
      <a>OYZH</a>
    </form>
  </div>

  <div class="OYZHDiv">
    <img src="images/bgTop.jpg">
  </div>

  <div class="container">
```

```html
<h1>Bootstrap Table Examples</h1>
<div id="toolbar">
   <button id="deleteBtn" class="btn btn-danger">
        <i class="glyphicon glyphicon-remove"></i> 删除
      </button>
   <button id="addBtn" class="btn btn-default"><i class="glyphicon glyphicon-plus"></i> 添加
</button>
   </div>

   <table id="table" data-show-export="true" data-click-to-select="true" data-toggle="table" data-height=
"600" data-toolbar="#toolbar"
            data-pagination="true" data-url="data/userData.json" data-search="true" data-id-table="advanced
Table" data-advanced-search="true"
         data-page-list="[10, 25, 50, 100, ALL]">

      <thead>
        <tr>
         <th data-field="state" data-checkbox="true"></th>
         <th data-field="id" data-align="">姓名</th>
         <th data-field="userName" data-align="">用户名</th>
         <!--data-editable="true"-->
         <th data-field="limit" data-align="">权限</th>
        </tr>
      </thead>
    </table>
  </div>

  <div class="OYZHDiv">
    <div style="position: relative"></div>
    <img src="images/bg-Bottom.png"></img>
  </div>
  <footer class="text-center">
    <div class="container">
      <div class="row">
        <div class="col-xs-12">
          <p>Copyright © HTML/CSS/JS Tutorial. All rights reserved.</p>
        </div>

      </div>
    </div>
  </footer>
  <!-- / FOOTER -->
  <!-- jQuery (necessary for Bootstrap's JavaScript plugins) -->
  <script src="js/jquery-1.11.3.min.js"></script>
  <script src="js/bootstrap-table.js"></script>

  <script src="js/bootstrap-table-export.js"></script>
  <script src="js/bootstrap-table-toolbar.js"></script>
  <script src="js/bootstrap-table-zh-CN.min.js"></script>
  <script src="js/tableExport.js"></script>

  <!-- Include all compiled plugins (below), or include individual files as needed -->
```

```
        <script src="js/bootstrap.js"></script>
        <script src="js/customizedJS.js"></script>
        <script src="js/inputWindow.js"></script>
    </body>

    </html>
```

注意其中的表格定义语句：

```
        <table id="table" data-show-export="true" data-click-to-select="true" data-toggle="table" data-height= "600"
data-toolbar="#toolbar"
        data-pagination="true" data-url="data/userData.json" data-search="true" data-id-table="advancedTable" data-
advanced-search="true"
        data-page-list="[10, 25, 50, 100, ALL]">

        <thead>
          <tr>
            <th data-field="state" data-checkbox="true"></th>
            <th data-field="id" data-align="">姓名</th>
            <th data-field="userName" data-align="">用户名</th>
            <!--data-editable="true"-->
            <th data-field="limit" data-align="">权限</th>
          </tr>
        </thead>
        </table>
```

只需要在 table 的头标签中定义需要的控件，然后填写好对应的表格头信息（data-field），就能够快速构建表格。

7.2.5　功能测试

（1）添加用户
添加用户过程如图 7-8、图 7-9 所示。
（2）搜索用户
搜索用户过程如图 7-10 所示。

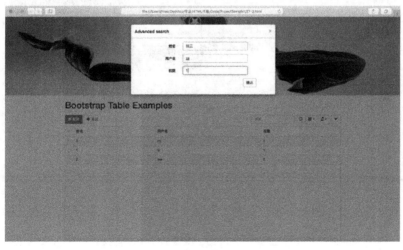

图 7-8　添加用户

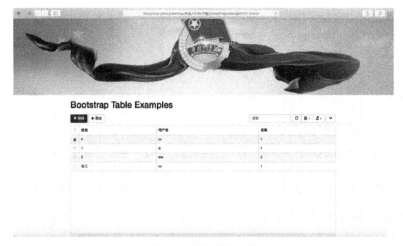

图 7-9　添加用户效果

图 7-10　搜索用户

（3）数据导出

数据导出功能效果如图 7-11 所示。

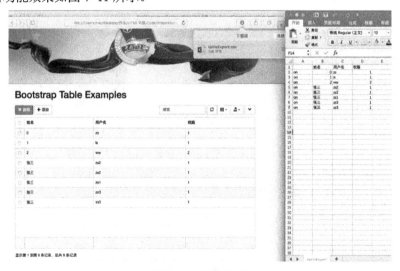

图 7-11　数据导出

更多关于 BootStrap Table 的信息可以参阅其官网：http://bootstrap-table.wenzhixin.net.cn。

7.3 贪吃蛇游戏

相信很多人对贪吃蛇游戏并不陌生。这个游戏由一个一直不停移动的蛇和在地图上不断出现的果实组成，如图 7-12 所示。蛇可以任意改变其前进的方向，并不断地去吃地图上唯一的果实。每当蛇吃掉果实后，蛇自身的长度会增加，并且在地图上又会出现一个新的果实。当玩家控制蛇不当，使蛇吃到自己的身体时，游戏结束。

在有些贪吃蛇游戏中，蛇所活动的地图是有界的，仿佛地图的边沿有一堵墙，当蛇移动的过程中触碰到"墙"，游戏结束。而在另外一些贪吃蛇游戏中，蛇活动的范围是没有界限的，当蛇的身体移动进入地图的边沿时，蛇的头将会在地图的另一边出现，如图 7-13 所示。

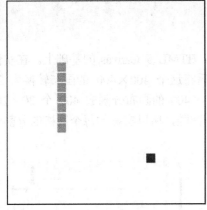

图 7-12 贪吃蛇游戏

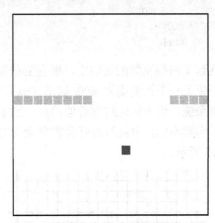

图 7-13 蛇头穿越"墙"

在下面要实现的贪吃蛇游戏中将采用穿"墙"而过的规则。在实现贪吃蛇基本功能之后，将会继续为蛇每次吃到果实和游戏结束添加音效，并且为这个游戏增加计分和游戏排名功能。下面开始应用 HTML 5 知识来实现经典的贪吃蛇游戏。

7.3.1 网格系统

在上述贪吃蛇游戏的图片中可以看到，所要制作的贪吃蛇并不是完全地在地图上自由移动的。准确地说，整个贪吃蛇游戏是在一个网格系统下实现的，如图 7-14 所示。贪吃蛇本身是由一串横向或纵向连续出现的小网格所组成的，而果实则是另一个单独被填充的小网格。由此，一个贪吃蛇游戏就被转化成一个在网格系统下的填充过程。

为了更好地帮助读者理解网格系统背后的坐标规律，首先来实现图 7-14 所示的简单的网格绘制。

文件名：网格系统绘制.html

```
<!DOCTYPE HTML>
<html lang="en-US">
<head>
    <meta charset="UTF-8">
    <title></title>
</head>
<body>
```

```
<canvas id="snakegame" width="400px" height="400px"></canvas>
<script>
    var myCanvas = document.getElementById("snakegame");
    var context = myCanvas.getContext("2d");

    context.fillStyle = "black";
    context.fillRect(0,0,myCanvas.width,myCanvas.height);

    context.fillStyle = "white";
    for (var i=0; i< 20; i++){
        for (var j=0; j< 20; j++){
            context.fillRect(j*20+1,i*20+1,18,18);
        }
    }
</script>
</body>
</html>
```

在这个网格系统的实例中，所有的绘制过程建立在 HTML 5 Canvas 的基础上。在实例中，首先创建了一个长宽均为 400 像素（px）的画布，然后将这个 400×400 的画布转换为 20×20 的网格系统。这个转化过程看似简单，感觉只是将 400×400 的画布分割成 400 个 20×20 的小方块。实则不然，单纯地进行分割便会忽略网格之间的间隙，所以实际的每个网格的分割过程如图 7-15 所示。

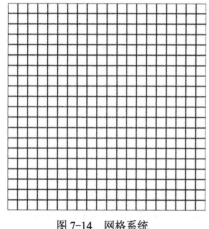

图 7-14　网格系统

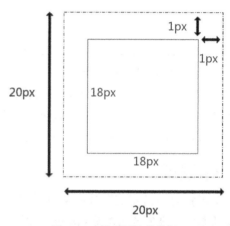

图 7-15　单个网格的坐标

通过图 7-15 可以看出，如果网格之间的间隙是 1 像素的话，那么实际的网格大小应该为 18×18 而不是简单的 20×20。这样，就不难理解贪吃蛇游戏的网格系统的坐标规律了。以上述绘制网格系统的代码为例，首先将画布整体填充为黑色，然后，在此基础上通过一个嵌套的 for 循环来以白色填充画布上的每一个网格。网格的大小如之前所述为 18×18。而对于填充白色网格的起始点而言，第一个点即为除去线条所占像素之后所获得的坐标(1,1)，其他点则相距该点 20 个像素依次向左和向下扩展，进而完成全部 20×20 的网格绘制。

7.3.2　绘制贪吃蛇和果实

1. 绘制果实

在 7.3.1 中，通过绘制一个网格系统来学习了网格系统下的坐标规律。于是一个贪吃蛇游戏便从一个 400×400 的画布绘制,变为了一个在 20×20 的网格系统下的填充过程。下面从绘制游戏中的果实开始,来实现网格系统中网格的填充过程。请看如下代码,该代码中具体的函数调用过程被注释了,请读者取消注释进行分别测试,其在浏览器中的显示效果如图 7-16 和图 7-17 所示。

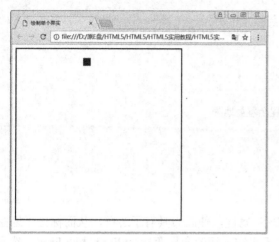

图 7-16 绘制单个果实   图 7-17 循环调用绘制随机果实进行测试

文件名:绘制单个果实.html

```
<!DOCTYPE HTML>
<html lang="en-US">
<head>
    <meta charset="UTF-8">
    <title></title>
</head>
<body>
    <canvas id="snakegame" width="400px" height="400px" style="border:black solid 2px;"></canvas>
    <script>
        var myCanvas = document.getElementById("snakegame");
        var context = myCanvas.getContext("2d");

        //全局变量
        var xFruit;
        var yFruit;

        //填充单个网格(x,y)

        function paintCell(x,y){
            context.fillRect((x-1)*20+1,(y-1)*20+1,18,18);
        }

        //以红色绘制果实
        function paintFruit(){
            context.fillStyle = "red";
            paintCell(xFruit,yFruit);
        }
```

```
                //随机设定果实位置
                function randomFruit(){
                        xFruit = Math.floor((Math.random()*1000))%20 + 1;
                        yFruit = Math.floor((Math.random()*1000))%20 + 1;
                        paintFruit();
                }

                //单次绘制果实
                //randomFruit();

                /*
                //循环出现果实，测试果实随机位置全覆盖地图
                setInterval(randomFruit,5);
                */
            </script>
        </body>
    </html>
```

在这个实例中，通过设置<canvas>标签的 CSS 属性，使画布具有了边框，从而标出了地图的范围。在 JavaScript 代码中，首先创建的是关于果实坐标的全局变量：xFruit 和 yFruit。然后编写了一个填充网格的函数 paintCell()，它所需要输入的变量是在 20×20 的网格系统下的坐标 (x,y)。在 paintCell()函数中，将坐标(x,y)转化到原有画布的 400×400 的坐标下进行矩形的填充绘制。paintCell()函数可以在之后的绘制果实和贪吃蛇时使用。

下面继续编写绘制红色果实的函数 paintFruit()。本节将要填充的颜色设置为红色，然后直接调用 paintCell()函数，并传入果实坐标作为参数。在完成了这个函数之后，所需解决的问题便是果实的具体坐标的设置。在贪吃蛇游戏进行的过程中，显然，果实是随机放置的，当蛇吃掉一个果实后，下一个果实将在地图上的任意位置产生。接下来编写随机产生果实的函数 randomFruit()。在这个函数内，通过调用数学相关函数，进行随机数的生成并取余数等计算，使果实能够随机地出现在这个 20×20 的网格系统下。

最后，直接调用 randomFruit()函数，便可以看到地图上随机生成的果实，如图 7-28 所示。为了测试随机生成函数的正确性，使用 setInterval()函数对随机生成果实的函数进行反复调用，查看果实是否可以最终将地图填满，以检验随机生成果实的计算过程的正确性，如图 7-29 所示。

2．绘制贪吃蛇

在绘制果实的过程中，编写了一个 paintCell()函数，通过这个函数，可以对 20×20 的网格系统进行填充。复用这个函数，可以进一步地绘制贪吃蛇。

不同于果实的绘制，贪吃蛇本身在网格系统中占据的是多个坐标点，所以需要用一个对象数组 trail 对贪吃蛇所占据的多个网格坐标进行记录。同时，为了能够确定贪吃蛇的具体位置，以及之后编写过程中所涉及的贪吃蛇移动方向与吃果实过程，还需要一组变量 xHead 和 yHead 来记录贪吃蛇头的位置。除此之外，贪吃蛇本身具有长度，所以还需另外一个变量 snakeLen 来记录贪吃蛇的长度，之后便可以进行贪吃蛇的绘制，请看如下代码。该实例在浏览器中的显示效果如图 7-18 所示。

图 7-18　绘制贪吃蛇

文件名：绘制贪吃蛇.html

```html
<!DOCTYPE HTML>
<html lang="en-US">
<head>
    <meta charset="UTF-8">
    <title></title>
</head>
<body>
    <canvas id="snakegame" width="400px" height="400px" style="border:black solid 2px;"></canvas>
    <script>
        var myCanvas = document.getElementById("snakegame");
        var context = myCanvas.getContext("2d");

        //全局变量

        //果实位置
        var xFruit;
        var yFruit;

        //蛇
        var trail;
        var xHead;
        var yHead;
        var snakeLen;

        //填充单个网格(x,y)
        function paintCell(x,y){
            context.fillRect((x-1)*20+1,(y-1)*20+1,18,18);
        }

        //以红色绘制果实
        function paintFruit(){
            context.fillStyle = "red";
            paintCell(xFruit,yFruit);
        }

        //随机设定果实位置
        function randomFruit(){
            xFruit = Math.floor((Math.random()*1000))%20 + 1;
            yFruit = Math.floor((Math.random()*1000))%20 + 1;
            paintFruit();
        }

        //以绿色绘制贪吃蛇
        function paintSnake(){
            context.fillStyle = "lime";
            for (var i=0; i<trail.length;i++){
                paintCell(trail[i].x, trail[i].y);
            }
        }
```

```
//初始化蛇
function initSnake(){
    trail = [];
    xHead = 10;
    yHead = 10;
    snakeLen = 3;
    for (var i=0;i<snakeLen;i++){
        trail.push({x:xHead+i-2,y:yHead});
    }
    paintSnake();
}

initSnake();
</script>
</body>
</html>
```

在上述代码中，完成了一个贪吃蛇初始化的过程。相比于"绘制单个果实"的代码，在这段代码中，多了前文所述的变量，也多了两个函数，分别是 paintSnake()和 initSnake()。首先需要理解清楚的是存储贪吃蛇所占网格的 trail 对象数组。在 trail 对象数组中，所有的数据都是以(x,y)坐标所构成的对象为单位进行存储的。在初始化贪吃蛇的 initSnake()函数中，通过 JavaScript数组对象的 push()方法，添加每一个贪吃蛇所占网格坐标。push()方法所完成的过程，就是将对象添加入数组，然后索引值在添加的过程中依次递增。

可能有些读者对代码中 initSnake()函数循环调用 push()方法有一些疑惑。之所以这样写，是为了配合之后的蛇移动过程的实现。为了使蛇移动，将调用 JavaScript 数组对象的shift()方法。shift()方法将会把数组中索引为 0 的对象移除。为了实现贪吃蛇的移动，需要不断地移除贪吃蛇的尾部，并不断地将新的头部坐标添加入数组中。这就解释了为什么在initSnake()函数中最后才遵循从蛇的尾部坐标到头部坐标这样的顺序进行数组的添加，循环的次数即是所设定的蛇身长度。除了蛇身初始长度，贪吃蛇头部的起始位置也在 initSnake()函数中直接设定。

在 initSnake()的最后，再调用 paintSnake()函数。在函数中，首先将填充颜色设置为绿色，然后通过 for 循环对贪吃蛇的每一个坐标调用 paintCell()进行填充。这样就完成了贪吃蛇的初始化过程。

7.3.3 游戏的动态过程

贪吃蛇游戏整个过程都是动态的过程，贪吃蛇本身移动，玩家也可以通过按键对蛇移动的方向进行调整。当蛇吃到果实之后，原有的果实会消失，新的果实会在地图上随机产生，然后蛇本身的长度会自动增加。当玩家操作不慎，让蛇吃到了自己的身体，游戏便会宣告结束。下面将逐步实现这些动态过程。

1. 贪吃蛇移动

在 7.3.2 节中，简单地介绍了通过 JavaScript 数组对象的 push()和 shift()方法来实现蛇移动的基本原理，在本节的代码中，将让蛇真正地移动起来。该实例在浏览器中的显示效果如图 7-19和图 7-20 所示。

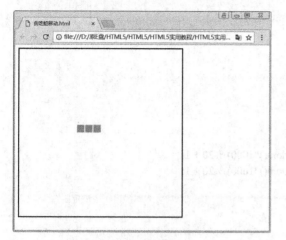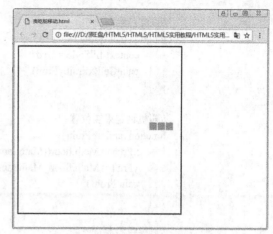

图 7-19　蛇移动 1　　　　　　　　　　　　　　图 7-20　蛇移动 2

文件名：贪吃蛇移动.html

```html
<!DOCTYPE HTML>
<html lang="en-US">
<head>
    <meta charset="UTF-8">
    <title></title>
</head>
<body>
    <canvas id="snakegame" width="400px" height="400px" style="border:black solid 2px;"></canvas>
    <script>
        var myCanvas = document.getElementById("snakegame");
        var context = myCanvas.getContext("2d");

        //全局变量

        //控制 setInterval
        var t;

        //果实位置
        var xFruit;
        var yFruit;

        //蛇
        var trail;
        var xHead;
        var yHead;
        var snakeLen;
        //蛇在 xy 两个方向的移动速度
        var vx;
        var vy;

        //填充单个网格(x,y)
        function paintCell(x,y){
            context.fillRect((x-1)*20+1,(y-1)*20+1,18,18);
```

```
    }

    //以红色绘制果实
    function paintFruit(){
        context.fillStyle = "red";
        paintCell(xFruit,yFruit);
    }

    //随机设定果实位置
    function randomFruit(){
        xFruit = Math.floor((Math.random()*1000))%20 + 1;
        yFruit = Math.floor((Math.random()*1000))%20 + 1;
        paintFruit();
    }

    //以绿色绘制贪吃蛇
    function paintSnake(){
        context.fillStyle = "lime";
        for (var i=0; i<trail.length;i++){
            paintCell(trail[i].x, trail[i].y);
        }
    }

    //初始化蛇
    function initSnake(){
        trail = [];
        xHead = 10;
        yHead = 10;
        vx = 1;
        vy = 0;
        snakeLen = 3;
        for (var i=0;i<snakeLen;i++){
            trail.push({x:xHead+i-2,y:yHead});
        }
        paintSnake();
    }

    //清空画布
    function refreshCanvas(){
        context.clearRect(0,0,myCanvas.width,myCanvas.height);
    }

    //移动蛇
    function moveSnake(){
        //蛇下一时刻的头部坐标
        xHead = (vx+xHead+19)%20+1;
        yHead = (vy+yHead+19)%20+1;
        //将新的头部坐标添加入 trail
        trail.push({x:xHead,y:yHead});
        //将尾部的坐标移除数组
        while (trail.length > snakeLen){
            trail.shift();
```

```
                    }
                    //清空画布
                    refreshCanvas();
                    //重新绘制蛇
                    paintSnake();
                }

                //初始化蛇之后，每隔 100 毫秒调用 moveSnake 进行蛇的移动
                initSnake();
                t = setInterval(moveSnake,100);
        </script>
    </body>
    </html>
```

为了让贪吃蛇动起来，首先添加了全局变量 vx 和 vy，用来表示贪吃蛇在地图 X 轴和 Y 轴方向的移动速度。因为贪吃蛇以一个网格为单位进行移动，所以 vx 和 vy 的取值为-1、0 和 1 三个值，并且 vx 和 vy 之中有且只有一个绝对值为 1。这样就保证了，蛇只能在与 X 轴平行或与 Y 轴平行之中的一个方向进行移动。

在新的 initSnake()函数中，将 vx 设定为 1，vy 设定为 0，这样就表示贪吃蛇初始的移动方向为向右移动。注意，vx 和 vy 的取值参考系是 Canvas 下的二维坐标参考系，不同于数学中接触到的直角坐标系，该坐标系以屏幕左上角为坐标原点，X 轴和 Y 轴正方向分别向屏幕的两边延伸。

在以上代码中，新添加的两个函数分别是 moveSnake()和 refreshCanvas()。先从 moveSnake()函数入手，该函数主要完成的任务是实现贪吃蛇的移动。贪吃蛇的移动过程，简单来说就是将新的头部坐标加入数组，然后将尾部坐标剔除出数组，然后对画布进行清空并重新绘制"新的"蛇。

清楚这个过程之后，再去看 moveSnake()函数的代码就可以很好地理解其中的过程。首先，需要计算蛇头部的新坐标，将之前的蛇头部坐标与贪吃蛇的 X 轴和 Y 轴方向的移动速度相加。由于所要实现的贪吃蛇游戏并没有采用有地图边界的游戏规则，所以需要再进行一个取余数过程，然后将计算好的新的蛇头部坐标添加入对象数组中。这时，蛇的长度超过了原有的长度，需要将原有的蛇尾部坐标移除才能实现蛇的一次移动过程，而不是延长过程。不过，贪吃蛇游戏中，当蛇食用了果实之后确实有一个延长过程，所以使用 while 循环对添加"新"蛇头部后的数组长度和蛇身长度进行判断，当数组长度大于蛇身长度时，使用 shift()方法将蛇尾部的坐标对象剔除出数组，来实现移动过程。而当蛇食用了果实后，可以将蛇身长度自增 1，这样就可以实现蛇的延长过程。

最后，需要完成的是画布的清空和重画，否则，原来的贪吃蛇还会继续出现在画布上，最终的效果就不是一条移动的蛇了，而是一段蛇的连续移动轨迹。上述代码段中使用了 refreshCanvas()函数对画布进行清空，它调用 clearRect()函数，对指定的矩形区域（即整个画布实现）实现清空操作。在清空操作之后，再调用 paintSnake()函数，即可完成移动后的"新"贪吃蛇的绘制。

为了让贪吃蛇真正地动起来，在调用函数的过程中，不仅需要先初始化，还需要使用 setInterval()函数，每隔一段很短的时间就调用 moveSnake()函数，最终实现了一条贪吃蛇在一个特定方向的移动过程。同时，setInterval()函数时间参数的设置也可以改变贪吃蛇的移动速度。时间间隔设置越短，蛇的移动速度越快，游戏也就越困难。

2. 贪吃蛇转向

在贪吃蛇游戏中，玩家可以通过按方向键实现蛇移动方向的转变，从而可以让贪吃蛇去吃位于地图上各个位置的果实。为了实现这个功能，首先在代码的最开始添加一个键盘按键的事件监听，并指定一个 keyPush() 事件处理函数，来响应键盘按动事件。接下来请看实例代码，其在浏览器的显示效果如图 7-21 所示。由于增加贪吃蛇转向功能仅涉及 keyPush() 相关函数，故在此仅显示新添加的部分代码。

文件名：贪吃蛇转向.html（部分）

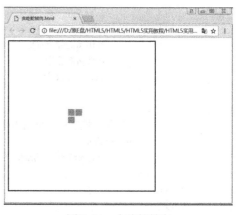

图 7-21　贪吃蛇转向

```
//为键盘按下事件设置事件监听，并指定事件处理函数 keyPush()
document.addEventListener("keydown",keyPush);
//方向键键盘码
var left = 37;
var up = 38;
var right = 39;
var down = 40;

//键盘事件的事件处理函数，通过方向键实现方向的转变
function keyPush(e){
    switch(e.keyCode){
        case left:
            if(vx != 1 && vy != 0){
                vx=-1;vy=0;
            }
            break;
        case up:
            if(vx != 0 && vy != 1){
                vx=0;vy=-1;
            }
            break;
        case right:
            if (vx != -1 && vy != 0){
                vx=1;vy=0;
            }
            break;
        case down:
            if (vx != 0 && vy != -1){
                vx=0;vy=1;
            }
            break;
    }
}
```

在这个贪吃蛇游戏中，以键盘的方向键来进行贪吃蛇的转向操作。当然也可以使用 WASD 这 4 个字母键进行方向操作，所以在代码中，设定 up、down、left 和 right 四个全局变量，用来保存将要作为方向（上、下、左、右）按键的键盘码。然后在键盘按动事件的事件处理函数中，使用这 4 个变量作为 switch 语句中不同的情况。

在贪吃蛇游戏中，一般在蛇原有移动方向的基础上进行向左或向右转向，而不能直接进行相反方向的改变。所以，在 switch 语句中的每个 case 语句中，需要判断将要转变的方向是否与原有方向直接相反，如果相反则直接跳出 switch 语句。

3. 贪吃蛇吃果实

在实现了对贪吃蛇的移动控制之后，便可以将工作转向贪吃蛇的游戏过程，在游戏开始时随机生成果实，并在蛇吃到果实后自身长度增加，同时地图上又随机生成了一个新的果实。接下来，继续在之前代码的基础上添加新的代码来实现这一过程，该实例在浏览器中的显示效果如图 7-22 所示。由于该实例代码与之前实例有大量重叠部分，故在此只展示部分相关代码。

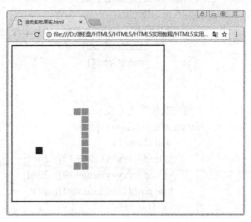

图 7-22　贪吃蛇吃果实

文件名：贪吃蛇吃果实.html（部分）

```
//初始化蛇
function initSnake(){
    trail = [];
    xHead = 10;
    yHead = 10;
    vx = 1;
    vy = 0;
    snakeLen = 3;
    for (var i=0;i<snakeLen;i++){
        trail.push({x:xHead+i-2,y:yHead});
    }
    randomFruit();      //初始化时，添加果实
    paintSnake();
}
//移动蛇
function moveSnake(){
    //蛇下一时刻的头部坐标
    xHead = (vx+xHead+19)%20+1;
    yHead = (vy+yHead+19)%20+1;
    //将新的头部坐标添加入 trail
    trail.push({x:xHead,y:yHead});
    //将尾部的坐标移除数组
    while (trail.length > snakeLen){
        trail.shift();
    }
    //判断是否吃到果实
    eatFruit();
    //清空画布
    refreshCanvas();
    //重新绘制蛇
    paintSnake();
    //重新绘制果实
```

```
            paintFruit();
    }
    //判断贪吃蛇是否吃了果实
    function eatFruit(){
        if (xHead == xFruit &&   yHead == yFruit){
            randomFruit();
            snakeGrow();
        }
    }
    //蛇在吃果实之后变长
    function snakeGrow(){
        snakeLen++;
        xHead = (vx+xHead+19)%20+1;
        yHead = (vy+yHead+19)%20+1;
        trail.push({x:xHead,y:yHead});
    }
```

在上面的代码中，在之前实现贪吃蛇移动的基础上，增加了贪吃蛇吃果实的过程。在游戏过程中，为了让果实出现在地图上，需要在初始化 initSnake()时，就在地图上随机生成一个果实，故需在这个函数中调用之前已经写好的 randomFruit()函数。除此之外，在实现蛇的移动过程中，需要不断地清空画布并重新绘制，故需在 moveSnake()函数中，如同重新绘制蛇调用 paintSnake()函数一样，进行 paintFruit()函数的调用。

完成了果实与贪吃蛇并存之后，再来关注如何让蛇吃果实，在这里只需判断蛇的头部坐标是否与果实的坐标相同，若相同，则可知蛇吃到了果实，同时地图上需要重新出现一个新的果实，蛇自身的长度也要增加。在这里，需再编写两个函数来完成这一过程，分别是 eatFruit()函数和 snakeGrow()函数。这两个函数可判断蛇是否吃到果实，并在吃到果实后将蛇的长度增加。在 earFruit()函数中，添加一个条件判断，判断蛇的头部坐标是否和果实坐标相同，如若相同则调用 randomFruit()函数重新生成果实，并再接着调用 snakeGrow()进行蛇的长度增加。在 snakeGrow()函数中，首先将代表蛇身长度的全局变量 snakeLen 自增，随后计算新的头部坐标，并将其添加到蛇身坐标数组对象中，这就实现了将蛇在其当前移动方向上伸长了一个单位的操作。由此便完成了贪吃蛇吃果实后伸长的过程。

4. 贪吃蛇吃自己，游戏结束

在贪吃蛇吃果实之后，还需进一步将整个游戏的动态过程完成，那就是定义游戏的结束。在当前的无地图边界的游戏设定下，蛇将在移动过程中不小心吃到自己后游戏结束。在这里再添加两个函数 selfEat()和 endGame()来完成该过程。请看如下实例，该实例在浏览器中的显示效果如图 7-23 所示。由于该实例与之前实例有大量的重叠部分，在此仅展示部分相关代码。

文件名：贪吃蛇吃自己游戏结束.html（部分）

图 7-23 贪吃蛇吃自己游戏结束

```
//移动蛇
function moveSnake(){
```

```
            //蛇下一时刻的头部坐标
            xHead = (vx+xHead+19)%20+1;
            yHead = (vy+yHead+19)%20+1;
            //在蛇移动之后检查是否吃到自己
            selfEat();
            //将新的头部坐标添加入 trail
            trail.push({x:xHead,y:yHead});
            //将尾部的坐标移除数组
            while (trail.length > snakeLen){
                trail.shift();
            }
            //判断是否吃到果实
            eatFruit();
            //清空画布
            refreshCanvas();
            //重新绘制蛇
            paintSnake();
            //重新绘制果实
            paintFruit();
        }
        //蛇在吃到自己之后游戏结束
        function selfEat(){
            for (var i=0;i<trail.length;i++){
                if (xHead == trail[i].x && yHead == trail[i].y){
                    endGame();
                }
            }
        }
        //游戏结束函数
        function endGame(){
            alert("Good Game!");
            location.reload();
            return;
        }
```

在之前代码的基础上，添加了 selfEat()函数和 endGame()函数来实现贪吃蛇是否吃到自己的判断，并在确认吃到自己后，结束游戏。其中，将 selfEat()函数的调用写在了 moveSnake()函数实现的相应位置，即在计算出新的贪吃蛇头部位置后，执行贪吃蛇是否吃到自己的判断。

selfEat()函数是一个对蛇身体每个位置坐标的遍历，查看新的蛇头部是否与蛇身体交叠。若坐标出现交叠，则表明贪吃蛇吃到自己，然后调用 endGame()函数来执行游戏结束的操作。在该实例中，仅进行了弹出对话框并重新加载页面的操作。在后面的章节中，将会对这部分进行进一步完善，来显示出游戏分数记录的排行榜。

7.3.4　游戏音效

在 9.3.3 节中，基本上完成了贪吃蛇游戏的实现。运行实例代码，可以对一个贪吃蛇进行操控，使其在地图上食用果实并增长身体，在不小心吃到自己时游戏结束。但是仅有这些，这个贪吃蛇小游戏还不够有趣味性。在之后的两节中，将为这个贪吃蛇小游戏加上音效和分数记录，使其变得更加完整。

下面为贪吃蛇游戏添加音效。在贪吃蛇吃到果实时以及吃到自己时，添加不同的音效来丰富游戏。在这里需要用到之前所学的音频和视频的知识，在 HTML 文档中添加两个<audio>标签以及 fruitEatingSound()和 gameOverSound()两个函数来实现。请看如下实例，由于本实例代码与之前代码有大量重叠部分，故在此只展示部分相关代码。

文件名：为游戏添加音效.html（部分）

```
<audio src="eatFruit.mp3" id="eatFruit"></audio>
<audio src="gameOver.mp3" id="gameOver"></audio>
<script>
    /* 省略代码*/
    //判断贪吃蛇是否吃了果实
    function eatFruit(){
        if (xHead == xFruit && yHead == yFruit){
            fruitEatingSound();
            randomFruit();
            snakeGrow();
        }
    }

    //蛇在吃到自己之后游戏结束
    function selfEat(){
        for (var i=0;i<trail.length;i++){
            if (xHead == trail[i].x && yHead == trail[i].y){
                gameOverSound();
                endGame();
            }
        }
    }
    //游戏结束函数
    function endGame(){
        clearInterval(t);
        setTimeout(function(){
            alert("Good Game!");
            location.reload();
            return;
        },300);
    }
    //音效
    function fruitEatingSound(){
        var fruitSound = document.getElementById("eatFruit");
        fruitSound.currentTime = 0;
        fruitSound.play();
    }
    function gameOverSound(){
        var endGameSound = document.getElementById("gameOver");
        endGameSound.currentTime = 0;
        endGameSound.play();
    }
    /* 省略代码*/
</script>
```

首先，在代码文件的相同目录下添加了两个音频文件，分别是 eatFruit.mp3 和 gameOver.mp3，它们是游戏音效的源文件。然后，在 HTML 文档中的<body>标签内添加两个<audio>标签，并设置 src 属性为之前两个音频文件的 URL。

在<script>标签下，添加 fruitEatingSound()和 gameOverSound()这两个函数来播放上述音频文件。由于两个函数的实现与调用过程相似，下面以 fruitEatingSound()函数为例进行介绍。在这个函数中，首先通过标签 id 获取到了吃果实音效的<audio>标签。随后，设置标签的 currentTime 属性为 0，即将时间定位在开始，这样就可以保证每次吃果实都从头播放音频文件，而不是听其中的某一段。然后调用标签的 play()方法，即可完成音频的播放。

完成了两个<audio>媒体播放的函数后，将 fruitEatingSound()和 gameOverSound()这两个函数的调用添加到相应的判断条件成立的位置。这样，便实现了在贪吃蛇吃到果实和吃到自己时播放相应音效。但是，仅仅做出这些改变可能还不够，还需要进一步改变之前的 endGame()函数。在这个函数中，需要把原来的 alert()函数写在 setTimeout()函数里，即先等待一个非常短的时间再进行 alert()方法的调用。之所以这样做，是由于 alert()方法的及时性。在调用 alert()方法后，页面会迅速产生一个事件并进行处理，它会影响页面内其他部分程序的执行。在贪吃蛇游戏中，蛇在吃到自己后，会调用之前所编写的 gameOverSound()函数，而调用音频并播放的速度明显会慢于调用 alert()方法后页面所产生的事件。这样的话，如果没有 setTimeout()函数的帮助，很多情况下，当贪吃蛇吃到自己游戏结束后，会率先完成 alert()方法的执行，而不会听到游戏结束的音效。

7.3.5 游戏分数记录

尽管游戏到目前已经基本完成，但是只完成了贪吃蛇吃果实，然后蛇身变长这一过程还不能达到要求，还需要一个分数记录来记录每次的游戏成绩，并实现一个分数排行榜，这样便增加了游戏的挑战性和趣味性。为了实现记录游戏分数的功能，需要用到 Web Storage 相关的知识。

在本节将单独编写一个 HTML 页面来完成排行榜的显示与更新工作。该排行榜具体的业务逻辑如下，在游戏过程中，玩家可以单击页面中的按钮并跳转到排行榜来查看成绩。当游戏结束且玩家成绩可以进入排行榜前十，那么页面将自动跳转到排行榜，并提示玩家输入自己的姓名，将自己的成绩录入排行榜，然后刷新页面并更新榜单。总的来说，通过上述描述，可以抽象出该排行榜页面的两个主要功能，分别是记录新成绩和显示排行榜。下面将编写 saveScore()函数和 showRecord()函数来实现记录成绩和显示排行榜这两个功能，先从记录新成绩开始介绍。

1. 记录分数

在本书的 Web Storage 章节中，学习了会话存储（Session Storage）相关知识。所谓会话存储，其在浏览器中所保存数据的生命周期为当前会话，即发生会话存储保存的页面，以及通过这个页面所跳转到的其他页面。这个性质与应用场景恰好对应，当玩家在游戏中玩出高分后页面跳转至排行榜，并将本次高分录入排行榜。在这个过程中，可以利用会话存储来实现数据在页面间的共享。在玩家玩出高分后，将本次高分以键为"score"存入会话存储中，并跳转到排行榜页面。在新的页面中，便可以通过键"score"来访问到之前所取得的高分。最后，在保存结束后，将会话存储删除，由此实现数据在同一会话下的两个页面之间共享。

为了在编写代码过程中调试方便，可以通过如图 7-24 的方式，在调试界面的会话存储部分，直接插入键值对，这样便可以模拟获得高分的情况。

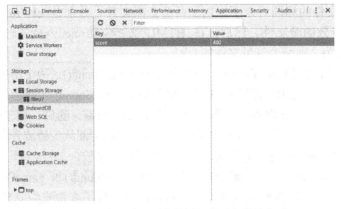

图 7-24　在调试界面直接插入会话存储键值对

接下来实现排行榜的 HTML 页面，先从获取高分后所跳转的页面开始编写代码，具体如下。
文件：录入分数.html

```
<!DOCTYPE HTML>
<html lang="en-US">
<head>
    <meta charset="UTF-8">
    <title></title>
</head>
<body>
    <h2>恭喜您斩获高分，请输入您的姓名录入排行榜</h2>
    <input id="name" type="text"/>
    <button onclick="saveScore()">提交</button>
    <script>
        function currentDate(){
            var date = new Date();
            var myDate = date.getFullYear() + "年" + Number(date.getMonth()+1) + "月" + date.get
Date() + "日" + date.getHours() + "时" + date.getMinutes()+"分";
            return myDate;
        }
        function bubbleSort(arr){
            var swapped = true;
            var j=0;
            var tmp;
            while (swapped){
                swapped = false;
                j++;
                for (var i=0;i < arr.length-j;i++){
                    if (Number(arr[i].score)<Number(arr[i+1].score)){
                        tmp = arr[i];
                        arr[i] = arr[i+1];
                        arr[i+1] = tmp;
                        swapped = true;
                    }
                }
            }
        }
        function saveScore(){
```

```
            var myName = document.getElementById("name").value;
            var myScore = sessionStorage["score"];
            var date = currentDate();
            var myRecord = {
                    name:myName,
                    score:myScore,
                    date:date
            };
            var rank;
            var scores = localStorage.getItem("scores");
            if (scores){
                    rank = JSON.parse(scores);
                    if (rank.length < 10){
                            rank.push(myRecord);
                            bubbleSort(rank);
                    }else{
                            rank.pop();
                            rank.push(myRecord);
                            bubbleSort(rank);
                    }
            }else{
                    rank = new Array();
                    rank[0] = myRecord;
            }
            var jsonScores = JSON.stringify(rank);
            localStorage.setItem("scores",jsonScores);
            sessionStorage.removeItem("score");
            alert("排名已更新");
            location.reload();
        }
    </script>
</body>
</html>
```

接下来在调试界面内的会话存储部分插入键值对，在输入框内输入姓名并单击"提交"按钮，上述操作的运行效果如图 7-25、图 7-26 和图 7-27 所示。

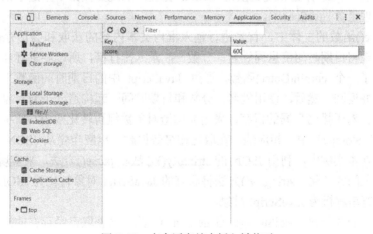

图 7-25　在会话存储中插入键值对

图 7-26　输入姓名并单击提交按钮

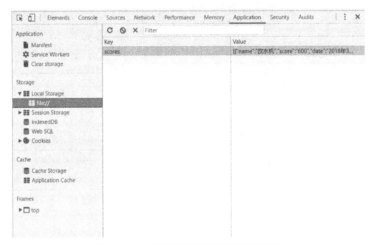

图 7-27　在调试页面查看所保存结果

　　下面来分析上述实例代码。在这段代码的 HTML 页面内，首先添加了一个二级标题标签
<h2>、文本输入框<input>标签和提交按钮<button>标签。在提交按钮中指定了该按钮对应的单击
事件所触发的处理函数 saveScore()。

　　在 saveScore()函数的主体中，首先进行输入框内文本内容的获取和会话存储变量的获取。
除此之外，还希望将日期时间信息同姓名、分数一起录入排行榜，所以要进行当前日期时间的获
取。在这里编写了一个 currentDate()函数，通过 JavaScript 中的日期时间函数来构造特定格式的
日期时间字符串并返回。然后，使用姓名、分数和日期时间一起构造一个新对象 myRecord。

　　在本实例中，对于排名数据的保存，采用先构造对象数组再转化成 JSON 字符串的形式存入
本地存储（Local Storage）中。相应地，在取出排名数据时，也应当先从 JSON 字符串转化为对
象数组再使用。在本实例中，利用 JSON 的 stringify()方法和 parse()方法，来实现 JavaScript 对象
和 JSON 字符串之间的转化。stringify()方法将原有的 JavaScript 对象转化为 JSON 字符串，parse()
方法将 JSON 字符串解析为 JavaScript 对象。

　　在本实例中，首先通过 localStorage 的 getItem()方法，来获取已经存在的排名数据。若排名
数据存在，则将以 JSON 字符串形式保存的排名数据通过 parse()方法解析为 JavaScript 对象。约

定只显示前十位排名，当排行榜内数据少于 10 条时，则直接插入由排名所组成的对象数组并排序。若排行榜内数据等于 10 条，则每次将第 10 条数据删除，然后插入新数据并排序；若排行榜在之前不存在，即第一次完成游戏时，则新建一个排行榜。

在上述逻辑实现的过程中，有以下几点值得注意。在进行排名数据的插入和删除过程中，采用 Array 对象的 pop()方法，弹出栈顶的数据。使用 push()方法，在栈顶压入新数据。至于排序过程，则针对当前的排名数据对象单独编写了一个冒泡排序函数 bubbleSort()来实现。由于内容所限，请读者自行搜索并学习冒泡排序算法。对于本实例中冒泡排序函数的实现，有一点需要注意，那就是在比较大小时，应当采用 Number()方法进行数据类型转换，将字符串转换为数值再进行大小比较。之所以这样做，是因为在 JavaScript 对象和 JSON 字符串的来回转换中，数值数据会被转换为字符串。因直接比较大小所得的结果将是字符串的比较，而非数值的比较，将会造成错误。

在完成新的排名数据对象的构造之后，便可以使用 JSON 的 stringify()方法，将 JavaScript 对象转换为 JSON 字符串，并保存到本地存储中。最后，删除会话存储中的 score 键值对。由此，便编码实现了一次排名数据录入的过程。

2. 显示分数

在有了记录分数的方法后，还需要将排行榜以表格的形式显示在页面当中。在通过上一节实例进行插入若干数据的操作后，用下面这个实例进行排行榜的显示。该实例在浏览器中的运行效果如图 7-28 所示。

文件名：显示分数.html

```html
<!DOCTYPE HTML>
<html lang="en-US">
<head>
    <meta charset="UTF-8">
    <title></title>
    <style>
        table{
            padding:10px 10px 10px 10px;
        }
    </style>
</head>
<body>
    <h1>排行榜</h1>
    <div id="displayArea">
        <table id="myTable" cellpadding=10></table>
    </div>
    <script>
        showRecord();
        function tableItem(par,tname,str){
            var td = document.createElement(tname);
            var txt = document.createTextNode(str);
            td.appendChild(txt);
            par.appendChild(td);
        }

        function showRecord(){
            var scores = localStorage.getItem("scores");
```

```
                        scores = JSON.parse(scores);
                        var displayArea = document.getElementById("displayArea");
                        var table = document.getElementById("myTable");
                        var trHead = document.createElement("tr");
                        tableItem(trHead,"th","排名");
                        tableItem(trHead,"th","姓名");
                        tableItem(trHead,"th","日期");
                        tableItem(trHead,"th","分数");
                        table.appendChild(trHead);

                        for (var i=0;i<scores.length;i++){
                            var tr = document.createElement("tr");
                            tableItem(tr,"td",i+1);
                            tableItem(tr,"td",scores[i].name);
                            tableItem(tr,"td",scores[i].date);
                            tableItem(tr,"td",scores[i].score);
                            table.appendChild(tr);
                        }
                    }
                </script>
            </body>
        </html>
```

在这个实例的 HTML 页面中，首先添加了一级标题<h1>标签和 id 为 displayArea 的<div>标签。在这个<div>标签内，还有一个<table>标签，可在这个表内动态地添加表格的内容，来显示排行榜。在 JavaScript 代码中，主要实现 showRecord()函数。

在 showRecord()函数内，主要进行的工作是根据本地存储的数据动态地构造一个表格，即<table>标签。一般情况下，一个<table>标签元素的组成如图 7-29 所示。

图 7-28　显示排行榜分数

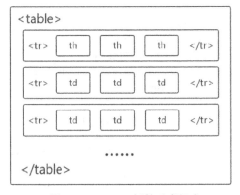

图 7-29　<table>标签元素组成

图 7-29 表示了一个简单的<table>标签的构成方式，可以看到在<table>标签内，每增加一个<tr>标签对代表了在表格中增加了一行。在<tr>标签内，便可以添加表格项了。其中，<th>标签元素代表表格的头部数据项，具体到本节的实例中便是"排名""姓名""日期"和"分数"。而

<td>标签元素代表的是具体的每一个表格数据，对应到本节实例就是每一条排名数据的排名、姓名、日期和分数。

再看本实例中的代码，由于构造<table>标签内的内容需要重复一套过程，为了编写代码的便利，将构造<table>标签内的表格相关标签<tr>、<th>和<td>的相似过程写作函数 tableItem()。在这个方法中传入 3 个参数，分别是所要构造标签的父级元素、所要构造的标签名字和具体在标签内所要显示的字符串，这样在 showRecord()方法中便可以很方便地创建新的<tr>、<th>或<td>标签。在 showRecord()函数中，首先获取了 HTML 页面内的<table>元素以及本地存储中的排行榜数据，并将以 JSON 字符串形式保存的数据解析为 JavaScript 对象数组，以便之后使用。接着，通过 tableItem()方法创建了表格的头部，它由一个<tr>标签对内嵌套 4 个<th>元素所组成，用来显示排名、姓名、日期和分数这些表格头部信息。接着通过一个 for 循环，来循环地构造每一条排名数据，即将之前所获取的 JavaScript 对象数组内每一个对象的属性读取并构造形成新的表格项标签。

由此，通过 showRecord()函数，便可以动态地构造一个显示本地存储内全部排名信息的表格。但是，在完成表格构造后，会发现表格内的文字排布异常紧凑，十分不美观。所以，还需要在<table>标签内添加 cellpadding 属性，并设置为 10。cellpadding 属性规定单元边沿与其内容之间的空白，这样表格内的文字排布就不会十分紧凑。

3．动态化实现排行榜

前两节的实例分别实现了分数的录入和排行榜的显示，在下面的实例中，将把上述两节中的实例合二为一，作为贪吃蛇游戏的一个单独页面，专门负责显示和更新排行榜信息。当跳转到这个页面时，会话存储中存在分数数据时，则进行分数录入的相关操作；如果会话存储中没有数据，则只显示分数供玩家查看。如下实例在浏览器中的运行效果如图 7-30 和图 7-31 所示。

图 7-30　没有新高分时，显示排行榜分数

图 7-31　存在新分数时，录入分数

文件名：record.html

```
<!DOCTYPE HTML>
<html lang="en-US">
<head>
    <meta charset="UTF-8">
```

```html
        <title></title>
        <style>
            table{
                padding:10px 10px 10px 10px;
            }
        </style>
    </head>
    <body>
        <script>
            var body = document.body;
            var backToGame = document.createElement("button");
            var txtBacktoGame = document.createTextNode("返回游戏");
            backToGame.appendChild(txtBacktoGame);
            newAttribute(backToGame,"onclick","goBackToGame()");
            var div = document.createElement("div");
            newAttribute(div,"id","displayArea");
            function goBackToGame(){
                if (sessionStorage["score"]){
                    var confirmBox = confirm("您确认要放弃本次分数吗？");
                    if (confirmBox == true){
                        alert("已放弃分数，返回游戏");
                        sessionStorage.removeItem("score");
                        location.reload();
                    }
                }else{
                    location.href = "game.html";
                }
            }
            function bubbleSort(arr){
                var swapped = true;
                var j=0;
                var tmp;
                while (swapped){
                    swapped = false;
                    j++;
                    for (var i=0;i < arr.length-j;i++){
                        if (Number(arr[i].score)<Number(arr[i+1].score)){
                            tmp = arr[i];
                            arr[i] = arr[i+1];
                            arr[i+1] = tmp;
                            swapped = true;
                        }
                    }
                }
            }
            function currentDate(){
                var date = new Date();
                var myDate = date.getFullYear() + "年" + Number(date.getMonth()+1) + "月" + date.
getDate() + "日" + date.getHours() + "时" + date.getMinutes()+"分";
                return myDate;
            }
            function tableItem(par,tname,str){
```

```javascript
        var td = document.createElement(tname);
        var txt = document.createTextNode(str);
        td.appendChild(txt);
        par.appendChild(td);
    }
    function newElement(par,name,txt){
        var elem = document.createElement(name);
        var text = document.createTextNode(txt);
        elem.appendChild(text);
        par.appendChild(elem);
    }
    function newAttribute(elem,name,val){
        var attr = document.createAttribute(name);
        attr.value = val;
        elem.setAttributeNode(attr);
    }
    function saveScore(){
        var myName = document.getElementById("name").value;
        var myScore = sessionStorage["score"];
        var date = currentDate();
        var myRecord = {
            name:myName,
            score:myScore,
            date:date
        };
        var rank;
        var scores = localStorage.getItem("scores");
        if (scores){
            rank = JSON.parse(scores);
            if (rank.length < 10){
                rank.push(myRecord);
                bubbleSort(rank);
            }else{
                rank.pop();
                rank.push(myRecord);
                bubbleSort(rank);
            }
        }else{
            rank = new Array();
            rank[0] = myRecord;
        }
        var jsonScores = JSON.stringify(rank);
        localStorage.setItem("scores",jsonScores);
        sessionStorage.removeItem("score");
        alert("排名已更新");
        location.reload();
    }
    function showRecord(){
        var scores = localStorage.getItem("scores");
        if (scores){
            scores = JSON.parse(scores);
            newElement(body,"h1","排行榜");
```

```
                    body.appendChild(div);
                    var displayArea = document.getElementById("displayArea");
                    var table = document.createElement("table");
                    var trHead = document.createElement("tr");
                    tableItem(trHead,"th","排名");
                    tableItem(trHead,"th","姓名");
                    tableItem(trHead,"th","日期");
                    tableItem(trHead,"th","分数");
                    table.appendChild(trHead);

                    for (var i=0;i<scores.length;i++){
                        var tr = document.createElement("tr");
                        tableItem(tr,"td",i+1);
                        tableItem(tr,"td",scores[i].name);
                        tableItem(tr,"td",scores[i].date);
                        tableItem(tr,"td",scores[i].score);
                        table.appendChild(tr);
                    }
                    displayArea.appendChild(table);
                    body.appendChild(backToGame);
                    newAttribute(table,"cellpadding",10);
                }else{
                    newElement(body,"h1","暂无排名");
                    body.appendChild(backToGame);
                }
            }

            if (sessionStorage["score"]){
                var input = document.createElement("input");
                newAttribute(input,"type","text");
                newAttribute(input,"id","name");
                var button = document.createElement("button");
                newAttribute(button,"onclick","saveScore()");
                var txt = document.createTextNode("提交");
                button.appendChild(txt);
                newElement(body,"h2","恭喜您斩获高分，请输入您的姓名录入排行榜");
                body.appendChild(input);
                body.appendChild(button);
                body.appendChild(backToGame);
            }else{
                showRecord();
            }
        </script>
    </body>
</html>
```

以上代码是之前两节实例代码的融合，相关的函数不尽相同。在该实例中的<body>标签内，并没有预先写好<h1>或是<table>标签元素，而是通过 JavaScript 根据需要动态地添加相应的标签，来实现录入分数或显示排行榜的功能。同样，为了编写代码的方便，分别编写了newElement() 函 数 和 newAttribute() 函 数 ， 来封装新元素和新属性的创建及添加过程。newElement()方法需要输入 3 个参数，分别是所要创建元素的父级元素对象、所要创建的元素名字以及元素内的文本信息。newAttribute()方法内也需要传入 3 个参数，分别是所要添加属性的标签元素对象、所要添加属性的名字和相应的属性值。

除此之外，还在页面中添加了一个"返回游戏"按钮，并对该按钮添加了一个单击事件处理函数 goBackToGame()。由于该函数同时出现在录入分数和显示排行榜分数两种不同的情况下，所以可以根据会话存储内是否存在 score 键值对，来进行不同的处理。当存在新分数且玩家仍想返回游戏时，此时通过弹出对话框询问玩家是否放弃分数并返回游戏。当不存在新分数时，此时玩家进入排行榜仅是为了单纯查询分数，所以直接进行跳转。

以上，便完整地实现了贪吃蛇游戏中的排行榜页面，兼有录入分数和显示分数这两个功能。接下来，返回游戏页面本身进行一些完善工作，让贪吃蛇游戏与本节实例得以对接。

4．完善游戏页面

在实现了排行榜页面后，再回过头来看贪吃蛇游戏，继续补充一些工作后，贪吃蛇游戏将全部制作完成。下面来看实例代码，其在浏览器中的运行效果如图 7-32 和图 7-33 所示。

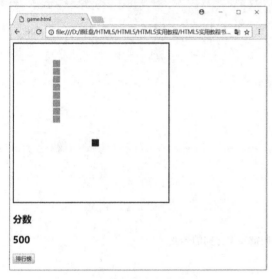

图 7-32　贪吃蛇游戏最终效果

图 7-33　贪吃蛇游戏最终效果：单击排行榜

文件名：game.html

```
<!DOCTYPE HTML>
<html lang="en-US">
<head>
    <meta charset="UTF-8">
    <title></title>
</head>
<body>
    <canvas id="snakegame" width="400px" height="400px" style="border:black solid 2px;"></canvas>
    <h2>分数</h2>
    <h2 id="sc">0</h2>
    <button id="rank" onclick="rankPage()">排行榜</button>
    <audio src="eatFruit.mp3" id="eatFruit"></audio>
    <audio src="gameOver.mp3" id="gameOver"></audio>
    <script>
        var myCanvas = document.getElementById("snakegame");
        var context = myCanvas.getContext("2d");
```

```
//为键盘按下事件设置事件监听，并指定事件处理函数 keyPush()
document.addEventListener("keydown",keyPush);

//全局变量

//控制 setInterval
var t;

//游戏分数记录
var score;

//果实位置
var xFruit;
var yFruit;

//蛇
var trail;
var xHead;
var yHead;
var snakeLen;
//蛇在 xy 两个方向的移动速度
var vx;
var vy;

//方向键键盘码
var left = 37;
var up = 38;
var right = 39;
var down = 40;

//键盘事件的事件处理函数，通过方向键实现方向的转变
function keyPush(e){
        switch(e.keyCode){
                case left:
                        if(vx != 1 && vy != 0){
                                vx=-1;vy=0;
                        }
                        break;
                case up:
                        if(vx != 0 && vy != 1){
                                vx=0;vy=-1;
                        }
                        break;
                case right:
                        if (vx != -1 && vy != 0){
                                vx=1;vy=0;
                        }
                        break;
                case down:
                        if (vx != 0 && vy != -1){
                                vx=0;vy=1;
                        }
```

```
                                break;
                }
        }

        //填充单个网格(x,y)
        function paintCell(x,y){
                context.fillRect((x-1)*20+1,(y-1)*20+1,18,18);
        }

        //以红色绘制果实
        function paintFruit(){
                context.fillStyle = "red";
                paintCell(xFruit,yFruit);
        }

        //随机设定果实位置
        function randomFruit(){
                xFruit = Math.floor((Math.random()*1000))%20 + 1;
                yFruit = Math.floor((Math.random()*1000))%20 + 1;
                paintFruit();
        }

        //以绿色绘制贪吃蛇
        function paintSnake(){
                context.fillStyle = "lime";
                for (var i=0; i<trail.length;i++){
                        paintCell(trail[i].x, trail[i].y);
                }
        }

        //初始化蛇
        function initSnake(){
                //初始化游戏分数
                score = 0;
                trail = [];
                xHead = 10;
                yHead = 10;
                vx = 1;
                vy = 0;
                snakeLen = 3;
                for (var i=0;i<snakeLen;i++){
                        trail.push({x:xHead+i-2,y:yHead});
                }
                randomFruit();      //初始化时，添加果实
                paintSnake();
        }

        //清空画布
        function refreshCanvas(){
                context.clearRect(0,0,myCanvas.width,myCanvas.height);
        }
```

```
//移动蛇
function moveSnake(){
        //蛇下一时刻的头部坐标
        xHead = (vx+xHead+19)%20+1;
        yHead = (vy+yHead+19)%20+1;
        //在蛇移动之后检查是否吃到自己
        selfEat();
        //将新的头部坐标添加入 trail
        trail.push({x:xHead,y:yHead});
        //将尾部的坐标移除数组
        while (trail.length > snakeLen){
            trail.shift();
        }
        //判断是否吃到果实
        eatFruit();
        //清空画布
        refreshCanvas();
        //重新绘制蛇
        paintSnake();
        //重新绘制果实
        paintFruit();
}

//判断贪吃蛇是否吃了果实
function eatFruit(){
    if (xHead == xFruit &&   yHead == yFruit){
            fruitEatingSound();
            score += 100;
            var s = document.getElementById("sc");
            s.innerText = score;
            randomFruit();
            snakeGrow();
    }
}
//蛇在吃果实之后变长
function snakeGrow(){
    snakeLen++;
    xHead = (vx+xHead+19)%20+1;
    yHead = (vy+yHead+19)%20+1;
    trail.push({x:xHead,y:yHead});
}
//蛇在吃到自己之后游戏结束
function selfEat(){
    for (var i=0;i<trail.length;i++){
            if (xHead == trail[i].x && yHead == trail[i].y){
                    gameOverSound();
                    endGame();
            }
    }
}
function bubbleSort(arr){
    var swapped = true;
```

```
                var j=0;
                var tmp;
                while (swapped){
                        swapped = false;
                        j++;
                        for (var i=0;i < arr.length-j;i++){
                                if (arr[i]>arr[i+1]){
                                        tmp = arr[i];
                                        arr[i] = arr[i+1];
                                        arr[i+1] = tmp;
                                        swapped = true;
                                }
                        }
                }
        }
        function endGame(){
                clearInterval(t);
                setTimeout(function(){
                        alert("Good Game");

                        var scores = localStorage.getItem("scores");
                        if (scores){
                                var rank = JSON.parse(scores);
                                if (rank.length == 10){
                                        if (score < Number(rank[9].score)){
                                                location.reload();
                                        }else{
                                                sessionStorage["score"] = score;
                                                document.getElementById("rank").click();
                                        }
                                }else{
                                        sessionStorage["score"] = score;
                                        document.getElementById("rank").click();
                                }
                        }else{
                                sessionStorage["score"] = score;
                                document.getElementById("rank").click();
                        }
                },200);
        }

        function fruitEatingSound(){
                var fruitSound = document.getElementById("eatFruit");
                fruitSound.currentTime = 0;
                fruitSound.play();
        }
        function gameOverSound(){
                var endGameSound = document.getElementById("gameOver");
                endGameSound.currentTime = 0;
                endGameSound.play();
        }
        function rankPage(){
```

```
                    if (sessionStorage["score"]){
                        location.href = "record.html";
                    }else{
                        var c = confirm("查看排行榜将放弃本次游戏");
                        if (c == true){
                            location.href = "record.html";
                        }
                    }
                }
                //初始化蛇之后，每隔 100 毫秒调用 moveSnake 进行蛇的移动
                initSnake();
                t = setInterval(moveSnake,100);
            </script>
        </body>
    </html>
```

在以上代码中，为了能够记录每一次游戏的分数，引入了一个全局变量 score。在这里约定计分方式为，从零开始且每吃到一次果实分数加 100 分。为了实现这一功能，仅需在原来的 eatFruit()函数中进行修改，即在该函数内增加全局变量 score 的自增运算。除此之外，为了能够实时地向玩家显示当前所获取的分数，还需在 HTML 页面中添加二级标题元素<h2>标签，并在 eatFruit()函数的 score 变量自增之后，将新的分数显示到相应的<h2>标签当中。

除此之外，还需完成的逻辑是在游戏结束后，判断玩家所获取的分数是否能够进入排行榜。为了实现这一逻辑，需要在 endGame()函数中添加一些代码。首先，需要读取本地存储的排行榜数据，如果本地存储数据不存在，则说明这是首次游戏并不存在分数记录，直接将当前成绩写入会话存储 score 键值对。如果本地存储存在，那么需要将其由 JSON 字符串解析为 JavaScript 对象数组。由于在分数记录的过程中，该 JavaScript 对象数组都会经历排序的过程，所以该对象数组的第 10 个元素代表着排行榜的最低分，故只需获取对象数组中索引为 9 的元素即可。如果排行榜内的数据对象还不足 10 个，那么当前成绩可以直接写入会话存储的 score 键值对并录入排行榜。如果这个元素存在，则需要将所获取元素的 score 属性与当前游戏的分数进行比较，如果当前游戏分数小于排行榜内最低分则直接进行重新载入页面操作，作为新一轮游戏开始。如果当前游戏分数可以进入排行榜，则将当前游戏分数以 score 键值对的形式存储到会话存储中。

由此，上述两节的实例 game.html 和 record.html 组成了贪吃蛇游戏的最终代码，完成了一个简单的贪吃蛇游戏的制作。

7.4 思考题

1．贪吃蛇实例的最终运行效果是否界面友好？如果不够友好，请读者利用 CSS 相关知识来对其进行丰富和美化。

2．贪吃蛇实例在游戏的数据输入环节是否有不妥之处，是否在一些地方缺少了输入数据的验证？如果有，请指出并进行改正。

3．在当前的贪吃蛇游戏规则中，地图不存在边界，若蛇的头达到边界，那么下一刻蛇的头将从另一边的边界出现。请读者改变实例代码，使蛇不能达到边界，如若蛇头到达边界，则游戏结束。

4．开发者可以利用调试界面来进行 Web Storage 的添加和删除，如编写和测试实例的过

程。既然如此，玩家也可以通过调试界面作弊，并直接在会话存储中添加 score 键值对来获取更高的分数，而不是玩游戏。请读者思考，能通过何种方式来防止玩家利用调试界面作弊，并进一步完善贪吃蛇游戏。

5. 相信很多读者在测试运行游戏的过程中会发现这样的问题，在快速地进行方向键的切换时，会莫名奇妙地出现游戏结束的情况。尽管在代码中已限制了贪吃蛇反向的移动，但还是会出现这样的情况，请问这是为什么呢？请读者进行反复的调试，寻找其中的问题所在，并修复这个bug。

6. 本章编写了如 createElement()、newAttribute()和 tableItem()等函数。类似的，在之前的实例中，还反复地调用了如 getElementById()这样冗长的方法，是否有其他简单方法？请读者自行搜索并学习诸如 JQuery 这样的 JavaScript 库，试着利用开源的 JavaScript 函数库来简化本章的实例代码。

7. 通过 Web Storage 来实现了贪吃蛇游戏的分数记录。本书还介绍了本地数据库 IndexedDB 的相关知识。请读者试着利用 IndexedDB 去编写贪吃蛇排行榜页面的相关过程。

8. 如果读者完成了使用 IndexedDB 实现排行榜页面的任务，那么将会对异步操作和回调函数有了直接的认识，会发现编写异步操作代码的烦琐之处。请读者试着利用 Promise 对象的相关知识，来封装调用 IndexedDB 相关方法的逻辑，实现对异步操作相关代码的简化。

9. 对于 2048 游戏，尝试改变游戏难度，在出现 1024 时即制定胜利。

10. 对于 2048 游戏，改变游戏界面，将游戏方块颜色变成红色。

参 考 文 献

[1] 储久良. Web 前端开发技术[M]. 北京：清华大学出版社，2013.

[2] Anselm Bradford，Paul Haine. 深入理解 HTML 5[M]. 高京，译. 北京： 电子工业出版社，2013.

[3] 明日科技. HTML 5 从入门到精通[M]. 北京：清华大学出版社，2012.

[4] 张树明，等. Web 技术基础[M]. 北京：清华大学出版社，2013.

[5] David Flanagan. JavaScript 权威指南[M]. 张铭泽，等译. 北京：机械工业出版社，2003.

[6] Eric A Meyer. CSS 权威指南[M]. 尹志忠，侯妍，译. 北京：中国电力出版社，2007.

[7] Steve Fulton，Jeff Fulton. HTML 5 Canvas 开发详解[M]. 任旻，王洋，邹鋆弢，译. 北京：人民邮电出版社，2013.

[8] 刘玉萍. HTML 5 从零开始学（视频教学版）[M]. 北京：清华大学出版社，2015.

[9] 前端科技. HTML 5+CSS 3 从入门到精通（微课精编版）[M]. 北京：清华大学出版社，2018.

[10] 常新峰，王金柱. HTML 5+ CSS 3+JavaScript 网页设计实战（视频教学版）[M]. 北京：清华大学出版社，2018.

[11] 刘爱江，靳智良. HTML 5+CSS 3+JavaScript 网页设计入门与应用[M]. 北京：清华大学出版社，2019.

网 络 资 源

http://www.w3school.com.cn   w3school

https://www.w3.org   W3C

https://developer.mozilla.org   Mozilla developers

https://notepad-plus-plus.org/Nodepad++

http://www.sublimetext.com/Sublime Text

https://stackoverflow.com   stack over flow

https://www.youtube.com   Youtube

http://www.whatarecookies.com/What are cookies?